増補 酒づくりの民族誌

世界の秘酒・珍酒

山本紀夫［編著］

八坂書房

「カンバ・クエンタ」の杯が集中した若者。この日は年に一度の大祭にあたり、オオハシをあしらった帽子とペインティングで「盛装」している。
(「口噛み酒の杯はめぐる」山本　誠)

工場に運び込まれたマゲイの蜜水は大きな樽に移され、そこで発酵させる。
(「神への捧げもの、プルケ酒」山本紀夫)

キヌアの種実はきわめて小さいので微風でも風選できる。
(「幻のキヌア酒」山本紀夫)

ニャシの葉を使って丸木舟に入れられたバナナを潰し、しぼりかすを手製のロートでこし取る。(「サタンの水」山極寿一)

コムの実を摘む少女。コムの木の幹はさまざまな用途に使われ、実は食料と酒の材料となる。(「カラハリ砂漠の果実酒」田中二郎)

自家製のモストとパンで訪問者をもてなす。
（「オーストリアのリンゴ酒、モスト」森　明子）

収穫はブドウ栽培とワイン醸造の接点にある作業だ。荷車に山のように積んだブドウをその場で踏み潰してしまうこともある。しかし、最高のワイン用のブドウは、醸造場へ運ばれるまでブドウが傷つかないよう手摘みでおこなうなど、細心の注意が払われている。
（「飲み物としてのブドウ、ヨーロッパと日本」麻井宇介）

花飾りのついた杯チヌザラで、ミシ（神酒）をいただく。沖縄県西表島の豊年祭にて。（「沖縄の多彩な米の酒」安渓貴子）

チベット系の人びとは、酒用の筒(トンバ)に発酵したシコクビエを入れ、湯を注ぎ、竹のストローでゆっくりと酒を飲む。(「壺酒」吉田集而)

バシの発酵熟成に使う小屋。内部にはバシ熟成中の壺が並べられている。（「農民色豊かなサトウキビの酒」小崎道雄）

酒づくりの民族誌——目次

まえがき

目　次

東スラブのクワス
麦芽酒、ビール
古代オリエントの酒
レイシ酒
サルナシ酒
キビの酒
即墨老酒
乳酒
シコクビエの酒
チャン
ナツメヤシの酒
米の酒、清酒
壺酒
サツマイモ焼酎
沖縄の米の酒
イチジクの酒
酒をつくる花
マフア
アワの酒
雑穀の酒コンゴ
サトウキビの酒バシなど
エンセーテの酒
アゲミ・ゴラ
ハトムギ
の酒
蜂蜜酒
ヤシ酒
サトウキビの酒ムラチナ
竹の酒ウランジ
タペとブレン
バナナの酒カシキシ
コムの実の酒
キャッサバと陸稲の酒
マルメカヤ

本書に登場する酒のおもな調査地点

まえがき

世界には、どんな酒があるのだろうか。そして、どんな材料から、どのようにして酒はつくられているのだろうか。こんな素朴な疑問が本書をつくるきっかけとなった。本書の編者は、これまでアジアやアフリカ、さらにアメリカ大陸ではアンデスやアマゾンなどの各地を訪れていたが、そこで日本ではほとんど知られることのない酒を飲むたびに、こんな疑問を持つようになっていった。世界中を見渡せば、予想もできないような材料からおもしろい方法で酒をつくっている民族や地域もあるかもしれない、と思ったのである。

確かに、現在は、どこに行っても世界各地でビールやウイスキー、そしてワインなどが飲まれるようになっている。しかし、そのようなところでも、これらヨーロッパ産の酒とともに、しばしばその土地で生まれた酒がつくられ、飲まれている。とりわけ、伝統色を濃く残した地域に行くと、それぞれの土地固有の酒が祭りや儀礼などに欠かせない場合が少なくないのである。

こうしてみると、世界にはおもしろい酒だけでなく、きわめて多様な酒がありそうである。もしそうであれば、酒の製法や利用法をとおして世界の諸民族の暮らしや文化などの一端を理解することができるかもしれない。また、それによって従来の民族誌では知ることのできなかった側面を理解することができるかもしれない。いわば、酒をめぐっての民族誌が描けるだろう。

このように考えて、本書は世界各地でつくられているローカルな酒、それも、できるだけ伝統的な酒を取り上げようとした。酒のつくり方だけでなく、利用法や材料についても紹介することにした。ただし、かぎられた紙数で世界中のすべての酒を取り上げることはできそうになかったので、醸造酒に焦点をしぼった。蒸留酒は歴史的にみれば比較的新しい酒であり、醸造酒から派生したと考えられるからである。ただし、蒸留酒のすべてを除いたわけではない。蒸留酒は蒸留する道具に特色があるため、蒸留器に焦点をあてた論考に一章をさいた。また、醸造酒より蒸留酒の方がよく知られている酒があり、そのような場合は、その蒸留酒も含めている。

執筆者は、現地をよく知る人類学者を中心として、植物学や醸造学の関係の方々である。人類学関係の方々にはできるだけ現地の香りのする文をお願いし、植物学や醸造学関係の方々には酒の原料やつくり方に重点をおいて書いていただいた。

本書を通じて、酒をめぐる諸民族の文化についての理解が少しでも深まれば幸いである。

編　者

ヒトにとって酒とはなにか

酒がどのようにして生まれたのか、そして、なんのために飲まれていたのか、そうしたことを考えてみようと思う。もちろん、はっきりとした証拠などどこにもない。しかし、どんな筋道が考えられるのか、それを試してみようというわけである。このようなテーマはもとより一冊の分量になるほどの議論が必要であるが、ここではその粗いデッサンを描くにとどめておく。

糖があれば、そしてそこに酵母と適度な湿気と温度があれば酒はできる。酵母は自然状態でいくらでもいる。そうだとすれば、糖さえあれば酒はできるというわけである。それゆえ、漿果《しょうか》を集めて、放っておくと酒ができる。果実酒はこのようにして偶然にできたものだというのが、一般的な考え方である。これとよく似た説に、サルが木の叉《また》の穴に果実を集めて酒をつくったというサル酒伝説もあるが、もちろんサルが酒をつくるわけもなく、この説は考えなくてよい。

しかし、私は、サル酒起源説だけでなく、果実酒自然発生説もとても怪しい説だと考えている。

古い時代の狩猟採集民は、食物を手から口へ運んだ。後に、それらを保存するようになる。その際、もっともふつうの保存法は乾燥（燻製《くんせい》を含む）である。どんな漿果でも、乾燥すれば保存できる。干しブドウや干しイチジクといったものがつくられたことであろう。そして、このような過程では酒は生まれてこない。湿度が足らないというわけである。ただし、狩猟採集民は穴蔵貯蔵もおこなっていた。しかし、この場合は、寒い地方かあるいは乾燥地帯なのがふつうである。

また、酒をつくるためには、漿果を潰しておかなければならない。これも保存にはぐあいの悪いことである。さらに、発酵したとしても糖はすぐに酸にまで変化してしまう。すなわち、腐敗してしまう。

このように考えると、保存から酒が偶然に生まれたという道筋はほとんど可能性がないであろう。実際、最近まで狩猟採集をおこなっていた人びとのほとんどは酒をつくっていなかった。果実酒といえども、そうそう簡単には生まれてこないのである。

＊――幻覚剤起源説

方向を変えて、酒はなんのために飲まれていたのであろうかを考えてみよう。楽しみのために飲まれていたのか。そんなことはないであろう。それは後のことであると考えられる。

それでは、なんのためか。もっとも可能性の高い目的は、神との交流をはかるためである。つまり、神からいろいろの啓示を得たり豊饒《ほうじょう》の感謝を示したりするためである。そして、それらの啓示や感謝の中で、農耕の開始とともに農耕に関するものがより重要になっていったであろう。現在の農耕民を見ると、農耕と酒が深く結びついている例が数多く認められるからである。

先に述べたように、ほとんどの狩猟採集民は酒をつくらない。しかし、作物の豊饒を祈ったりするために、突然に酒が登場するというわけではないであろう。その前段階があったと考えた方がよい。

そもそもヒトが、なにかを食べたり飲んだりするのは、ほかの動物と同様に生存に必要な栄養補給のためである。しかし、それ以外の目的で飲み食いがおこなわれることもある。薬である。身体の不調を和らげる、あるいは治すために比較的少量のなにかを飲み食いする。これは、食物とは異なった目的で飲み食いするということである。そして、これはなにもヒトにかぎったことではなく、シカでもサルでもしていることである。すなわち、薬は動物の世界にすでに見られるのである。

薬は、ヒトがいろいろのものを食べて、その中から適当に選んだと考えそうだが、そうではないと私は考えている。そんな単純な試行錯誤から生まれたのではない。一つは、サルのように本能に近い形で食べはじめたものがあるだろう。しかし、この種の薬はヒトの薬の中心とはならなかったと想像される。すなわち、ヒトはある種の方針を持って薬を探したと考えられる。その方針は、呪術《じゅじゅつ》によって生まれたものである。現在見られる多くの薬用植物は、強烈な味がしたり、強い匂いのものであったり、鮮やかな色を持っていたり、奇妙な形態をしていたりする。それは呪術による方針によって選択された結果であると考えられる。

呪術の基礎は霊魂観である。死人を葬ることはこの霊魂観が成立していた一つの証拠である。そして、霊魂を操作する技術として呪術が発生する。おそらく、旧石器時代の終わり頃には、呪術はヒトの一つの技術として定着していただろう。そして、呪術が登場する以前に用いられていた薬は、呪術によって新たな意味づけをされたり、消えてしまったりしたと思われる。

旧石器時代の終わり頃は、霊魂観をもとにしたシャーマニズムも登場していたと想像される。とくに、脱魂型のシャーマニズムにおいて、魂を飛ばすためのさまざまな技法が開発された。太鼓をたたいて踊ったり、飢えや渇きに耐えたり、痛みに耐えたり、眠らなかったり、といった方法が考え出された。要するに、朦朧《もうろう》とした意識にするための技法である。その中で、幻覚剤というものも見つけ出された。それは薬の探究という道の上で見出されたものであろう。そして、酒もその同じ道の上にあったものと私は見ている。すなわち、ヒトを酔わす酒は、シャーマニズムの魂を飛ばす技法の一つとして登場したという意見である。

*──はじめの酒は

それでは、人類がはじめて飲んだ酒はどんなものであったのか。私は、いろいろの理由から、果実の口嚙《か》み酒ではなかったかと考えている。

魂を飛ばすためのものを探すについては、チューイングという方法が重要であったと思われる。コカ・チューイングとかベテル・チューイング、コラ・チューイングがよく知られているが、かつてはもっと盛んにおこなわれたと思われる。中尾佐助氏は、茶もチューイングからはじまったのではないかという説を出しているが、私もこの説に賛成である。そうした中で、幻覚剤が見つけられた。その際、とくにキノコ・チューイングが重要であったろう。ベニテングダケや中央アメリカの幻覚性のキノコはこうした過程で見つかったものであろう。

チューイングの例として、コカ葉や、ベテル葉、ベテルの果実、茎、ビンロウジの種子、コラの種子、カワの根などが有名ではあるが、もちろんこれらにとどまるものではない。さまざまな葉や根、果実が嚙まれた。もちろん漿果も嚙まれたであろう。唾液《だえき》の中にはデンプンの分解酵素だけでなく、酵母も含まれている。ただし、嚙んで少しおいておかなければ酒にはならない。おいておく例なら、カワの例がある。今、私たちは嚙んだものを汚いと思ってしまうが、かつてはそうではなかった。幻覚剤なら、尿でさえ汚くはなかった。ベニテングダケでは、それを食べたシャーマンの尿をさらに飲んでいた。

こうしたチューイングを通して、果実の口嚙み酒ができあがった。この系譜を引く酒は南アメリカに見られるし、また、信州でヤマブドウを嚙んで酒をつくっていたという例にも認められる。そして、このように考えないかぎり、口嚙み酒の起源を説明することはむずかしいと思われる。

なお、私は漿果からの酒の自然発生をまったく否定しているわけではない。漿果から酒を得るには、ブドウ酒づくりに見られるように、その果実を潰さなければならない。しかし、保存の途中で偶然に潰れて酒になることも起こったであろう。問題は、そのとき、ヒトはその酒をどのように取り扱ったかということである。

それは三つの方向から検討されなければならない。まず第一に、糖分とアルコールのどちらがヒトにとって重要であったかという問題である。糖分は、ヒトにかぎらず多くの動物にとって重要な栄養源である。糖分を取ることは本能の中に埋め込まれていると考えられるほどに基本的な欲求である。アルコールは後天的に摂取しはじめたものにすぎない。糖分を取らない民族はいないが、アルコールを取らなかった民族はいくらでもいるし、容易にアルコールに変え得る原料を持ちながら、酒をつくらなかった民族も多い。すなわち、糖分の方がアルコールよりも重要であり、酒ができたことを失敗したと考えた可能性が高い。そして、酒ができないように保存の方法に注意したであろう。

二番目に、糖からアルコールへの変化はそこでとどまるものではない。引きつづいて酸に変わる。あるいは、アルコール発酵だけでなく、ほかの発酵、すなわち腐敗も同時に起こり得る。つまり、放っておくと腐敗するということである。腐敗したものをヒトは飲んだりしない。この点においても、くり返しこうしたことが起こらないように方法を改善したであろう。

三番目に、たまたまうまく酒ができたとして、その酒を飲んで酔ったとき、その現象をどのように評価したであろうか。「おいしい」とか「楽しい」と評価しただろうか。はじめて酒を飲んだときのことを思い返してほしい。顔が火照り、心臓がドキドキし、ふらふらし、むしろ不快感があったかもしれない。まして腐っているかもしれないのだ。しかし、一方でこの状態は、トランス状況に似ている。シャーマニズムの中では、この状態は積極的に評価されたであろう。

偶然に酒ができたとしても、それを受け取るヒトあるいは状況がなければくり返しつくられることはない。結局のところ、偶然にできた酒もトランスに入るための一つの方法として受け入れられたということになる。

*——現在の酒の登場

やがて、人類は農耕をはじめた。とくに穀物の農耕がはじまると、人びとの生活は大きく変わりはじめた。定着し、物も多く保持できるようになる。また、さまざまな技術が発展してくる。なによりも、季節に関する知識が増大してくる。雨などの天候が大切になってくる。さらに、余剰生産物の貯蓄が可能になり、王のような支配者が出現するようになる。こうした変化が起こりはじめると、シャーマニズムのような宗教ではなく、天候や季節を取り仕切るような王による宗教が発生してくる。このような王の宗教とシャーマニズムは対立し、シャーマニズムは中心的宗教としては駆逐されてゆく。シャーマニズムの衰弱は、幻覚剤の存在の意味をも失わせ、王の支配する地域では幻覚剤も消えていった。

このとき、もともと幻覚剤の仲間であった酒が農耕の中に取り込まれた。ほかの幻覚剤にくらべて、危険性が少なく、かつ弱かったというのが一つの理由であろう。そして、ブドウなどの栽培化が進み、現在につながる果実酒が出現する。一方で、穀物を利用した殻芽酒が発明される。そして、この弱い酩酊《めいてい》の果実酒や殻芽酒は農耕の神との交流の場を提供するものとして、人類史上にふたたび登場することになる。すなわち、酒は農耕と結びついて再生するのである。

＊——新大陸の幻覚剤と酒

旧大陸の主要な地域において農耕がはじまり、社会が重層化しはじめると、これらの地域では、シャーマニズムは中心的な位置から脱落していった。しかし、新大陸ではシャーマニズムは長く生き残った。近代までの新大陸は、トウモロコシやマニオクなどの農耕がなかったわけではないが、全体としてみれば、狩猟採集民、あるいは狩猟採集民的世界であった。そして、ここでは近代にいたるまで幻覚剤が用いられていた。とくに中南米は幻覚剤の世界といってもよい。現在までに知られている幻覚剤のほとんどが、この地域で発見されている。

一方、口嚙み酒の中心も新大陸にある。沖縄から台湾においても口嚙み酒が見られたが、これを除くと、あとは南アメリカにしか口嚙み酒は残っていない。トウモロコシやマニオクが嚙まれ、酒がつくられている。インカ帝国では、太陽の処女が嚙んだというトウモロコシの酒は有名である。ただし、トウモロコシでは芽を生えさせて酒をつくる例も知られている。この技法がいつ頃からはじまったのかは明らかではないが、ヨーロッパから持ち込まれた可能性が高い。ヨーロッパ人との接触後、口嚙み酒は汚いというヨーロッパ的な考え方の影響を受けて、ヨーロッパから持ち込まれた芽でつくる酒が広まったのであろう。

新大陸の例は、詳述は避けるが、幻覚剤と口嚙み酒の相関関係を示唆する例であると私は考えている。そして、狩猟採集民の世界では幻覚剤が用いられつづけ、農耕民の世界では酒が用いられるようになった。

*――ヒトはなぜ酒を飲むのか

さて、農耕の酒、すなわち農耕儀礼のための酒として酒は再登場したが、この酒はすぐに楽しみとしての酒という新しい意味が付加される。酒の持つ弱い酩酊とその楽しさを知りはじめたヒトは、さまざまな理由をつけて酒を飲むようになる。それと同時に酒の生産量は増加する。そして、西アジアでは大麦の芽を利用した酒、すなわちビールが発明される。東アジアではカビを用いた酒が発明される。東西において、神事から離れ、日常的に飲まれるようになり、大量に酒がつくられ、そして多くの酔っ払いも出現してくる。ここにおいて、何度も禁酒令が出されることになる。しかし、それにもかかわらず、酒は飲まれつづけてきた。それはなぜだろうか。

それは、社会のあり方と相関しているのであろう。農耕がはじまり、社会は徐々に複雑化していった。産業革命を経ると、分業化が進み、よりいっそう複雑になっていった。情報化社会になると、物という具体物から離れ、情報という得体の知れないものを操作する社会になる。今や私たちは、自然から離れた特殊な生活をするようになりつつある。それは、動物としてのヒトの生活から飛び離れてしまった生活をしているということである。それでいて、私たちはなお動物としての存在を保ちつづけている。

これまでの人類の発展は、ヒトの持つ合理性、あるいは理性的な側面を強調することによって達成してきたといえるであろう。自然科学がその典型である。この成果によって、私たちはより快適な生活を享受することができるようになった。そして、私たちの生活のすみずみまでこの合理的・理性的考え方が支配するようになっている。車を運転しようが、ガスや電気を利用しようが理性的におこなわなければ、私たちは危機に陥ってしまう。そういうことで私たちのまわりは埋めつくされている。

しかし、ヒトはそれで完結できるわけではない。情緒的・感性的な面とのバランスにおいて、ヒトはヒトとして完結するのではないだろうか。理性と感性。ヒトはこの二つで一つのものとなる。酒は理性の世界から感性の世界へ導く薬なのである。もちろん、酒だけがその薬というわけではないが、もっとも容易で強力な薬というわけだ。この酒によって、ヒトは知らず知らずのうちに絶妙のバランスを保っているのである。

ヒトは、狩猟採集の時代には魂を飛ばすために、そして農耕の時代には酔って神と交流するために酒を飲んでいた。そして、商工業の社会において、酒は神事から離れ、飲酒が「ケ」の中に入りはじめた。情報化社会の現在では、一度に飲む量は減ってきたが、逆に毎日のごとく飲むようになってきた。日々、覚醒と酩酊をくり返しているのである。

吉田　集而

アメリカの酒

インカ時代に築かれたトウモロコシ栽培のための階段耕地。ペルー、プノ地方。（山本紀夫）

神への捧げもの、プルケ酒　―メキシコ―

＊――アステカの神とプルケ

　中南米の酒はというと、真っ先にメキシコの強烈なテキーラを思いうかべる人が多い。確かにテキーラはメキシコを代表する酒の一つだ。メキシコだけではなく、テキーラは中南米の酒を代表するといっても過言ではない。そのため、テキーラを飲んだことはなくても、その名は知っているという人も多いようだ。しかし、テキーラがどんな酒かということについては誤解も多い。たとえば、その原料をサボテンまたはトウモロコシであると考えている人が少なくないが、実際はリュウゼツランの仲間の植物からつくられる。また、テキーラをメキシコの伝統的な酒であると思っている人も多いが、これも違う。アメリカ大陸にはもともと蒸留酒はなかったが、テキーラは蒸留酒なのである。したがって、明らかにテキーラはヨーロッパ人たちが新大陸にきてから生まれた酒なのである。

　それでは、メキシコを代表する伝統的な酒とはなにか。それが、ここで取り上げようとするプルケとよばれる酒だ。

実際、プルケはメキシコでは古くからきわめて重要な酒であったことが知られている。たとえば、スペイン人たちの侵略により崩壊するまで、メキシコの中央高原に栄えたアステカ帝国では、プルケは神への捧げものとして重要なものであった。図1も、そんなプルケの重要性を示すものである。これは、征服期の頃に描かれた図で、中央部に見えるのが神で、その前には壺に入れられ、神に捧げられたプルケがおかれている。また、右斜め上では神官が二つの容器にプルケを入れて運んできている。いずれも、発酵酒らしく、プルケの上面が泡立っているのがわかる。また、図2は、アステカ時代の生活のようすを描いたものであるが、これによるとプルケが重要であっただけでなく、貴重なものであったこともうかがえる。この図の中央部の壺に入っているものがプルケで、その前で老人がプルケを飲んでいる。実は、アステカではプルケを飲むことが許された人びとはきわめてかぎられていた。すなわち、祭りなど特別なとき以外では、老人や重労働をする人などだけがプルケを飲むことを許されていたのである。

＊――奇蹟の植物リュウゼツラン

さて、このプルケもリュウゼツランを原料にしていることから、先の誤解も、この酒とテキーラが混同されてのことかもしれない。とにかく、リュウゼツランは、メキシコではテキーラやプルケなどの酒の原料となるだけでなく、古くから実にさまざまな用途を持った植物であった。たとえば、一六世紀にアメリカ大陸を広く旅行し、すぐれた記録を著したアコスタ神父も、その著書の中でリュウゼツランの多様な用途について次のように記している。

図１　ミシュコアトル神の祭り（Borbónの絵文書より）図の中央の人物が狩猟の神であるミシュコアトルで、その前に壺に入れられたプルケがおかれている。まわりには、片手で白旗を持ち、もう一方の手で串刺しにした兎を持つ６人のハンターなどが描かれている。

図２　アステカ時代、プルケを飲むことが許されたのは、祭りのときを除けば、老人などごく一部の人にかぎられていた（Mendozaの絵文書より）。

「竜舌蘭《りゅうぜつらん》は驚異の木で、この木からは、水、酒、油、酢、蜜、シロップ、糸、針、そのほか数々のものが取れるために、新来者や新渡航者たちは、奇蹟と記すのがならわしである。この木は、ヌエバ・エスパニャ（現在のメキシコのこと）では、インディオたちが非常に大事にし、ふつう、住んでいるところに、この木かまたは同じ種類の木を植えて生活のために使い、また野外にも生えているので、これを栽培する」(1)

リュウゼツランはメキシコでは一般にマゲイという名前で知られている。このマゲイは数多くの種類があるので、プルケについて述べる前にこの植物について少し紹介しておこう。

マゲイは、リュウゼツラン科のリュウゼツラン（*Agave*）属の植物で、約三〇〇種ほど知られ、その多くがメキシコおよび中央アメリカに分布している。乾燥地に適した植物で、多肉質の葉がロゼット状に群がってつく。数センチほどにしかならない小型のものから、葉群の直径が五メートルほどになる大型の種もある。このうち、メキシコで盛んに利用されているのは大型のものだ。大きな葉から繊維を取るサイザルアサも、このうちの一つである。

プルケの材料となるマゲイも大型種で、そのうちの一種アガヴェ・アトロヴィレンス（*Agave atrovirens*）がもっともよく利用される。このマゲイは、冷涼で、降雨量の少ないメキシコ中央高原に分布している。その葉は肉厚で長さが一～二メートル、その先端部は剣のように鋭くとがっている。葉が密生した中央部は生長するにつれて太くなる。一〇年あまりたつと、この中央部から花茎が五～六メートルにも伸びて花をつける。そのあと枯死してしまうが、開花する直前に花茎を切り取ると、そこから液体がにじみ出てくる。この液体は、スペイン語でアグア・ミエール、すなわち蜂蜜の水とよばれている。その名のとおり、この液体は蜂蜜を思わせるように、糖分を含んでいて甘い。実は、この液体を発酵させたものこそがプルケなのである。そこで、ここではこの液体を蜜水とよんでおく。

＊――マゲイの林で蜜水を集める男

このマゲイの蜜水の集め方をメキシコではじめて見たのは、一九九三年一一月、首都のメキシコ・シティー郊外を車で走らせていたときのことであった。メキシコ・シティーは標高二四〇〇メートルほどの高地にあり、その周辺は高原となっている。そのため、緯度の上では熱帯だが、気温はさほど高くない。ただし、熱帯だけあって陽射しはきつい。また、乾燥が激しく、雨も少ない。そのせいで、高原地帯はサバンナのような景観がつづく。乾燥に強いマメ科の木やサボテンなどがよく目に入る。といっても、これらの植物もまばらにしか生えていないので、赤茶けた大地がむき出しのようになっている。道路わきに自生しているコスモスだけが彩りを添えてくれるものだ。

こんな荒涼とした景観の中で車を

プルケの材料となるマゲイ。放っておくと花茎が数mにも伸びて花をつけた後、枯死してしまう。

マゲイの葉群の中心部にある花茎を切り取り、カヘーテとよばれる穴をあけると、そこから白濁したアグア・ミエール（蜜水）がしみ出てくる。

走らせていたときのことだった。ロバを追う一人の男が高原を歩いているのが目に入った。そのロバの背には樽《たる》が二つ見える。その向こう側にはプルケの材料となるマゲイが一面に植えられている。やがて、その男は大人の背丈ほどもある大きなマゲイの林の中に消えた。ひょっとすると、プルケ酒の材料を集めにゆくのかもしれない。そう思って、車を止め、その男を追いかける。

　マゲイは二メートルくらいの間隔で一列に植えられている。その列が何十もある。それが視界をさえぎり、男は簡単には見つからない。マゲイの列を横切ろうとすると、体のあちこちを鋭くとがったマゲイの葉に刺される。勘違いだったかと、あきらめかけた頃、ようやくその男は見つかった。思ったとおり、彼はプルケの材料を集めにきていたのだった。しかも、その材料集めは奇想天外なおもしろい方法だった。

　その男は一本のマゲイを前にし、長さが四〇センチほどもある細長いヒョウタンを手にしている。それがマゲイの蜜水を集める道具で、アココテという。蜜水を集めようとするマゲイは、中央部の茎がきれいに切り取られている。切り取られているだけでなく、丸く、深く掘り下げられ、直径二〇センチほどの円形のくぼみができている。そのくぼみの中には少し白濁した液体が溜まっている。それがアグア・ミエール、つまり蜜水であった。手にしているアココテは、一見したところ、なんの細工もしていないヒョウタンのように見える。細くなっている先端部と太くなっている中央部の側面に、それぞれ一カ所、小さな穴があけられているだけである。やがて、彼はこのヒョウタンの先端部を蜜水の中に突っ込んだ。そして、もう一カ所の穴に口をつけるや、「ズズーッ」と盛大な音を立てて、一気に蜜水をヒョウタンに吸い込んだのであった。

アココテとよばれるヒョウタン製の道具。下部の切り口を蜜水に突っ込み、上部の穴に口をつけて、勢いよく蜜水を吸い込む。

ついで、アココテに吸い込んだ蜜水を、ロバの背に吊している樽に移す。ヒョウタンの穴を閉じていた指を放し、蜜水をアココテから樽に流し込むのだ。こうして、彼は次から次へとマゲイの蜜水を集めてまわる。一本のマゲイから一回に取れる蜜水は約一リットル。毎日、早朝と夕方の

アココテに集められた蜜水はロバの背に吊した樽に移される。

二回、集めてまわるという。一日に一回だけ集めてまわったのでは、よいプルケがつくれないという。強い陽射しで、穴の中に溜まった蜜水が自然発酵する恐れがあるからだ。

集め終わった蜜水はすぐに工場に運び込まれる。工場とはいっても、家内工場といった感じの小さなもの。そこにはいくつもの大きな樽がおかれている。そのうちの一つの樽に蜜水を移し（口絵）、そこで一～二週間寝かせて、発酵させる。できあがりは白く泡立ち、粘り気のある甘酒といった感じのものだ。アルコール分は弱く、せいぜい五～六パーセントほどか。子どもでも飲めそうな酒だ。ところが、現在のメキシコではプルケを飲む人は少なくなっているらしい。その一つの理由が根拠のないうわさのせいである。プルケ酒をつくるとき、発酵を促進するために子どもの大便を使っているというのだ。

確かに、プルケを飲むとき、いささかウンチ臭い匂いがすることがある。しかし、これはウンチを入れているためではなく、細菌による発酵のためである。（注1）また、プルケは腐敗しやすく、日持ちがしないことも人気がなくなった理由であろう。さらに、プルケのアルコール分の弱さも、ほかの酒に取ってかわられるようになった一因かもしれない。メキシコでは、ヨーロッパ人の到来後、冒頭で述べたテキーラに代表されるような強烈な酒が生み出されていったからである。

山本　紀夫

注1　プルケを発酵させる細菌として、*Leuconostoc mesenteroides*, *Lactobacillus* sp., *Zymomonas mobilis*などが知られている。

〈参考文献〉

（1）アコスタ　一九六六『新大陸自然文化史』増田義郎訳　岩波書店
Gonçalves de Lima, O. 1978　*El Maguey y el Pulque en los Códices Mexicanos*. México : Fondo de Cultura Económica.
Ulloa, M., T. Hennera, P. Lappe 1987　*Fermentaciones Tradicionales Indígenas de México*. Instituto Nacional de Indigenista.

アマゾンのビール、パイナップル酒

「かっと照りつける太陽。ゆったりと流れる大河。その上を音もなく進むカヌー。緑の壁のように見える熱帯降雨林。」

アマゾンというと、こんな光景が鮮やかに思い出される。それは三〇年以上も前のことなのに、そんな光景とともにカヌーでのきびしい旅もよみがえってくる。さえぎるものがなにもないカヌーでは強い陽射しとともに、水面からの照り返しもきびしい。暑さでくらくらする頭を冷やすために、しばしば川の水をすくい、それをかぶる。

暑さはなんとか我慢できる。しかし、喉の渇きが辛い。かといって、カヌーの下を流れる水を飲む気にはならない。アマゾンでは、水はしばしば大量の土を含み褐色に濁っているからだ。濁っているだけならまだしも、この水を飲むと口の中に土が残ってしまうことさえある。このため、大量の水の上にいながら、飲める水がなくて苦しむことになる。そこで、人家が見えると、カヌーを岸に寄せ、パイナップルをゆずってくれる人を探す。熟したパイナップルは果汁をたっぷりと含んでいるので、喉を潤すのに最高なのだ。

喉を潤すものといえば、パイナップルの酒も忘れることができない。たまたま立ち寄ったインディオの家でコップになみなみとつがれた酒のうまさが、今なおはっきり記憶に残っている。それは、コロンビア・アマゾンの支流の一つ、カケタ川のさらに支流をカヌーでさかのぼっていたときのことだった。当時のフィールド・ノートを参考に、そのときの旅を再現してみよう。

マロカの名で知られるコロンビア・アマゾンの伝統的な大家屋。

＊——あるインディオの祭り

そこでは、大河アマゾンも川幅が数十メートルと狭くなっていた。その川岸の高台に一軒の共同大家屋、マロカが見えた。このカケタ川流域では今なお伝統的な暮らしを送っている人が多く、彼らの多くがマロカとよばれる共同大家屋に住んでいる。ふつう、一戸のマロカに父系の数家族が共同で暮らしている。その生業は有毒のマニオク（キャッサバ）を主作物とする焼畑農業が中心で、そのかたわら狩猟や漁撈もおこなっている。この焼畑にはパイナップルもしばしば植えられている。このパイナップルが酒の材料にもなるからだ。

私がたまたま訪ねたマロカは直径が二〇メートルほどの円錐形のような構造だった。中央部に四本の柱があり、それを囲んで同心円状に一六本の柱が立っている。その外側に板壁があり、この板壁と内側の柱のあいだには、ハンモックがいくつも見える。家族ごとに焚《た》き火を囲み、ハンモックを吊って暮らしているのだった。そんな焚き火が五つあることから、このマロカには五家族が住んでいることがわかる。

このマロカの屋根はヤシの葉で葺《ふ》かれている。私が訪ねたとき、そのマロカは屋根の葺き替えが終わったところだったらしく、マロカの中には使い残されたヤシの葉が散乱していた。やがてマロカにいた女性たちがいそいそとヤシの葉を片づけ、土間を掃き出した。ヤシの葉の下からは踏み固められ、黒光りした土間が現れる。新しい屋根の完成を祝って祭りがはじまるのだという。

その日の夕方、中央部に立っている四本の柱には松明がくくりつけられた。その灯と天窓から入ってくる月光でマロカの中央部だけがスポット・ライトを浴びたように明るくなる。その真ん中には直径が一メートルくらいの大きな土製の甕《かめ》がおいてある。甕の中身は黄色いドロドロした液体だ。その甕のそばにいる男が、ときどき、この液体に耳を傾けてニヤリとする。この男性はマロカの家長ともいうべきカピタンだった。その彼が「ピーニャのチチャだ」という。ピーニャとはパイナップルのこと、そしてチチャは南アメリカで広く使われている発酵酒の総称である。つまり、この液体はパイナップルを発酵させた酒なのだった。

私も甕に耳を近づけてみる。アルコールの匂いがする。同時に、「ブツブツ、ブツブツ」という音もかすかに

右＝パイナップル用のおろし金。左＝すりおろしたパイナップルの中に目の詰んだ筒状のバスケットを突っ込み、この中にヒョウタン製の容器を入れて酒を汲み取る。

聞こえてくる。それは甕の中の液体から発している。パイナップルが発酵している音である。耳を傾けていたカピタンは、この音を聞いて発酵の程度を確かめ、液体をかきまわしていたのであった。その製法は次のようなものである。

まず、パイナップルのよく熟した果実を皮ごと、おろし金ですりおろす。有毒マニオクも毒抜きのためにすりおろす道具があるが、これとは違う。パイナップル専用のやや小さなおろし金である。細長い板に先のとがった鉛筆状のものを数十本埋め込んだものだ。すりおろしたパイナップルは甕の中に入れて、数日のあいだ放置する。この地域は気温が高く、パイナップルは糖分を多く含んでいるため、簡単に発酵するという。そのため、ときどき、発酵音を聞きながら液体をかき混ぜるのだった。

やがて、カピタンは「よし、よし」といった顔をして、この液体の中に目の詰んだ筒状のバスケットを突き立てた。この筒は、パイナップルの繊維など、酒以外のものを取り除くフィルターの役をする。この筒の中にヒョウタン製の容器を入れて酒を汲み取る。男は少し飲んでまた、ニヤリとする。ガラスのコップにつぎ、私に飲めという。ためらっていると思ったのか、まわりにいた若者たちが「パイナップルのビールだ」という。なるほど、色は透明だが、ビールのように泡立っている。味も悪くない。強くはないが、よい香りと心地よい味が口いっぱいに広がる。

カピタンは、その場にいる人たちみんなに酒をついでまわる。空になったコップを見つけると、そこにも忙しく酒をつぐ。みんなのコップに四、五回、酒がつがれたとき、歌が飛び出した。一人の女性が叫ぶように歌う。それに何人かの女も加わる。合唱となる。それをきっかけに男も歌う。そのうち、踊りもはじまる。男の一団と女の一団が向かい合ったり、追いかけるようにして、マロカ狭しと踊りまわる。アマゾンの夜はかなり冷え込むが、みんな激しい息づかいで汗まみれだ。そんなみんなにカピタンが酒をついでまわる。それを彼らは一気に飲み干す。

＊——アマゾンで渇きをいやす

こうして当時のことを思い返してみると、疑問に思うことがある。それは、彼らが酔うためにパイナップル酒を飲んでいたのだろうか、ということである。確かに、酒を飲んで気持ちよさそうではあった。しかし、酔っ払うことは決してなかった。そのため、夜を徹して踊り、歌うことができたのかもしれない。

夜を徹して祭りをおこなうとき、大敵は酔いではなく、睡魔と疲れのようだ。そのため、彼らはしばしば鼻からタバコの粉末を吹き込み、睡魔を追い払っていた。また、疲れを取るためにはコカインの原料となるコカの葉の粉末もたびたび口に入れていた。酒もかなりの量を飲んでいたはずだが、酔っ払った人がいなかったところを見ると、激しく踊るせいでアルコール分が汗となってしまったのかもしれない。その意味でもパイナップル酒はアマゾンのビールといえそうだ。

しかし、ビールがしばしば喉の渇きをいやすためのものであるように、パイナップル酒も、ときには酒より喉の渇きをいやすための水としての役割を持つこともあるのではないかと考えられる。というのも、アマゾン流域では、喉の渇きをいやすためにさまざまな植物を利用する部族が少なくないからである。冒頭で私の経験を紹介したように、アマゾンが大量の水を運んでいるからといって、そこで暮らす人びとが飲み水に困ることがないというわけではない。そんなとき、彼らは植物の茎や果実の中に蓄えられた水分を利用する。そして、そのような植物の中にはパイナップルの果実もある。そのパイナップルは栽培種だけでなく、野生種まで含まれる。しかも、このようにして利用するとき、彼らはしばしば果実を発酵させることも知られている。このときの発酵の目的は酒をつくるためではなく、おそらく植物の組織を破壊し、水分を取りやすくすることにあるのだろう。

とくに、野生のパイナップルの場合は、発酵は植物の組織に含まれている成分を変化させ、水分として飲みやすくするという目的もあるのではないか。というのも野生のパイナップルの果実はスイカのように黒い種がびっしり詰まっており、しかも果肉はおそろしく酸っぱいからである。私も一度だけ食べたことがあるが、ほんの一部を食べるのがやっとだった。これほど食べにくいものを利用する方法として、発酵という技術が考え出されたのかもしれない。あるいは、野生のパイナップルを単に放置して自然発酵させるだけだったのかもしれない。いずれにしても、パイナップル酒は、もともと、このような利用の方法から発達したのではなかったか、と考えられる。

こうして見てくると、このアマゾンの旅でもう一つ忘れることのできないことがある。それは、マロカが今ではほとんど見られなくなってしまったカケタ川本流でのことであった。そこではインディオもマロカではなく、入植者たちと同じように一戸一戸、別々の家に住んでいた。そして、このような家での祭りに参加すると、最後は必ずといってよいほどインディオたちが泥酔し、喧嘩《けんか》まではじめて閉口したものであった。彼らも祭りをはじめるときは伝統的な酒を飲む。しかし、それは最初のうちだけで、やがて現地でロンとよばれるサトウキビでつくったラム酒に変えるのだ。カケタ川の本流は川幅も広く、比較的大きな船も上ってこられるため、ブラジルからも商人が国境を越えてラム酒を運んでくる。そして、手っ取り早く酔うためにインディオたちは伝統的なパイナップル酒ではなく、アルコール分の強いラム酒を飲むのであった。

山本　紀夫

〈参考文献〉

Lévi-Strauss C. 1963　The Use of Wild Plants in Tropical South America. In J. H. Steward（ed.）*Handbook of South American Indians*. Vol. 6, New York : Smithsonian Institution.

ププニャの酒ンネコ　—コロンビア・アマゾン—

*——アマゾンのチーズ、ププニャの花

ププニャ（別名チョンタドゥーロ）は、ヤシの一種で、アマゾンの広い範囲に分布している。このヤシの木は垂直にかなり高く生長し、たくさんの実をつける。実の大きさはちょうど柿くらいである。といっても平べったい富有柿ではなく、干し柿にするような短めの砲弾型の柿だ。色もほぼ柿色だが、桃のように真ん中に一個だけ種子がある点が柿とは大きく違う。私が訪れたことのある北西アマゾン一帯のバウペス川、ティキエ川、ピラパラナ川、アパポリス川、ミリティパラナ川あたりでは、一〇月にププニャの花が咲き、一一月には早くも小さな実をつける。それが二月から三月にかけて熟し、緑の実が赤く色づいてくる。最初は樹枝状の花穂の先端に小さな瘤《こぶ》がたくさんついているように見えたものが、この時期には柿色の巨大なブドウの房のような趣を呈してくる。あとは収穫するだけだ。

北西アマゾンではププニャの実は大きい。だが、アマゾンのどこへいっても大きいわけではない。アマゾン下流（東部）では大きめの栗かプラム程度の大きさである。植物は栽培によってしだいに大きな実をつけるようになるから、ププニャはアマゾン下流のものの方が野生種に近いらしいということになる。ププニャの栽培化の中心は西アマゾンにあると考えられている理由がここにある。当時、そんなことは露ほども知らずに、私はププニャ栽培の中心地域に暮らしていた。ププニャの酒だけはたっぷりと楽しみながらである。

ミリティパラナ川流域への、はじめてのアマゾンの旅を終えて一カ月あまり後、私はバウペス県のピラパラナ川流域への旅に出た。前回はアマゾンという生活環境を経験してみることが最大の目的だったが、今度の旅は本調査をする調査地を決めるためである。頃は一〇月、ププニャが花をつける季節である。バラサナというインディオ集団の集落であるサン・ミゲルに滞在していたときのこと、一人の女性がヤシの木の根元にバナナの葉を何枚も敷いていた。ヤシの幹には鋭く長い刺が一面に生えている。なにをしているのかきくと、彼女はププニャの花を集めるのだといって、そばにあった棒でヤシの木の幹をドンと突いて見せた。するとバナナの葉の上にパラパラと雨音のような音を立てて小さな白いものがたくさん落ちてきた。ププニャの花はクリーム色でとても小さい。五～六ミリほどだろうか。この花を煮て食べるのだという。ププニャの花はチーズに似た匂いがする。どんな味がするのか試食してみたかったが、このときはだめだった。

ププニャの花をはじめて食べることができたのは、トゥユカというインディオ集団の調査をはじめて一〇カ月近くたった翌年の一〇月のことである。ププニャの花を集めていたホセにどう調理するのかきいたのがきっかけであった。ホセは、ププニャの花は小魚やエビといっしょに塩味で煮るだけだが、なかなかうまい。もしまだ食べたことがないのならご馳走するという。そこで私もホセがエビを取るのを手伝い、夕食を彼の家で取ることにした。エビといっしょに煮られたププニャの花は、かすかなチーズに似た香りと、百合根のような歯ごたえで、

左＝ププニャの木。このヤシの木の幹には一面に鋭く長い刺が生えている。下＝ププニャの実。右は、茹でて皮をむいたもの。焼き芋とよく似た味がする。

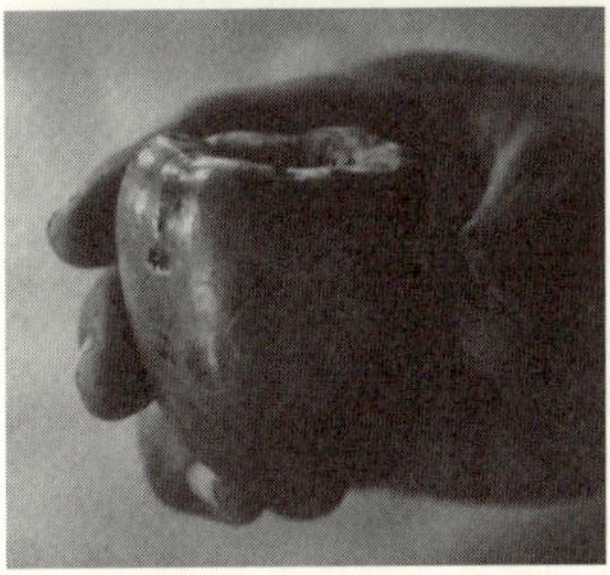

確かになかなかの美味であった。

＊――ププニャの酒に出会う

さて、花を食べるまでには長いこと待たねばならなかったが、ププニャの酒（トゥユカ語ではンネコという）を味わうのに時間はかからなかった。トゥユカの調査をはじめたのが一月半ばだったので、村のおもだった人びととそれなりの面識ができる頃には二月に入っていた。ププニャの実の熟す季節である。そのあいだに、トゥユカと通婚関係にあるバラというインディオ集団の娘が毒蛇に咬まれて重態になったが、私が持っていた血清で一命を取りとめていた。私は多少とも存在意義を認められた訪問者となり、人びととのあいだの敷居もしだいに低くなりつつあるところだった。

こうした条件が整ったところへ、ププニャの季節がやってきた。人びとはほとんど毎週末にププニャの酒をつくった。毎週水曜の村の共同作業の日にも、チベという水とファリーニャ（マニオクからつくるアラレのようなもの）だけのシンプルな飲み物の代わりに、ププニャの酒を持ってくる家族が増えた。新参者の私もあらゆる機会にご相伴にあずかった。共同作業中を除けば、酒はいつでも大きなヒョウタンの器になみなみとつがれてふるまわれる。器が空になるまで次つぎにまわし飲みされ、空になるとふたたびなみなみと満たされて同じことがくり返される。

どんなときでも、彼らは食べ物や飲み物について物惜しみをしない。食べ物を惜しむことは相手が敵であると宣言することにほかならないからだ。かくして、このまわし飲みは酒が底をつくまでくり返され、酒がなくなればそれで終わりである。もともと焼畑の伐採などの共同作業のときにはマニオクでつくった酒をふるまうのがふつうなので、ププニャの季節には原料がププニャに代わるだけの話なのだ。焼畑の共同伐採も酒が底をついたところで、その日の仕事はおしまいである。大きな焼畑をつくろうとすれば、多量の酒をふるまわねばならない。酒は儀礼にもつきものだが、儀礼が終わらないうちに酒が底をついてしまったりすると主催者の評判はがた落ちになる。トゥユカのほかの集落や通婚相手のほかのインディオ集団を招いて開かれる儀礼に用意される酒の量は厖大なものである。

ププニャの木はかなり高くなり、幹のまわりにはびっしりと鋭い刺が生えているので、実を取るにもココヤシのように簡単に木に登るわけにはいかない。刺のある木に登る方法がないわけではないが、能率が悪い。長い棒の先に逆V字形に短い棒を縛りつけ、そこに実のついた穂の根っこの部分をはさんでもぎ取るのが、いちばん好まれている。もいだププニャの実は生では食べられない。長時間茹でないと下痢をするといわれている。早朝に集めた実を、朝食を調理したあとの炉にかけても、茹で上がるのは午後遅くになる。茹で上がったものはそのままナイフで皮をむいて食べてもよい。味は、栗の歯ごたえに焼芋の美味しさというところで、食べ過ぎると胸焼けのするところまで焼芋に似ている。栄養学的には、デンプン質を多く含む良質のエネルギー源で、ビタミンAもたっぷり含まれている。

＊――マニオクと酒と精霊と

現在、人びとはしばしば酒をつくる。週末には必ずといっていいほど集落内の何家族かが酒を用意している。カトリックである彼らは、日曜の朝、まずミサに出席し、そのあとで、彼らの家を訪れる人びとに酒をふるまう。以前に、酒をつくったのは儀礼のときか、共同労働のときだけであったという。儀礼が年に十数回はおこなわれていたことを考えても、人びとが酒を楽しむ回数は明らかに増えたようである。この酒の消費の増大を基本的に支えているのはマニオクの生産量＝焼畑面積の拡大であり、それを可能にしたのは鉄斧の使用である。鉄斧の使用と集団間の戦争がなくなったことによって、核家族だけで孤立して生きることさえ困難ではなくなった。かつては共同体の意志によって決められていた酒づくりも、今では個人の好みでできるようになった。しかし、この自由を喜んでいいのかどうか判断するにはもう少し時間が必要である。

人びとの酒づくりの原料になるのは、マニオク、芋類、サトウキビとププニャである。いずれも糖質やデンプン質の多い食物である。マニオクは酒づくりの基本になる原料である。とくにすり下ろしたマニオクを水で洗い、デンプンを沈殿させたあとの、青酸性の毒物を含む上澄み液は長時間煮ることによって毒性が失われ、糖質を多く含んだ液に変わる。ププニャの酒をつくる場合には、よく茹で上がったププニャの実をよく噛かみ、まだ暖かいこの液に混ぜて一晩放置すれば翌朝には口あたりのよいププニャの酒のできあがりである。

マニオクの酒と、サトウキビの場合は薄焼きのカッサベ（マニオクを焼いてつくるパンのようなもの）を噛んで混ぜるし、芋類の酒では茹でた芋を混ぜる。これらの酒づくりでたいせつなことは温度の管理である。唾液中の酵素を利用しているので、温度が下がると発酵が止まり、アルコールからアルデヒドへの生成だけが進んで、まずくなる。うまくつくられた酒はワインや日本酒くらい強いものができる。ププニャの酒は中でも口あたりがよい。しかし、口内の常在菌も作用するので、どうしても多少はウンチ臭いような匂いが漂うのだけが欠点ではある。また、大量につくられた酒を消費するにはやはりそれなりの時間はかかるわけで、儀礼の後半に供される酒はかなりまずくなっている。儀礼の最中にはできないが、儀礼が終わってもまだ大量に酒が残っている場合など、ときどき味の調整をしてから飲み直すことがある。マニオクの液を温めて酒に加え、ふたたび発酵が進んでアルコールが優勢になるのを待つのである。再発酵に必要な時間は意外なほど短く、パンパイプを吹いて遊んだりしているうちにアルコールのいい匂いが漂い出すと第二ラウンドの開始となる。

ププニャの実の熟す二月から三月、とくに春分の日の前後は、北西アマゾンの先住民であるインディオたちにとって、彼らのコスモロジー（宇宙観、世界観）上、非常に重要な時期である。この時期は大乾季から雨季への移行期、増水とともにはじまる魚たちの遡上や産卵を控えた時期であり、それはとりもなおさず、遡上する魚たちに先立ってやってくる魚の精霊たちと人間のあいだで取り引きがおこなわれる時期でもあるからだ。同時に、この時期は新しい焼畑にマニオクを植える時期でもあり、マニオクの豊作をもたらすための儀礼がおこなわれる時期でもある。
彼らにとっての儀礼は基本的にはさまざまな精霊の代表たちとの取り引きであり、交渉である。儀礼の中で人間から精霊たちに、コカの葉、タバコ、ヤヘ（幻覚性の飲み物）、酒がふるまわれ、その代わりに精霊たちは人間にこれから一年間の食糧になる魚などを、歌と踊りで表現して交換するのである。私がいっしょに生活していたティキエ川のトゥユカという人びとの儀礼では、精霊たちを象徴する踊り手たちが、その名も「魚の踊り」（トゥユカ語ではワイバサという）を徹夜で踊りつづけたものである。そして、この儀礼のあたりがププニャの酒を味わえる最後の時期でもある。

武井　秀夫

口噛み酒の杯はめぐる
―エクアドル・アマゾン―

＊――アマゾンの恵み、キャッサバ

中南米、西インド諸島の熱帯アメリカには、キャッサバを原料にした酒が広く分布している。キャッサバとは新大陸原産、トウダイグサ科の低木で、その塊根（芋）が食用とされる栽培植物である。生長すると高さ二～三メートル、変種によっては四メートルに達し、地下には長さ五〇センチ程度、大きいものでは一メートル近くになる円錐状の芋が一〇個ほどできる。耐寒性に欠けるため、わが国ではなじみの薄い植物だが、反面干ばつ、また病気にも強く、現在では新大陸からアフリカ、東南アジア、オセアニアなど、世界の熱帯・亜熱帯地方で広く栽培されるようになっている。マニオク、ユカ、マンジョーカ、タピオカなどの別称を持ち、この芋を主食とする人びとは世界中で約五億人にのぼる。ただし「食物」としてではなく、「酒の原料」としてキャッサバを考えれば、インドネシアの麹《こうじ》を使った（固形の）酒や中部アフリカのカビ酒など、魅力的な例外もいくつか存在するが、基本的にその利用は熱帯アメリカにほぼかぎられるといってよい。そして熱帯アメリカのキャッサバ酒に関してとりわけ興味をそそられるのは、アマゾン低地に典型的に見られる「口噛《か》み酒」の存在、つまり人間の唾液《だえき》

を利用しての酒づくりではないだろうか。

一般に酒というものは、果実酒や蜂蜜酒などのように、原料自体に糖分が充分含まれていて、放っておいても天然酵母の力で自然にアルコール発酵を起こしてくれるもの（単発酵酒）と、穀類や芋類などデンプンを原料とする酒のように、天然酵母にまかせる前にいったんそのデンプンを分解し、糖分に変えてからアルコール発酵を待つタイプのもの（複発酵酒）がある。

焼畑で収穫を待つキャッサバ。多くのアマゾン低地民社会では、キャッサバを収穫したあとは挿し木をして、植えつけも同時におこなうのがふつうである。

後者の場合、デンプンの糖化酵素として使用されるのは穀芽とカビ類が一般的なところだが――ビールにとっての麦芽、清酒にとっての麹がそれにあたる――米の飯をしつこく噛んでいると甘くなってくることからわかるように、人間の唾液もまたデンプンを分解する酵素（プチアリン）を持っており、その意味で立派に酒づくりに貢献できるのである。現在ではかなり特殊な酒のように見える口噛み酒だが、実は中南米のほか、東アジアの奄美、沖縄、台湾でも米やアワを原料にした口嚙み酒が盛んにつくられていたことがわかっているし、中国福建の閩《ビン》、大隅半島、北海道のアイヌ、満州についてもそれぞれ記録が残されている。古代の日本本土に関しても文化人類学者はどちらかというと否定的だが、その存在の可能性は完全に否定されているわけではない。酒づくりに唾液を使用することは本来的に決して特別なことではないのである。

*——カネロス・キチュアの酒づくり

さて、そのアマゾン低地の口嚙み酒だが、ここでは私自身が味わったエクアドル・アマゾンのクラライ川、ボボナサ川流域に居住するカネロス・キチュアの酒を取り上げてみたい。この民族は、植民地時代の初期にアチュアールやサパロなど、この地域における先住民と、キチュア語を使用するアンデス高地民が混交しあって成立したという複雑な起源を持ち、言語的にはインカ帝国の首都クスコで一六世紀頃に話されていたものに近いキチュア語を母語としている。しかし文化的には完全にアマゾン低地のもので、近隣のヒバロ系民族とも明確に区別された意識を持つ、自律的な民族である。エクアドルではこのカネロス・キチュアのほか、ヒバロ系のシュアールやアチュアール、さらにコファン、シオナ、セコヤ、それにアンデスを越えた太平洋側の熱帯低地に住むサチラやアワなど、低地の民族ならいたるところでキャッサバの口嚙み酒を見ることができる。なお、原料のキャッサバには青酸毒が含まれていて、すりおろして水にさらすなど、毒の強いものにはそれなりの処理が必要とされるが、カネロス・キチュアでは毒抜きを必要としないタイプのキャッサバが栽培されているため、酒をつくるにしてもそれほど複雑な手順を踏むわけではない。以下、順を追って酒づくりのプロセスを簡単に紹介しておこう。

①まず、焼畑からキャッサバを収穫し、水洗いしたあと皮をはぎ、適当な大きさに割って大鍋に入れる。小さな芋は割らずにそのまま放り込む。

②これに水を加え、バルサなど大振りの葉で蓋をして火にかける。

③一時間から一時間半後、茹で上がったキャッサバを木製のタライに移し、杵《きね》で潰す。このタライは直径一・五メートルほどの大きなもので、セドロなど一本の大木からつくられる。

茹で上がったキャッサバを木製の杵で潰す少女。かなりの重労働であろう。「口嚙み」もこの作業と並行しておこなわなければならない。背景にはチチャ用につくられた大きな甕もうかがえる。

④キャッサバを潰しながら、その一部を指でつまんで口に入れ、「嚙みため」る。唇を閉じ、いくぶん頬をふくらませた状態で二〇～三〇分ほど口をもぐもぐと動かし、その後、潰したキャッサバの上に吐き出す。吐き出されるのは白濁した大量の液体で、ドロドロになった半固形物というわけではない。どうやったら唾液をこれだけ口の中にためられるのか、あきれてしまうほどの量が吐き出される。もちろんこの口嚙み作業は一度だけでは終了せず、発酵のスターターとして充分な量になるまで何度かくり返される。熟した料理用バナナやサツマイモ、ピーナッツなどをこの段階で加えることもあるが、その場合でも口嚙みの対象はキャッサバだけにかぎられる。

口嚙みの作業にかぎらず、キャッサバの収穫にはじまる一連の酒づくりはすべて基本的には女性が担当する。男やもめの独り暮らしということにでもなれば話は別だが、この酒づくりは主婦のおこなう家事としてはもっとも重要なものである。

⑤唾液混じりの潰したキャッサバをタライから素焼きの大甕《おおがめ》に移し替え、三～四日寝かせる。天然酵母による自然発酵を待つのである。

⑥三～四日後の夜、細流の澄んだ水を大甕に加えてさらに一晩寝かせ、翌朝でき上がりとなる。

このようにしてつくられた酒はスペイン語でチチャ、キチュア語ではアスアとよばれる（アンデス高地のトウモロコシを原料にした酒と同じ名称である）。黄褐色に濁ったそのチチャを実際に飲んでみると、かすかにすえた匂いがする。しかし味の方は酸味がいくぶん強いくらいで、それほどのくせはない。糖度の高い熟した料理用バナナを加えたりした場合にはややアルコールが強くなるが、通常は「キャッサバ・ジュース」とでもよびたくなるような、ごく弱い酒に仕上がる。

カネロス・キチュアの人びとは老いも若きも、おおむね生後一年くらいからこの酒を朝に夕に、ことあるごとにたしなむ。水をそのまま飲む習慣がないこともあり、寝起きや食後の一杯は欠かせないし、焼畑での作業の合い間やカヌーでの移動中にもこの酒は登場する。チチャ以外の飲み物がいっさい存在しないわけではないが、普段人びとが日常的に親しんでいるものとしては、この口嚙み酒が実質上唯一の飲み物なのである。高温・多湿のアマゾンでは当然喉も渇き、乾期であればおそらく成人男性で一〇リットル以上、女性でもその半分くらいの量を日々飲み干しているのではないだろうか。それほど酩酊《めいてい》することなく充分な水分補給が可能で、またカロリー

日曜の朝、家族全員で食後のチチャを楽しむ。一家の団らんにもチチャは欠かせない。ただし、公的な空間では男性、女性（と子ども）は明確に分離され、常に男性は男どうし、女性は女どうしでチチャを飲むことになる。

大祭の折りにはおびただしい量のチチャがつくられ、そして消費される。俗に「浴びるように酒を飲む」というが、文字どおりここでは全身にチチャが浴びせられる。

も取れるチチャは熱帯のアルコール飲料として確かに理にかなったものであろう。私自身、実はこのチチャを飲めるようになるにはそれなりの苦労もあったのだが、「唾液の使用」という心理的な障壁を乗り越えたあとには、この口嚙み酒のおかげで空腹感もまぎれ、アマゾンでの暮らしがずいぶん楽になったものである。

＊――チチャ飲みの作法

ところで、家族どうしのプライベート空間では各自気ままに、そして好きなだけこの酒を飲むことができるわけだが、ほかの家にお邪魔する場合には、当然それなりの作法が存在する。まずは客間にあたる空間に並べられた板に腰かけ、その家の女性がチチャを持ってきてくれるのを待たなければならない。日中だろうが夕方だろうが、時間はいっさい関係がない。夜が明けて間もない頃に突然訪問しても、確実にチチャが出てくる。大甕からチチャを器についで現れた女性は、客に器を渡すことはしない。じきじきに飲ませてあげるのである。客が複数の場合には、一人ずつ順番に巡回していくことになる。客の立場からすると、ある時間を隔てて、定期的にヒョウタンやセラミック製の器がグイと鼻先に突き出されるという構図になる。器の縁に口をつけると、傾けられた器から自然にチチャが喉に流れてくる。器に入っているチチャをすべて飲む必要はないのだが、量の加減は女性の側に決定権がある。「飲みが足らない」と判断されれば、「もう充分」といくら身振りで意志表示をしても無視され、彼女自身の唾液で醸された口嚙み酒がさらに強引に流し込まれる。また家に女性が一人しかいない場合はまれなので、二、三人の娘、母親、祖母など、複数の女性たちから次つぎにチチャをふるまわれることになるのがふつうだ。

狩猟採集、漁撈、焼畑での作業など、一日の仕事を終えた夕刻近くからは、男どうしでの「献杯」にあたる習慣も目にすることができる。家長自ら、なみなみとついだチチャを客のだれかのところに持っていき、「カンバ・クエンタ」といって器ごと手渡す。器を受け取ると、その客は一リットル近くある液体を一人ですべて飲み干さなければならなくなる（「カンバ・クエンタ」とは「おまえの義務だ」の意である）。苦労して、あるいは軽々と器いっぱいのチチャを片づけた客は、今度は別の適当な客に向かって同じことを宣言する。そのうちに複数のカンバ・クエンタが同時進行しはじめ、ヒョウタンやセラミックの器があちこちと移動をくり返すようになる。献杯の器を抱えていても、チチャをもてなす女性たちがまわってくれれば、これを拒否するわけにはいかない。女性たちからのチチャを数かぎりなくいただき、さらに男どうしでの献杯を何度か受けていると、すぐに数リットルのチチャが腹の中に収まり、水腹に苦しみつつもほろ酔い気分となる。さらに興が乗ると、サルの皮を張った太鼓も登場し、踊りもはじまる。なごやかな談笑から自然発生的な酒宴に移行していくわけである。

人びとはチチャのもたらすやわらかな酔いに包まれ、太鼓に合わせて舞い踊り、そして語り合う。子どものちょっとしたしぐさに笑い転げ、街に出ていった親戚を思いやり、縄張り侵害の報に怒りをあらわにする。それは世界のいたるところでくり広げられている、ごく自然な宴の風景というものだろう。人びとは酒を媒介にそれぞれの哀歓を交わし、つかの間の生の昂揚に身をまかせる。「命の水」とはいうけれど、ここではチチャという口嚙み酒こそが、その名にふさわしいアマゾンの「酒」なのである。

山本　誠

〈参考文献〉

山崎百治　一九四五『東亜発酵化学論考』第一出版
山本　誠　一九九四「アマゾン、その食と酒の世界」『季刊民族学』六九号　千里文化財団
吉田集而　一九九三『東方アジアの酒の起源』ドメス出版
Lancaster,P. A., J. S. Ingram, M. Y. Lim and D. G. Coursey, 1982 Traditional Cassava-Based Foods ; Survey of Processing Techniques. *Economic Botany* 36(1) : 12-45.
Lancaster, P. A. and J. E. Brooks, 1983 Cassava Leaves as Human Food. *Economic Botany* 37(3) : 331-348.

「チチャこそすべて」 ―インカ帝国の酒―

*――太陽の祭典とチチャ酒

アンデスにチチャとよばれる酒がある。今でこそチチャはさまざまな材料でつくられ、ときにアルコール分を含まない清涼飲料水さえチチャとよばれることもあるが、もともとチチャはトウモロコシを発酵させた酒のことであった。そのチチャが醸造酒の代名詞のようになったのは、一六世紀以降、インカ帝国を征服し、アンデスを植民地としたスペイン人たちのせいであった。それというのも、当時、チチャこそはアンデスを代表する酒であり、またきわめて重要な酒だったからである。

そのことに真っ先に気づいたのは、どうも宣教師たちのようだ。彼らはアンデス各地に教会を建て、カトリックの布教をはかっていたが、土着宗教は根強く生き残り、その宗教的な儀式や祭りにつきものなのがチチャ酒なのであった。一六世紀末に現在のペルーのリマに到着したスペイン人神父のアリアーガも偶像崇拝根絶のためにアンデスに巡察に出かけ、次のような記録を残している。

「ほとんどの供儀で用いられる最重要かつ最良の供え物はチチャである。チチャにより、またチチャとともにあらゆるワカ（聖地）の祭典ははじまり、チチャで間を持たせ、チチャで祭りを終わる。チチャこそすべてである」[1]

この記録が書かれたのは一六二〇年。征服者ピサロが最後のインカ王、アタワルパを殺し、帝国を滅ぼしてからすでに一〇〇年近い年月がたっていた。しかし、そのときでさえインカ以来の伝統であるチチャ酒を儀礼や祭りに不可欠なものとして供する習慣は生きつづけていたのである。

いいかえれば、それほどインカ時代のチチャ酒は重要なものであった。それだけに、インカ時代のチチャ酒の消費量はかなりのものだったようだ。たとえば、インカ帝国は太陽を神としていたので、この神に対しても大量のチチャ酒が捧げられた。その最大のものがインティ・ライミ、すなわち「太陽の祭典」とよばれる荘厳な祭りであった。これは六月の夏至のあとに太陽のために捧げられる儀式でもあった。

この祭りについては、スペイン人たちも多くの記録を残しているので、それによってその様子を紹介しておこう。まず、夜明け前、インカ王は親族とともにクスコの広場に向かった。太陽が姿を現すと、人びとは両手をあげて礼拝した。ついで、インカ王は酒がつがれた二つの金の杯を両手に持ち、右の杯を高くかかげて太陽に捧げた。この酒は、もちろん、トウモロコシでつくったチチャにほかならなかった。

乾杯の音頭を取ったインカ王は太陽に捧げられた大杯の酒を金の杯に注ぎ入れた。この酒は石づくりの導管を通って広場から太陽の神殿に流れ込むようになっていた。ついで、インカ王は親族たちが持っている杯にもチチャをついでまわった。広場にいた人びとにも「太陽の処女」によって準備された酒が与えられた。「太陽の処女」は、インカの王に仕えるため、国中から選りすぐられた美しく、若い女性たちのことである。生涯、純潔を守り、インカ王や貴族のための仕事をしていたが、その主要な仕事の一つがチチャ酒をつくることなのであった。
　この「太陽の処女」はクスコのアクリャ・ワシ、すなわち「処女の館」で暮らしていたが、このような「処女の館」はクスコ以外にもあった。地方の「処女の館」には五〇〇人から一〇〇〇人もの若い女性がいて、糸紡ぎ、機織り、そしてチチャ酒の製造などに専念していた。チチャの製法についての詳細は不明であるが、トウモロコシを噛《か》んで吐き出し、唾液によって発酵させていたらしい。征服者の一人のペドロ・ピサロによれば、「太陽の処女」たちは、太陽とインカの畑の耕作を手伝って働くインディオのためにチチャ酒をつくっただけでなく、インカの軍隊がその地方を通ったときにも、食糧やチチャ酒を提供した。

インカ王のためにチチャづくりをしていたアクリャ（太陽の処女）たち（Guaman Pomaの絵文書より）。

　ここで述べられている太陽とインカの畑とは、インカ独特のものであった。すなわち、インカは征服した村々の土地を三つに分けた。その一つは太陽神を中心とする宗教と儀礼のためのものであった。もう一つはインカ王のためのもので、ここで収穫されたものはすべてインカの倉庫に蓄えられた。そして、残りの土地がインカが住民に与えたものだった。

この太陽の畑およびインカ王のための畑ではインディオ全員が共同で作業をおこなった。住民たちは、みんな、金銀の飾りのついた晴れ着を着て、頭には大きな羽飾りをつけていた。踏み鋤《すき》で土を掘り起こしながら、インカを讃える歌をうたった。つまり、労働そのものが祭りにもなっていて、鋤を持って働く人びとにはチチャ酒がふるまわれたのである。

このほかにも多くの記録者たちがトウモロコシの酒、チチャの重要性について言及している。また、そのチチャ酒が祭りや儀礼のときに大量に消費されたことも指摘している。もちろん、トウモロコシも食糧として利用されたに違いないが、記録者たちはそれについてはあまりふれていない。アンデスには、もう一つの主作物としてジャガイモが栽培されていたので、こちらをもっぱら主食にしていたのかもしれない。したがって、トウモロコシの方は収穫物の大半をチチャ酒の材料として消費していた可能性さえある。

*——インカ帝国のチチャ酒

このチチャ酒の役割について、もう一つ忘れてはならないものがある。それは、インカの再分配経済の象徴としてのチチャ酒の役割である。実は、インカ社会は市場経済以前の世界であり、貨幣の利用は知られていなかった。税はすべて労働によって支払われ、住民には必要に応じて食糧や衣類などが見返りとして分配された。つまり、治める者と治められる者とのあいだは互恵関係にあった。このような一般庶民とのあいだの互恵関係は、インカ王や地方の首長たちから見れば、再分配の行為にほかならなかった。そして、この再分配のときの贈りものとともにチチャ酒を気前よくふるまうことによって、彼らはしばしば自らの権威をたかめていたのである。
　それを裏づける、こんな話が伝わっている。それは第九代のインカ王、パチャクティの時代のことである。彼がある祭りを主催したとき、招かれた人びとのあいだから、インカ王のもてなしが充分でないと不満の声が聞かれた。それを漏れ聞いたインカ王は、翌年の祭りでは特別に大きな酒杯をつくらせ、それでチチャ酒を一日に三度も飲ませたという。この話は、インカ王は権威によって集めた富を気前よく再分配しなければならず、とりわけチチャ酒を大量にふるまわなければならなかったことを物語っている。

インカ時代の農作業の光景。歌をうたい、鋤を持って働く人びとにはチチャ酒がふるまわれた（Guaman Pomaの絵文書より）。

　チチャ酒がインカ帝国でこれほどにも重要で、しかも大量に必要になっていたために、インカ王はチチャ酒の材料となるトウモロコシ栽培の拡大をはかっていたようである。とくに、領土を拡大したときは、灌漑技師まで派遣してトウモロコシ用の耕地の拡大につとめていた。このことについて、最

ピューマの顔を持つアンデス伝統の木製の酒杯、ケロ（高さ19cm）（クスコ大学付属考古学博物館所蔵）。

後のインカ皇帝の孫にあたるインカ・ガルシラーソは次のように述べている。

「インカ王は新たに王国あるいは地方を征服すると、まず、太陽崇拝とインカの規律にしたがって統治の礎を築き、さらに住民の生活様式を定めた後、耕地を増やすようにと命じたが、この耕地とはトウモロコシのなる畑のことであり、この目的のために灌漑技師が派遣された」[2]

こうしてインカ時代に築かれたトウモロコシ用の耕地は現在も各地に残っているが（扉写真）、これらの耕地を見た人はきっと驚き、不思議に思うに違いない。これらのトウモロコシ耕地は、ふつう、段々畑になっているが、「耕して天までいたる」という表現が決してオーバーではないほど規模の大きなものが少なくないからだ。しかも、その畑が耕地としては不必要なくらいに斜面をきれいに削り取って石を精巧に積み上げ、等高線にそって段差をつくったものが多いのである。

しかし、これもトウモロコシが単に食べ物となる作物ではなく、儀礼や祭りに不可欠なチチャ酒の材料となる作物であったことを物語るのであろう。これは、先に述べたもう一つの主作物のジャガイモがもっぱら食糧として利用され、その耕地がトウモロコシのそれとは対照的に粗雑なつくりであることからもわかる。おそらく、ジヤガイモは一般庶民の食べ物であり、トウモロコシはインカ王や貴族のため、さらにチチャ酒の材料のためのものだったのであろう。インカ・ガルシラーソも「段々畑はだいたいにおいて、太陽とインカ王に割りあてられたが、それというのも、段々畑の造営を命じたのがインカ王だったからである」と述べているのである。

山本　紀夫

〈参考文献〉

（1）アリアーガ　一九八四「ペルーにおける偶像崇拝の根絶」『ペルー王国記』増田義郎訳　岩波書店
（2）インカ・ガルシラーソ・デ・ラ・ベガ　一九八五『インカ皇統記』第一巻　牛島信明訳　岩波書店
Guaman Poma de Ayala, F. 1980 Nueva Córonica y Buen Gobierno. México : Siglo XXI Ed.

酒に生きるアンデスの伝統　―ペルー―

＊――アンデスのトウモロコシ

インカ帝国ではトウモロコシからつくったチチャ酒がきわめて重要だった。それは「チチャこそすべて」といえるほどだったことを、先に紹介した。そのインカ帝国が滅亡してすでに五〇〇年ほどの年月が流れた。それでは、現在、あれほどまでに重要だったチチャ酒はどうなったのか。それを、ここでは取り上げよう。結論から先にいえば、チチャ酒はアンデス農民のあいだで依然として重要な飲み物である。もちろん、五〇〇年という歳月は短くはなく、変化もあるが、アンデスではチチャ酒が今なお不可欠といえるほど重要になっている地域が少なくない。

それを知ったのは、一般にインディオとよばれるアンデスの農民と生活をともにしてからのことだった。場所は、かつてインカ帝国の中心地であったペルー、クスコの一地方、マルカパタ村。そこに住む村人のほとんどがインカ帝国の公用語であったケチュア語だけを話し、その生活もインカ以来の伝統的な色彩を濃く残している。たとえば、その生業も、アンデス伝統の作物であるジャガイモとトウモロコシを主作物として栽培し、リャマやアルパカなどの家畜も飼って、自給自足的な暮らしを送っているのである。

確かに、この村でもスペイン人による征服の影響は随所に見られる。たとえば、インカの国家宗教であった太陽崇拝はまったくなくなり、代わりに村の中央にはカトリックの教会が建っている。そして、村人に彼らの宗教をたずねると、ほとんど例外なくキリスト教徒だと答える。しかし、それは表面的なことにしかすぎない。彼らと生活をともにしているうちにインカ以来の伝統が根強く生きつづけていることを知るようになる。

その一つがチチャ酒の重要性である。そして、それゆえにチチャの材料となるトウモロコシの栽培もきわめて重要である。村人のほとんどはアンデス東斜面の標高四〇〇〇メートル前後の高地に住居を持っているが、そこでは寒くてトウモロコシは栽培できない。そのため、彼らは標高三〇〇〇メートル以下の温暖な低地にトウモロコシの畑を持っている。その結果、トウモロコシを栽培するために彼らは高度差にして一〇〇〇メートル以上も登り下りしなければならない。とりわけ、たいへんなのは人手がたくさん必要となる播種や収穫のときだ。

野天でのトウモロコシの乾燥作業。この大半がチチャ酒として消費される。

毎日、家と畑のあいだを往復することは困難なので、彼らは家族ごとに畑の中に小さな出作り小屋を持ち、そこに播種や収穫のあいだ、家族のほとんどが移り住んで、農作業にあたるのである。

このとき、しばしばチチャ酒が登場する。とくに、畑仕事を手伝ってくれた人たちに対してはコカインの原料になることで知られるコカの葉とともに、チチャ酒が不可欠だ。このため、素焼きの甕《かめ》に満たしたチチャ酒が畑仕事の合い間にふるまわれる。男だけでなく、女も、子どもも、老若男女を問わず、みんな飲む。ただし、自分が飲む前に必ず大地に飲んでもらう。大地には彼らが信じる農耕の神様、パチャママがいるからだ。この大地に対して彼らはコップを傾けて酒を地面に少しこぼしたり、指ではじいたりして酒を捧げる。

きびしい農作業の合い間に飲むチチャは最高だ。とくに暑いときは、素焼きの甕で冷やされたチチャ酒が喉を潤してくれる。また、アルコール分が強くないので大きなコップになみなみとつがれたチチャを飲み干しても酔っ払うことはまずない。そのためか、地方によってはチチャだけで腹を満たすところもある。

収穫の終わったトウモロコシは、よく乾燥したあと、リャマなどの背に積んで高地に位置する家まで運び上げる。しかし、彼らの食事にトウモロコシはほとんど出てこない。畑仕事の携帯食としてカンチャとよばれる炒ったトウモロコシが、ときどき出てくる程度だ。彼らの食事の中心はジャガイモで、トウモロコシのほとんどはチチャ酒の材料として消費されるのである。このマルカパタの隣村のケロという、やはりケチュア族の農村で調査したアメリカの人類学者の報告によれば、そこでは収穫したトウモロコシの八〇~九〇パーセントがチチャ酒として消費されるという(1)。

＊――村祭りとチチャ酒

実際に、アンデスの村では祭りが多く、その祭りにはインカ時代と同じようにチチャ酒がつきものなのだ。その最大のものが、この村では教会を舞台にしたイグレシア・ワシチャイとよばれる行事だ。この行事は、村の中央にある教会のわら葺《ぶ》き屋根を、四年に一度、村人が総出で一週間をかけて葺き替えるものだ。そして、この行事もインカ時代と同じように、作業が祭りにもなっており、しかも大量のチチャが消費される。教会そのものはヨーロッパ人たちが持ち込んだものだが、その祭りにはアンデスの伝統が生きつづけているのである。

この祭りは、ジャガイモもトウモロコシもほとんど収穫の終わった八月におこなわれる。この時期のアンデスは乾期の終わり頃にあたっていて、雨がほとんど降らないし、つかの間の農閑期にあたっている。そして、なによりも収穫を終えたばかりのトウモロコシが倉庫にいっぱいあるので、チチャづくりの材料にも困らない。このため、トウモロコシを求めて近隣の村々から物々交換にやってくる人が絶えない時期でもある。

チチャ酒をふるまうケチュアの女性。

祭りがはじまる少し前に、彼らは家族ぐるみで山を下る。村で唯一の教会が標高三〇〇〇メートルほどのところに位置する集落にあるからだ。山を下るとき、彼らはリャマや馬の背にイチュとよばれるわらを大量に積んで運ぶ。このイチュは高原に自生しているイネ

ホラを石臼で挽いて、粉にする。

トウモロコシのもやし、ホラ。

科の植物で、これで屋根を葺き替えるのである。教会のある集落に到着すると、彼らは親戚や知人の家で荷を降ろし、そこに祭りのあいだ寄宿する。そして、女性たちはすぐにチチャづくりの準備に取りかかる。まず、トウモロコシを水に浸し、むしろなどでおおって、数日間放置する。ホラとよばれるトウモロコシのもやしをつくるのである。トウモロコシの芽が二、三センチの長さになったところで、天日で乾燥する。次に、これを一般にバタンの名で知られる石臼《いしうす》で粉にする。バタンは半月形をした大型の石臼で、これを左右に「ゴトン、ゴトン」と動かして、ホラを粉にしてゆく。最後に、この粉を大鍋で数時間煮たあと、土製の甕《かめ》に移す。こうして数日間、放置しておけばチチャができあがる。

先のインカ時代の酒づくりの項を読まれた方は、ここで紹介した方法がそれとは違っていることに気づかれたであろう。現在、チチャづくりの方法はトウモロコシを噛《か》んで唾液で発酵させるものではない。ビールなどをつくるときに麦芽を利用するのと同じように、トウモロコシを発芽させ、デンプンを糖化してから発酵させるのである。おそらく、この方法はスペイン人たちが導入したものである、と私は考えている。この原因については、次のキヌア酒のところで紹介することにして、祭りの記述をつづけよう。

さて、できあがったチチャは、すぐにウルプとよばれる土製の大きな甕に満たして運び出される。ウルプは、インカ時代からチチャ用に使われていた直径が六〇センチ、高さが数十センチもある、先のとがった甕である。このウルプにチチャを満たすと重くて、一人ではとても運べない。そこで、この甕を丈夫な織物で包み、数人の若者が力をあわせて運ぶ。チチャの提供主を先頭に、楽団をしたがえ、音楽の演奏つきで、みんなが作業をしている現場に運び込む。

祭りでふるまわれるチチャ酒。中央の甕いっぱいにチチャ酒が入っている（ペルー・クスコ地方）。

屋根葺きの作業はいくつものグループに分かれておこなう。屋根の上では

チンパとよばれる土製の酒の容器でチチャを飲む。

古くなったイチュを投げ落としているグループもあれば、新しいイチュに葺き替えているグループもある。教会のまわりでは屋根葺きに必要な縄を編む男たちもいれば、新しいイチュを束ねて屋根に運び上げている連中もいる。こんないくつもの作業グループの中で、チチャはまず教会のまわりで縄を編んでいる人たち、一人ひとりにふるまわれる。そのうち、待ちかねたのか、屋根の上のあちこちから「チンパ、チンパ」という叫び声がする。チンパは、ケチュア語で酒の容器のこと、これにチチャを入れて早く運び上げろと酒の催促をしているのである。

こんな光景が祭りの終わるまで毎日つづく。酒を提供するのは一人だけではなく、何人もいる。彼らは大量のチチャ酒を村人に奉仕することによって、村人から尊敬と権威を獲得することを期待している。この大量のチチャ酒のためには大量のトウモロコシが必要となる。自分の家の畑だけで充分でないときは親戚、知人の畑まで借りて、チチャ用のトウモロコシを栽培する。

このチチャ酒の提供に対して、村人は奇妙なお返しをする。古くなって屋根から落とされたイチュである。これを一人の男の背に山のように積み上げる。そして、空になった甕といっしょに楽団をともなってチチャの提供主の家まで持ち帰る。実は、アンデスでは今なお労働交換や物々交換などが盛んにおこなわれているが、そのとき等量のお返しが原則となっている。したがって、この山のようなイチュこそは、一人では運べないほど大量のチチャに対する等量のお返しとみなされているのだろう。もちろん、古くなったイチュはなんの役にも立たないから、これはあくまでお返しの行為がきわめて重要であることを象徴的に示しているのである。

山本　紀夫

〈参考文献〉

山本紀夫　一九九二『インカの末裔たち』日本放送出版協会

（1）Webster, S. S. 1971 An Indigenous Quechua Community in Exploitation of Multiple Ecological Zones. *Revista del Museo Nacional* 37 : 174-183(Lima).

幻のキヌア酒 ―ボリビア―

＊――アンデスの雑穀キヌア

アンデスは、世界でももっとも高いところに人が住む地域の一つである。富士山の頂上よりも高い海抜四〇〇〇メートル前後の高地にも多くの人間が住む。住むだけでなく、この高地に住む人びとは古くから高度な文明をも生み出してきた。その代表的なところが一般に中央アンデスとよばれるペルーからボリビアにかけての地域だ。たとえば、一六世紀まで栄えたインカ帝国はその首都を標高約三四〇〇メートルのクスコにおいていた。また、このインカ帝国より一〇〇〇年も前の紀元前後に生まれたティアワナコ文化はすぐれた石彫で知られるが、そのティアワナコは標高約三八〇〇メートルあまりのティティカカ湖畔にある。

こんな高地に多数の人間が住み、そこで高度な文明を築くことができたのはなぜか。その理由の一つは、アンデスの人びとが高地の寒さに耐えて育つさまざまな作物を開発したおかげである。その一つ、ジャガイモはこのアンデスから世界中に広がり、とくに寒冷地で大量に栽培されるようになったことで知られる作物である。また、アンデス以外ではほとんど知られていないものの、この高地に住んできた人びとにとってきわめて重要な作物に

キヌアの畑。キヌアはアカザ科の雑穀。

キヌアまたはキノアとよばれる雑穀がある。アンデスで古くから栽培されてきた穀類としてはトウモロコシがほとんど唯一のもので、それがチチャとよばれる酒の材料になることは別項で紹介した。しかし、そのトウモロコシは寒さに弱く、ふつう、標高三〇〇〇メートル以下の低地でしか栽培できない。ところが、キヌアは寒さに強いため標高四〇〇〇メートル前後の高地でも栽培できる上、食糧としてはもちろん、酒の材料としても利用できる作物なのだ。

このため、中央アンデスではトウモロコシの栽培できない高地部では一般にチチャ・デ・キヌア（キヌアのチチャ）の名前で知られるキヌアの酒がつくられてきた。私も、一度だけ、このキヌアの酒をボリビアで飲んだことがある。それはもう二〇年ほども前のことだが、口あたりがよく、いける味だと思ったことが記憶に残っている。しかし、最近はこのキヌアの酒にお目にかかることはなくなった。この酒がほとんどつくられなくなり、いわば幻の酒と化してしまったせいだ。

その理由については後述するが、一九九三年九月のこと、この幻のキヌア酒をボリビアで探した結果、幸いにその製法の一部を見ることができた。ここでそれを報告したいが、はじめに、酒の材料となる作物のキヌアについて少し紹介しておこう。

キヌアはアンデス原産の作物で、アカザの仲間だ。アカザは日本でも雑草として自生しており、戦後の食糧難の時代には野菜として利用されたといわれる。ただし、アンデスのキヌアは葉ではなく、種子の方を利用する。キヌアの種実はアワ粒よりも小さいが、よく改良された品種ではたくさんの種実をつける。この種実はタンパク質を多量に含み、小麦やトウモロコシなどより栄養的にすぐれている。これを食べるときは粥《かゆ》のようにしたり、スープなどに入れたりもする。このような利用の方法から雑穀の一つとして紹介されるのである。その栽培は、寒冷地や乾燥地だけでなく、少々の塩分を含んだ土地でも可能である。

しかし、キヌアにも欠点はある。それは、種実が小さいことに加えて、そこに大量のサポニンを含んでいることだ。そのため、調理するときは、よく水洗いをしてサポニンを除く必要がある。おそらく、こんな欠点を持つせいか、アンデス原産の作物としてはキヌアの栽培面積はあまり大きくはない。主作物のジャガイモやトウモロコシなどのようにアンデスのどこでも見られるわけではない。キヌアが比較的広く栽培されているのはペルーとボリビアの国境にあるティティカカ湖畔くらいである。私がキヌアを材料にした酒を飲んだのも、この地域でのことであった。

しかし、このティティカカ湖畔でもキヌア酒はもうつくられていない。そこで、ボリビアのラパスに滞在中に、同地に住む友人を通して、キヌア酒のつくり方を知る人物を探してもらうことにした。一カ月ほどたって、キヌアのチチャづくりの方法を知っている人物が見つかったという情報が入った。それはラパスから車で二時間ほど走ったところだという。早速、友人と車で現地に向かう。ラパスはすり鉢状の町で、その底にあたるところでも標高が三六〇〇メートルもある。そして、このすり鉢の斜面を登りきると、そこには標高四〇〇〇メートル前後の高原台地が広がっている。

この高原は、すでに森林限界を越え、ほとんどのところが草原地帯となっている。そこに、アドベ（日干しレンガ）を積み上げたインディオの家が点在している。そんな家の一軒で、インディオの婦人がかまどに火をおこし、酒づくりの準備を整えていた。そこが目指していた家で、その婦人はアイマラ族だという。アイマラは、インカ時代も帝国の征服を最後まで拒み、言語も彼ら独自のアイマラ語を守ってきた民族として知られている。ティティカカ湖畔を中心とした高原地帯に多く住み、キヌアは古くから彼らにとって重要な食糧源の一つである。

＊――アイマラ族のキヌア酒づくり

このときの観察を聞き取りによる情報で補うと、キヌアのチチャの製法は以下のとおりである。

まず、キヌアをよく洗ったあと、天日で乾燥する。次に、キヌアの種実をふるいにかけ、風選する。キヌアの種実はきわめて小さいので微風でも風選できる（口絵）。次に、キヌアを石臼《いしうす》で挽《ひ》いて粉にする。この粉の一部をスプーンですくい、口に入れて唾液で湿らす。キヌア酒を口嚙み酒として紹介しているのを見ることがあるが、嚙むわけではない。口をモゴモゴさせ、唾液《だえき》がキヌアの粉にしみ込むようにするのである。さらに、コップの水も少し含む。この水で口の中のキヌアの粉を団子状にし、皿に吐き出す。これを何度もくり返す。団子状になったキヌアで皿がいっぱいになると、そのままの状態で天日にさらす。この状態で少し発酵させるのだそうだ。この間もキヌアの粉挽きはつづく。つまり、口に入れる粉は全体の一部だけなのである。

翌日、この団子状のキヌアとともに粉のキヌアもいっしょにして煮る。煮る時間は三時間ほど。ついで、この煮汁を土製の甕《かめ》に移す。このとき、甕の口には布を広げ、これで不純物を取り除く。このあと、甕の口を布でおおって、土製の皿で蓋をする。さらにこの甕を毛布などでくるんで家の中においておく。高地の寒さを防ぐためである。この状態で二週間ほどおくとキヌアのチチャ、つまりキヌア酒ができる。トウモロコシは数日から、せいぜい一週間で酒になるのに対し、キヌアの方は二倍もの時間がかかるのである。

このようにキヌア酒は醸造に時間のかかることが、近年ほとんどつくられなくなった理由の一つらしい。実は、近年、ボリビアの高原地帯では交通網が発達したおかげで、ラパスのような都市部からいろいろなものが農村にも行きわたるようになった。その中にはビールやサトウキビなどを材料にしたアルコール類などもあり、金さえ払えば簡単に酒が手に入るようになっている。

もちろん、この理由がすべてではない。キヌアの酒は、もっぱら地方のインディオが多く住む貧しい農村部で飲まれてきたため、都市部に住む人びとにとって、それは「インディオの酒」と見られていた。そして、それを飲む人びとを貧しい階層の人間とみなして、軽蔑する社会的な風潮もあったようだ。その背景には、キヌアの酒が唾液を使って発酵させるというプロセスの存在がある。実際、唾液で発酵酒をつくる方法はかつて南アメリカで広く見られたのに、この方法で酒をつくるのは今ではアマゾンなどのごく一部地域にかぎられているのである。

もともと南アメリカでは酒をつくるのに二つの方法があったとされる。[1] 一つは唾液に含まれる酵素を利用する方法であり、もう一つは自然発酵によるものである。前者は主として穀類や芋類、それにヤシ類などの果実のように糖分をあまり含まない植物に対して用いられた方法である。後者の方法は、甘い果実やベリー、蜂蜜などのように、たくさん糖分を含んだものから酒をつくるときに用いられた。先に紹介したようなプルケ酒や、パイナップル酒などもこの方法でつくられるのである。

これら二つの方法の中で、アンデスでは基本的に唾液を利用して酒をつくっていたようである。その代表的なものが、トウモロコシの酒である。現在でこそ、トウモロコシはもやしをつくり、その発芽の際にできる酵素を

吐き出されたキヌア。この状態でしばらく天日にさらす。

煮汁を土製の容器に移して、発酵させる。

利用してチチャをつくっているが、この方法はスペイン人たちが導入したものであると、私は考えている。

それというのも、一六世紀以降、アンデスにやってきたスペイン人たちは現地のさまざまな習慣を悪習としてやめさせたり、新しい方法に変えるように強制したからである。土着の宗教を邪教として排斥し、キリスト教に改宗させたことは有名だが、これはおそらく酒づくりについても同様だったのではないか。つまり、唾液による酒づくりは汚い、あるいは非衛生であるとしてやめさせ、それに代わるものとしてもやしによる酒づくりを導入したのではなかったか。

プルケの章で紹介したアコスタ神父は、チチャづくりの方法を報告する中で、まずもやしによる方法を紹介したあと、唾液による方法について次のように表現しているのである。

「チチャをつくる別の方法は、玉蜀黍をかみくだき、咀嚼《そしゃく》したものから酵母をつくり、そのあとで煮る。インディオの意見では、死にかかったような老婆に嚙ませねばならぬといい、聞くだけでもゾッとするような話だが、インディオは平気でそれを飲む[2]」

山本　紀夫

〈参考文献〉
（1）Cooper, J. M. 1963　Stimulants and Narcotics. In J. H. Steward (ed.) *Handbook of South American Indians.* Vol. 5 New York : Smithsonian Institution.
（2）アコスタ　一九六六『新大陸自然文化史』（上巻）増田義郎訳　岩波書店

アフリカの酒

採集したヤシ酒を飲む男たち。コンゴ北部モタパ川にて。（市川光雄）

エンセーテの酒　―エチオピア―

＊――不思議な植物エンセーテ

山のなだらかな斜面に見えるアリの人びとの家はエンセーテに取り囲まれて建っている。家のまわりの畑、ティカ・ハーミには大小さまざまの数百本のエンセーテが育っている。そのエンセーテの外側には穀類、たとえばモロコシやトウモロコシあるいは大麦の畑、ウォニ・ハーミが広がっている。彼らの豊かな暮らしのイメージは、エンセーテと穀物の畑の両方からもたらされる実りと分かちがたく結びついている。そして、この実りを用いてアリの人たちは酒をつくる。

エンセーテはエチオピア西南部でしか栽培されていない不思議な植物である。学名はエンセーテ・ヴェントリコーサム（*Ensete ventricosum*）。バショウ科に属する。かつてはバナナと同じ属 *Musa* に分類されていたこともあったが、繁殖様式や染色体の基本数（2n＝18）がバナナと異なるので、一九四七年にチェーズマンによって独立の属 *Ensete* に分類されるようになった。

不思議な植物というには、いくつか理由がある。

エンセーテは、10年近い生育期間の最後に花が咲く。花が咲けばその株は枯れてしまう。エンセーテの花軸を使った酒はめったに飲めない。

まず、花が咲くまでに一〇年近くかかる。その間、枝分かれはしない。花が咲いて種子をつけるとその株は枯れてしまう。一稔多年生という竹にも見られる性質は、栽培植物としては非常に不都合なことのように思われる。しかし、エンセーテを栽培するエチオピアの人たちはその不都合を、生長点をくりぬいて側芽を誘導するという巧妙なやり方で克服して栽培に持ち込んだ。その結果、栄養体繁殖によって一挙に多数の苗を得ることが可能になったのである。それに、エンセーテには穀類のように端境《はざかい》期がなく、一年を通して利用することができる。畑がそのまま食糧庫になっているのである。

野生のエンセーテはエチオピアだけでなく、アフリカ各地の湿潤な高地に見られる。東アフリカではケニア山やキリマンジェロ山、ザイールのヴィルンガ山系に、南アフリカでは、トランスバール、西はカメルーンまで分布することが知られている。しかし、食用（酒用）として栽培され利用されているのはなぜかエチオピア西南部のみである。

エンセーテは栽培のバナナとその外見がよく似ているので「偽バナナ（false banana）」とよばれることもあ

る。「偽」といわれるのは、バナナのような食べられる果実ができないからだ。しかし、エンセーテの偽茎《ぎけい》には食用となる粗デンプンがぎっしりと蓄えられている。茎のように見えるところは実は葉柄の集まったものなので「偽」茎とよばれている。そして、地下に大きなものでは直径五〇センチ以上もある球形の根茎をつける。この根茎と偽茎に蓄えられるデンプンが酒をつくるのに用いられるのである。

もちろん、エンセーテは酒づくりだけのために栽培されているのではない。ほとんどは食用として利用される。偽茎のデンプンを掻き取って地中に埋めて発酵させると、一本のエンセーテで成人男子が一カ月間はゆうに食べていけるだけの粗デンプンが取れる。

大きなエンセーテの株1本で、成人男性1人が約1カ月食べていくことができる。大量の酒が必要な、鎮魂の儀礼にはエンセーテの酒が用意される。

エンセーテはエチオピア西南部の高い人口密度を支える安定した食糧供給源としてたいへん重要な主食作物なのである。試算ではエンセーテは一平方キロメートルあたり二〇〇人近い人口を支えることができる。二十世紀のアフリカでは主食作物が新大陸起源のトウモロコシやキャッサバに急激におきかわっていく事態が進行したが、その中でエンセーテは、この地域の農耕文化と食事文化の要素として確固たる地位を占めている非常にまれなアフリカ起源の栽培植物であるといえる。

＊――エンセーテとともに生きる人びと

一九八六年の秋、私がはじめてエチオピア西南部、ちょうどエチオピアの高地がケニア国境の方へなだらかに下りはじめるあたりにあるアリ人の村を訪れたときも、豊かなエンセーテの屋敷林は健在であった。しかし、私がすぐにエンセーテの酒に巡り会えたわけではない。アリの人たちが私に飲ませてくれる濁り酒、ゴラの材料はすべてトウモロコシ、シコクビエ、モロコシなどの穀類だった。

アリの人びとは、各家庭でゴラをつくっていた。家や定期市のある広場の一角で、朝食にも仕事のあとにも、ゴラはふるまわれていた。収穫の共同作業のあと、歌をうたい踊る場所でも、遠方からやってきた客人と、そして近所の人たちと、大人や子どもも男女を問わず、あらゆるときと場面にゴラを飲んでいた。ちょうど乾季の穀物収穫の頃だった。昨年の収穫物の残りがある人たちはこぞってゴラをつくり、それでも穀物があまるときは市で売りに出された。それを安値で買い求めた人もゴラをつくる。

エンセーテの酒を期待していた私は多少ともがっかりした。

そしてまた、少し心配にもなった。もしもみんながエンセーテを原料にどんどん酒をつくり出したら、この地域の安定した食糧供給の仕組みはすぐに崩れ去ってしまうかもしれない、と思われたのだ。実際、乾季の食事の頻度を調べてみると一五パーセント以上の食品が酒であった。

エンセーテのデンプンは食べる前に発酵させる。その発酵は乳酸発酵で、独特の香りをともなう。味は酸っぱい。エンセーテの発酵デンプンを食用に利用する人たちはこの独特のすえた匂いがたまらなく好きだという。

エンセーテの酒のつくり方は、この独特の発酵の系列とは断絶している。エンセーテのデンプンだけでは酒はできないとアリの人びとはいう。つくり方は雑穀の酒となんら変わるところがない。雑穀の酒にエンセーテを混ぜてつくるといってよい。しかし、デンプンの糖化には発芽させたトウモロコシやモロコシを乾燥させて砕いたものを必ず用いなければならない。そうしないと、酒にはならないと彼らはいう。

アリの人びとはエンセーテの酒がとくにおいしいとはいわない。けれども、とくにまずいともいわない。すり潰した根茎と掻き取った偽茎のデンプンを加えるのだが、エンセーテのデンプンは無味無臭で淡泊な味である。エンセーテが入っているといわないとわからないことさえある。

しかし、本当のエンセーテの酒、アゲミ・ゴラは、別のところにあった。

エンセーテはめったに花を咲かせない。多くの場合花が咲く前に掘り上げて利用してしまう。花が咲く直前のエンセーテの中には真っ白な花と花軸が隠れている。それをすり潰して酒にするというのだ。地下に蓄えられたデンプンが開花

酒づくりは女性の仕事である。エンセーテの酒は、石で砕いた粗デンプンを石臼でさらに細かくすり潰すので、準備に時間がかかる。雑穀の粉と混ぜて煮立てた酒の素をよくかき混ぜる。

の際には糖に分解されて花へと運ばれる。それを酒に利用することは理にかなっている。しかし、花軸をすり潰して酒にするにはたいへんな手間と力がいる。中心部の葉柄は柔らかいが、花軸そのものはたいへん硬いのである。花軸を利用した酒がなかなかつくられにくい理由はどうもこのあたりにあるようだった。

エンセーテの植物生態については、まだよくわかっていないことが多い。とくに開花の時期や開花までの期間がどのように決定されるのか、生育期間が長いこともあって研究は進んでいない。雨季に咲くことが多いというものの、乾季に咲かないわけではない。早いものでは苗を移植してから五年で花が咲くのに、一〇年以上も開花しない株もある。アリの人たちも花が先端から見えはじめる直前になってはじめて、花が咲くことを知る。だから、エンセーテの花の酒を予定してつくることはむずかしい。

したがって、儀礼や祭りのときに必要な酒がエンセーテの花の酒でなければならないということはない。

アリの人びとがエンセーテの酒を必ずつくって飲むのは、クルバンとシーシという死者の鎮魂の儀礼のときである。親戚縁者に不幸があったとき、アリの人たちは、たとえそれが歩いて二日かかる道のりであっても、すぐに槍と盾を持って出かける。弔いの歌と踊りに長い槍とバッファローの革でつくった盾は欠かせない。額にはエンセーテの繊維を巻く。女性はエンセーテの葉で衣装をつくる。葬式、エーフィが終わると、その七日後と六カ月後にはクルバン儀礼が、そして一年後にはシーシ儀礼がおこなわれる。集まった人びとは、酒を飲み食事をともにする。とくに一年後の命日におこなわれるシーシには、たくさんの人が集まり大量のエンセーテの酒と食事が用意される。

その日までの一年間、喪に服してきた死者の肉親たちは、この日を境にふつうの生活に戻る。シーシのエンセーテの酒は死者を弔う悲しみの酒であると同時に、残された者にとって新しい時間のはじまりを告げる祝いの酒でもある。

アリの人びとの家を取り巻くエンセーテの食糧庫は、雨季の食糧の少ない時期にも安心して利用することができる。人びとは賢明にもエンセーテの酒を日常的に大量につくるということをしてこなかった。それは決してエンセーテが酒をつくる植物として劣っているからではないだろう。農耕を唯一の生業とするアリ人が、エンセーテに代表される作物と自らとのかかわりを正しくとらえてきたことの現れではないだろうか。

重田　眞義

〈参考文献〉

重田眞義　一九八八「ヒト―植物関係の実相―エチオピア西南部オモ系農耕民アリのエンセーテ栽培と利用」『季刊人類学』一九巻一号

大地の恵みを飲む　―アフリカの雑穀の酒―

アフリカの人たちが酒宴の席で乾杯する前に、酒杯から数滴の酒をわざと床にこぼすのを見たことがあるだろうか。私ははじめて行ったアフリカで、ザイールのキンシャサ大学の先生や学生たちからその作法を学んだ。彼らはまず杯を満たすと「祖先のために」といいながら地面や床にビールをこぼし（もっとも床が絨毯張りのホテルでは灰皿の中にだったが）、それから「健康のために」といって乾杯した。そのあとザイール東部の村を訪れてバナナの酒カシキシをふるまわれたときも、スーダン南部のアチョリの人たちといっしょに雑穀の酒を飲んだときも、唱える言葉とやり方は少しずつ異なるが、飲みはじめる前にその酒を大地に返すという儀礼的なふるまいがおこなわれるのを目にした。

祖先の霊に酒を供えるのはアフリカにかぎったことではない。しかし、大地が生み出した植物の酒をまた大地に返してやるという行為が私にはとても自然に思われた。

モロコシ。日本ではタカキビとよぶ地方もある。アフリカの在来品種には生育期間が10カ月にもおよび、高さが2ｍをこえるものがある。

＊——モロコシ、トウジンビエ、シコクビエ

アフリカの雑穀の酒。その材料となるイネ科穀類は、アフリカの人びとの手によってこの地に生み出されたアフリカ起源の栽培植物である。酒をつくる代表的なイネ科穀類は三つある。モロコシ、トウジンビエ、そしてシコクビエである。

モロコシは、三つの穀類の中でいちばん大きな種子をつける。直径三〜五ミリ。アフリカ大陸の中央部にある降雨林帯を取り巻くように広がる広大なサバンナ地域において栽培化されたと考えられている。英語名や学名からソルガムとよばれることもある。日本ではタカキビとよぶ地方もあるが、トウモロコシの地方名となっているところもあって紛らわしい。コウリャンは中国大陸東北部に発達したモロコシの一品種型に与えられた名前である。穂の形は、ほうきのように広がってまばらに種子をつけるものから、拳骨《げんこつ》のようにコンパクトなものまで多種多様である。

アフリカ大陸西部のサバンナで栽培化されたトウジンビエは日本ではほとんど栽培されることがなかった。ガマの穂に似た花穂に真珠色をした涙滴型の小さな穀粒がぎっしりとついている。英語では穂の形からブルラッシュ・ミレット（bulrushはガマ属植物の総称）、穀粒の色と形からパール・ミレットとよばれている。

シコクビエは東アフリカの高地で栽培化された。手指のような形をした穂はフィンガー・ミレットの名がふさわしい。エチオピアには種子が真っ白な品種が知られているが、たいていはこげ茶色か黒色の種子をつける。直径一〜二ミリ。日本でもつい最近まで焼畑のおこなわれていたところではモロコシなどとともに栽培されていた。

これらの雑穀は今なお重要な資源植物としてアフリカの人びとの日々の生活と深く結びついている。もちろん酒の原料としてだけでなく、さまざまな料理の素材として家庭で日常的に盛んに利用されているし、露天の定期市では必ず見かける。大規模な輸出こそされないまでも主食の一つとして国内では流通経路に乗っている場合も多い。それに対して、日本では米の酒をはじめとして、家庭で自由に酒をつくることが明治以来禁止されてきたという歴史的経緯がある。現在ではほとんど遺存的な作物となってしまったアワ、ヒエ、キビに代表される日本の雑穀と、アフリカの雑穀とは、おかれている社会経済的状況が大きく異なっているのである。

そして現在、アフリカ各地で盛んに栽培がつづけられている理由の一つとして、これらの雑穀がアフリカでは依然としてたいせつな「酒をつくる植物」であることは見すごせない。極端な例かもしれないが、西アフリカのブルキナファソのある地域では、モロコシ生産量の約半分が酒として消費されている、という報告もある。私が滞在したスーダン南部やエチオピア西南部の村でも、モロコシやトウジンビエの酒が食事の代わりになっているといってもよいほど、よく飲んだ。ケニアをはじめ東アフリカでは、主食としての地位をアフリカ起源の雑穀が新大陸原産のトウモロコシにゆずってしまったところが多い。しかし、現在でも都市近郊で人びとが酒の原料としてモロコシやシコクビエなどの雑穀を熱心につくりつづけているのを見ることができる。

とはいうものの、もともとアフリカの狩猟採集を生業とする人たちは酒を持たなかったと考えられている。正確にいえば、穀類の酒を持たなかった。したがって、アフリカにおける雑穀の酒の起源は、紀元前三〇〇〇年とも五〇〇〇年ともいわれる農業のはじまりと同じ頃かそれ以後であると考えられる。

あとで説明するように、雑穀の酒づくりには発芽させた大量の種子（麦ビールのモルトにあたるもの）が欠かせない。同じように水をやっても休眠などの条件によって発芽する時期がばらばらになる野生植物の種子では大量のモルトを同時に得ることはむずかしいだろう。植物の種子は栽培されるようになってしだいに斉一な発芽をするようになった。栽培化された作物の種子でなければ酒はつくれないというわけである。一方、この説を逆にとって、酒づくりのためのモルトづくりがイネ科穀類の栽培化、すなわちいっせい発芽の性質獲得をうながしたと考えることもできる。どちらが先か証明はできない。

＊――アチョリ人のモロコシの酒づくり

さて、雑穀の酒のつくり方は意外と簡単である。雑穀と水と容器があれば、あとはアフリカの家庭にふつうに備わっている道具でつくることができる。南部スーダンのアチョリの人たちがつくるモロコシの酒を、順を追って見ていくことにしよう。（ここでいう「酒」は、現地では「ビール」と訳されていることが多い。実際には「濁り酒」というのが適当だろう。）

まず脱穀したモロコシ、あるいはトウジンビエやシコクビエの種子を壺に入れて水を満たす。種子を水に漬けて吸水させるのである。壺の中では実際には三種の雑穀が混ざっていることが多い。トウモロコシもよく使われる。一昼夜おいたら水を足してやるが、そのときかまどから灰を取ってきて混ぜる。三日目に壺から出して庭先の日陰の地面に山状に広げ、上からバナナの葉をかぶせて光をあてないようにする。そしてもう一昼夜おくと、モロコシの種子はみごとにもやしになっている。これをアチョリ語でトビという。このトビを庭先に広げて、からからに乾かしておけば保存できる。この乾燥トビを石臼《いしうす》で粗挽《あらび》きの粉にしたものがモコ・トビ（トビの粉）である。この状態で長期間保存することができる。

酒壺にこのモコ・トビと水を加えて数日おけば、それだけでもアルコール発酵した飲み物ができる。モロコシやトウジンビエの粉を足して煮れば酸味のある粥《かゆ》、ニョカができる。ニョカは病人や妊産婦、子どもの滋養食になる。しかし、これはあくまでも半製品で、さらに水を切り乾燥させ、再度臼で挽いてモコ・ミロ、すなわち酒の素をつくる。

モコ・ミロから酒をつくる最初のところは、ちょうど粉に挽いた雑穀で主食の固粥（アチョリ語ではクウォンという。スワヒリ語のウガリ）をつくるやり方とまったく同じである。沸騰させた湯の中にモコ・ミロの粉を少しずつ入れて練り上げていく。違うのは最後のところで水とモコ・トビそしてモコ・トビでつくった粥を加えることだろう。火から下ろした壺にバナナの葉で蓋《ふた》をして二晩おけば、アチョリのモロコシ酒、コンゴのできあがりである。

コンゴは布でこして飲む。布がないときには木の皮で編んだざるでこす。こしたあとに残る酒粕ティンに、も

川の水を使って、雑穀の酒を仕込むアチョリの女性。水分をたっぷりと含んだ雑穀の種子は、数日で発芽してもやしになる。それを乾燥させて粉に挽き、酒の素にする。南部スーダンにて。

う一度水を加えると弱い酒ができる。コンゴは二日目からは酸っぱくなってしまって飲めない。残ったティンを加熱すれば粥になる。大人が酒盛りをした翌日には子どもたちが、バラニテス・エジプティカ（*Balanites aegyptica*）の果実で甘味をつけた甘酸っぱい酒粕の粥を食べている。

実際、「セブン・デイズ・ビール」ともよばれることのあるアフリカの雑穀の酒は、準備から完成まで一週間足らずでできてしまう。加熱後二日で自然発酵して飲めるようになるので、前々日ならば最後のところでできあがりの日を調整することもできる。

アチョリの人たちのあいだでは、酒づくりはもっぱら女の仕事である。そして、モロコシやトウジンビエ、シコクビエの畑は女性のものである。除草などの管理の責任があるという名目上だけでなく、収穫物の処分をまかされるという実質面でも畑は妻のものである。

定期市で雑穀の酒を売るのは、例外なく女性である。酒の販売は女性にとって貴重な現金収入の一つである。エチオピア西南部の南オモ州メツァ村にて。

妻が三人いる男は、三倍の酒を飲めるが、三軒分の畑を開墾しなければならない。したがって、開墾や収穫などの雑穀畑の仕事はほとんどの場合、共同作業によっておこなわれる。その労働の報酬も雑穀の酒である。

提供される酒の量は、農作業をする畑の面積に比例して決まる。集まった人数が少なくて仕事がきつければそれだけたくさんの酒が飲めることになる。しかし、実際には予想外に人が集まり、酒が少ないと文句が出そうなこともある。そんなとき、妻たちはこっそりと酒壷に水を足したり、それでも足りそうにないときには、近所へ酒を借りに走ったりする。

アフリカの雑穀の酒は、通過儀礼や農耕儀礼のようなハレの場だけでなく、日常の食事としても頻繁に登場する。酒が金銭による売買の対象となった今日では、女性の貴重な現金収入源として酒の販売が位置づけられる。

雑穀の酒からだけでなくさまざまな炭水化物からつくる蒸留酒の普及は、酔うことのみのために酒を飲むようになってきた酒の飲み方と社会の変化を反映しているといえるだろう。

アフリカ人の日常から雑穀の酒でなければならない場面がなくなるとき、それはアフリカの雑穀の終焉《しゅうえん》なのかもしれない。

重田　眞義

〈参考文献〉
阪本寧男　一九八八『雑穀の来た道』　日本放送出版協会
Harlan, J. R. 1975 *Crops and Man*. Madison : American Society of Agronomy, Crop Science Society of America.
Colson, E. and T. Scudder 1988 *For Prayer and Profit, The Ritual, Economic and Social Importance of Beer in Gwembe District, Zambia, 1950-1982*. Stanford : Stanford University Press.

サタンの水

――中央アフリカ・キブ湖畔の酒――

私が野生ゴリラの調査のためしばらくのあいだ、居を構えたのは、アフリカ中央部にあるキブ湖畔の山村だった。このザイール国（現コンゴ民主共和国）のブカブ周辺には、ムシ、テンボ、レガとよばれる人びとが住んでいる。アフリカでももっとも人口の過密な地域で、山々の斜面は頂上近くまできれいに耕されて畑に変わっている。作物はキャッサバ、モロコシ、トウモロコシ、ラッカセイなどだが、谷間の斜面には必ずといってよいほどバナナ畑が広がっていた。

山道を登りながら、薄暗いバナナの木立を抜けていくと、ときおり、甘酸っぱい香りが漂ってくる。当初私は、それが落下して発酵したバナナの匂いだと思っていた。しかし、それは間違いだった。バナナの房はふつう青いうちに刈り取り、黄色くなったところから順番に折り取って食べる。食べ頃のバナナが落下することなど、実はありえない話だったのである。

数日後、私は香りの正体を知ることになった。仕事帰りに地元の仲間に誘われて入った民家に、それはあった。仲間の一人がその家のおかみとわずかな言葉を交わしたかと思うと、バレーボールくらいの大きさのヒョウタンが運ばれてきた。バナナ畑で嗅いだあの香りがした。ヒョウタンを手に取ると、その口には小さな種がいっぱい詰まっている。木製の長いストローが手渡され、中の液体を口に含んでみると、予想どおり甘酸っぱい味がした。まるで、濁酒《どぶろく》をフルーツ・ジュースで薄めたような酒である。見ると、仲間たちはヒョウタンを次々にまわし飲みしている。黒い顔が上気したように光って見える。それが、カシキシという地酒とのはじめての出会いだった。

ニャシの葉を使って、丸木舟に入れられたバナナを潰す。

*――バナナの酒、カシキシ

カシキシをつくるのにそう手間はいらない。バナナには、果実として味わうものから焼いたり煮たりするものまで多くの種類があるが、酒づくりに用いるのはムチョチョとよばれる少し太めのバナナである。まず熟れかかったバナナを集めて三日間地中に埋めておく。少し発酵の進んだところで皮をむき、まるで丸木舟のような形をした大きな器に入れて手や足で入念に潰す。このとき、ニャシとよ

モロコシの穂。赤い粒をカシキシに混ぜる。

ばれるイネ科の草本の葉をいっしょに入れて、よくもみ潰すのがこつである。単子葉植物の繊維は、潰れたバナナを最後にしぼってジュースを出す助けとなる。手製のロートでしぼりかすをこし取る（口絵）と、丸木舟の底にはバナナの天然ジュースだけが残る。これに水とモロコシの種を足してかき混ぜ、バナナの大きな葉をかぶせればでき上がりである。丸木舟には酵母がすみついているので、あとはただ待つだけでカシキシが醸し出されてくる。

カシキシの発酵はすぐにはじまる。一晩もおくと、ブクブクと白い泡が立って、醸造酒特有の重たい香りが鼻を突くようになる。ハエやハチがいっせいに群がってきて、甘い汁を吸おうとバナナの葉に取りつく。このため、いざカシキシを飲むというときに、紛れ込んだハエやハチの死骸が口に残ることがある。寝かして三日目くらいのものが、もっとも味のよいカシキシといわれている。甘すぎず、酸っぱくもなっていない飲み頃の酒というわけである。カシキシは一度にたくさんはつくれないし、おきすぎると味が落ちるので飲み頃のカシキシが得られる家は毎日変わる。それを人びとはよく知っていて、現金さえあれば今日はこの家、明日はその家と飲みまわるのが楽しみの一つである。

カシキシをつくるのは、どこでも家族単位の仕事と決められている。カシキシをつくる家は大きなバナナ畑に囲まれており、いくつもの丸木舟がある。バナナの房が集められると、夫婦や子どもたちが協力してカシキシを醸し、飲み頃になると、二〇〜三〇リットルを大きなヒョウタンやポリタンクへ入れて市場へ運ぶ。市場でカシキシを量り売りするのはたいていは女で、その収入は家族の食料、石けん、灯油などの日用品の購入にあてられる。所望すると少し試飲させてくれ、小さなヒョウタンを真っ二つに割った手製のコップや、ビール瓶《びん》についで飲ませてくれる。市販のビールの一〇分の一以下で買えるので安価だが、なかなか負けてはくれない。売り手は酔っ払いが束になってかかっても、とてもかないそうもない女丈夫ばかりである。ヒョウタンにつがれたカシキシは、表面に浮いた種や虫の死骸をフウフウ吹き飛ばしながら飲む。ビール瓶の場合は、瓶の首をさっと振って種を外へ出してからラッパ飲みをするのがこつである。

発酵する前のバナナ・ジュースはムトベといって、子どもたちが好む飲み物である。甘くてとても大量には飲めないが、値段もカシキシより安くて、空っ腹をとりあえず黙らせるにはもってこいの飲み物だ。炎天下の露店市に一日中いればかなり喉が渇くので、売り子のおばさんたちが次々に飲みにきて結構な商売になる。

カシキシは、蒸留されるとカニャンガとかチョルシーとかよばれる強い酒になる。蒸留にはドラム缶や鉄製の鍋が使われ、熱せられたカシキシから出るアルコール分を含んだ水蒸気が、管を伝ううちに冷やされて酒として溜まる仕組みになっている。最初に出る酒はアルコール分が高く、キャピタンベーレといって値段も張る。バナナのほかに、トウモロコシやサトウキビを原料にする蒸留酒も出まわっているが、やはりカシキシからつくられたものがもっとも美味である。カシキシのようにすぐ味が落ちないので、瓶詰にして保存され、いつでも入手できる。

*――カシキシとリケンベとタムタムと

カシキシは土地の生活に欠かせない重要な役割を果たしている。このあたりの村々では冠婚葬祭や祝い事が多い。子どもが生まれれば、村中の人びとがこぞってお祝いにくるし、入学、卒業、就職に結婚と祝いの種はつきない。誕生日はむろんのこと、独立祭、クリスマス、正月など、あらゆる祝祭にカシキシはつきものとなっている。息子や娘が結婚するにも、親どうしが直接顔を合わせる前に何度も使者が行き来し、その度にカシキシを用意してふるまわなければならない。争い事の仲裁や死者の弔いにもカシキシは欠かせない。

この地方では、なるべく多くの人びとに祝福され、弔われるのが望ましいとされているので、迎える方もくる人びとを拒まない。そのため、カシキシが運び込まれるのを見ると、人びとはどこからともなく無限に集まってくる。とくに、祝日や祭日は、村人たちが連れだってカシキシのありそうな家を渡り歩くので、あちこちで酒宴が開かれる。クリスマスや正月など、村のおもだった人びとはあらかじめ大量のカシキシを注文しておかなければならない。

カシキシを用意するのは男の仕事である。祝い事があると近隣の女たちは協力しておいしい料理をこしらえてはくれるが、男は必ず酒をそろえる算段をしなければならない。しかも、酒は現金払いで掛け売りも嫌われる。だから、祝いの日が近づくと男たちは気もそぞろになる。なんとかして金をかき集め、ときにはとっておきの服や家畜を売り飛ばしても、その場にふさわしい量のカシキシを買い集めなければならないからである。

それでも、カシキシの酒宴はなんとも優雅な興奮を漂わせている。ちょうどビールと同じくらいのアルコール度だから悪酔いする者も少なく、気分を高揚させて歌や踊りに興ずるのにもってこいである。指琴（リケンベ）

が奏でられ、大小の太鼓（タムタム）が打ち鳴らされて、みなよくうたいよく踊る。指琴は老人、太鼓は男、声を張り上げて唱和するのは女たちと相場が決まっている。踊りには老若男女すべてが参加し、カシキシの入ったヒョウタンが空になるたびに踊りの輪は広がる。カシキシは、人と人とのあいだに生じたわだかまりを消し去り、見知らぬ顔と顔とを近づけて、躍動のリズムへと体を誘う魔法の力を持っているのである。

蒸留酒カニャンガの製造。左側のタンクでカシキシを熱し、右側の管からカニャンガが出てくる仕組みになっている。

＊――サタンの水、カニャンガ

祝いの席でカシキシが男にも女にも、ときには子どもたちにもふるまわれるのに対し、蒸留酒のカニャンガはそうたくさんの人びとに愛用されているわけではない。よく飲むのは大人の男、とくに老人であり、うかつに深飲みをすると二日酔いになる。空っ腹であおって悪酔いをする者も多く、日頃のうらみつらみが表面化して暴力沙汰になることもある。私といっしょに働いていた、ある敬虔《けいけん》なクリスチャンは、カニャンガを「サタンの水」とよんで恐れていた。

しかし、カニャンガは腰を下ろしてじっくり話し込むにはうってつけの友である。男と女が同席する機会の少ないこの地方の社会では、いつだって男の悩みは男が聞き手になる。こんなとき、

カニャンガは透明でアルコール分が強い。ポリタンクに入れてグラスで飲む。男たちに好まれる。

男たちは集まって強い蒸留酒をすすりながら、夜がな長い話をつなぎ、難況を乗り切るうまい解決策を見出そうとする。カニャンガは男どうしをいがみ合わせると同時に、硬く団結させる力ともなるのだ。

いつしか私も、カシキシとカニャンガを使い分けることを覚えた。男である私には、この地域社会に溶け込むにつれてカシキシを用意しなければならない機会や、土地の男たちとカニャンガの力を借りて話し込む夜が増えてきたからである。

ふだんカシキシを飲むのは、ご飯代わりに、あるいは元気づけに一杯、といったニュアンスが強い。腹に入ったカシキシはゴボゴボと発酵をつづけ、一時的に腹が張ったような気になるし、糖分はすぐにエネルギーになるので体を奮い立たせるには効果的だ。野生のゴリラを調査している私は、よく朝飯代わりにカシキシを飲み干して山へ出かけることにしている。カシキシが腹の中で踊って目が醒めるし、胃が落ちついてもいささかほろ酔い気分が残っているので、ゴリラに対する恐怖心は薄らいでいる。汗をかいているうちに酔いは醒め、体には力がみなぎってくる。なかなか重宝な栄養飲料である。

夜になれば、男たちは三々五々バラザとよばれる集会場に集まってくる。焚《た》き火がたかれ、よもやま話に花が咲く。こんなとき、カニャンガは欠かせない。「サタンの水」は男たちを饒舌《じょうぜつ》にさせ、さまざまなうわさ話や昔話が飛び交う。古老たちの話術は実に巧みで、私は彼らの昔話を聞くのをいつも楽しみにしていた。生きた言葉は肉体を離れて、人びとの心をつかむ。カニャンガはその言葉の妖しい使い手となり、ときには心ばかりか肉体をとらえて人間を超えた力を吹き込んでしまう。だからこそ、人びとはカニャンガを愛し、憎み、恐れるのだろう。

カシキシとカニャンガは、私が暮らした男社会の表と裏の世界を支えているのかもしれない。二つの酒は、言葉を操り、言葉に縛られて生きていく男たちになくてはならぬ潤滑剤なのである。それがともに、この地方でかぎりなく安いバナナからつくられることに、私は熱帯林で生きる人びとの豊かさを感じるのである。

山極　寿一

竹の酒ウランジ　―タンザニア・イリンガ州―

若い竹から成る竹群キトゥラ。

＊――美酒をもたらす竹

竹の酒といえば、青竹の筒に入れた日本酒を思い浮かべる人も多いのではないだろうか。だが、ここで紹介する竹の酒とは、竹そのものを原料にする酒というのも正確ではなく、むしろ竹自身がつくる酒とでもいうべきであろうか。

アフリカを南北に走る大地溝帯は、マラウイ湖の北端で東西に分かれ、西の枝はタンガニイカ湖を経てナイル川上流にいたり、東の枝は北上してケニアの中央部にいたる。マラウイ湖周辺は標高一五〇〇～三〇〇〇メートルの山地で、ここから地溝に向かって幅広い稜線が延びている。この高原は、タンザニアでももっとも雨の多い地帯で、農作物の大生産地として知られているが、同時に竹の酒の産地としても有名な地域である。この高原を走る街道をたどれば、まるで街路樹のように道ぞいに密生した竹林を見ることができる。これは、酒のために人によって植えつけられた竹林なのである。この地域には三種の竹が自生しているが、酒づくりに利用されるのはその中の一種オクシテナンセラ・アビシニカ（*Oxytenanthera abyssinica*）だけである。この種は、タンザニアの公用語であるスワヒリ語でウランジとよばれている。ウランジは、北はエチオピアから南はマラウイ、ザンビア、西はコンゴにまで分布している。しかし、この竹を酒づくりに利用しているのは、タンザニア南部のイリンガ州とその周辺高地にかぎられている。

最初にも述べたように、この酒は竹そのものを原料にして醸造するものではなく、竹の生理的な特性を利用して竹につくらせる酒なのである。竹は、萌出してから葉を展開するまで、つまりタケノコとよばれるあいだの生長は、地下茎でつながっている成竹からの光合成産物に依存している。タケノコの生長点には、きわめて高濃度のジベレリンが集積されているが、この植物ホルモンの作用によって、親竹の光合成産物は優先的にタケノコに送られる。竹の酒「ウランジ」は、この送られてきた樹液が原料になる。

植物の樹液が酒の原料となる例はほかにもある。タンザニア西部のタンガニイカ湖畔では、間引きのために切り倒されたアブラヤシの幹から樹液を取って発酵させる。コンゴではラフィアヤシの花梗を切断し、そこからしたたる樹液を集めて酒がつくられている。しかし、ウランジがこれらの例と異なるのは、樹液が植物体上で発酵し、人びとはすでに酒になったものを集めるという点である。

タケノコの頂部をわずかに切り取ると、切り口からは樹液がしみ出てくるが、その樹液は自然に発酵して酒になる。こうしてできた酒を集めたのが「ウランジ」であって、これを効率的かつ継続的に採集するための管理が、ウランジづくりということになる。ウランジは、イリンガ州でもっとも一般的に飲まれている酒なのだが、長い経験によって育まれた管理技術なしに、その大量の需要を満たすことはできない。その管理と採集作業を説明すると次のようになる。

＊――巧みなウランジづくり

増殖には塊茎が用いられる。充分に生長した稈《かん》を高さ五〇センチほど残して切り取り、その基部を根ごと掘り起こして移植する。雨季が到来すると、植えつけておいた株は一カ月ほどで分枝を伸ばし、その次の年の雨季には一～二本のタケノコをつける。この年はそのまま放置し、さらにその翌年に出たタケノコを酒のために用いるのである。つまり、植えつけから採酒をはじめるまでには二年間が必要だということになる。ウランジの地下茎は長く伸びないため、何年かたつと密集して叢生《そうせい》する。しかし、太いタケノコほど多くの酒を産するといわれているが、密生状態では太いタケノコは出にくく、またタケノコの数も少なくなる。そこで、酒づくりに好適なタケノコの発生をうながすために、成竹の間引きがおこなわれる。古く大きく育った株は根こそぎ取り除き、若い株だけを残す。こうしてつくられた若い株だけからなる竹群をキトゥラとよび、ウランジ生産の単位とされている。キトゥラの林床は丹念に除草されるが、それはタケノコの芯を食う蛾《が》の幼虫やネズミの食害を防止するためである。

キトゥラに萌出したタケノコの頂部を二～三センチのところで切り取るが、このときの切断部はまだ稈にまで達しておらず、断面には稈鞘《かんしょう》（竹の皮）の切り口が輪状に見えているだけである。タケノコはこのあとも稈鞘・

節間は伸長をつづけ、切断面は円錐状に盛り上がる。その後毎日一～二度、盛り上がった部分だけを切り取る作業がくり返されて、やがて稈の先端が現れてくる。タケノコの頂部を切断すれば、切断面からは樹液がにじみ出てくるが、この頃から切断面にはマボソとよばれる白い泡状の物質が現れはじめる。これは樹液が自然に発酵をはじめたことを意味している。泡が盛んに湧き上がり、稈を伝わって流れるようになると、切断面にはムベタとよばれる底のある竹筒（内容積〇・五～一・〇リットル）が取りつけられる。樹液は発酵しながらムベタの中に流れ込み、溜まった酒は朝と夕方の二度回収される。この液体が竹の酒で、竹そのものと同じ名前でウランジとよばれている。

右＝切除されたタケノコ頂部から吹き出るマボソ。左＝ムベタの取りつけられた切断面。

　タケノコの頂部が切除されてからの最初の四～五日間は、稈鞘だけを削りつづけるが、この行程はウランジづくりにとって重要である。最初から稈が見えるような低い位置で切ってしまうと、切断面からは水だけがにじみ出てきてマボソは現れず、やがてその稈は枯れてしまうという。切断面は樹液の流出をうながすために鋭利なナイフで毎日削ぎ取られるが、この作業は一日三回、朝夕のウランジ回収時と、正午頃におこなわれる。この作業はゲタとよばれ、一

ムベタの取りつけられたタケノコ。

本のタケノコから良質のウランジを採集しつづけるために重要な作業である。削ぎ取られる切片の厚さは〇・五〜一・〇ミリと薄く、これより厚く削ってしまうと樹液の流出量が減るばかりか、ウランジは水っぽくなり、品質は低下するといわれている。つまり、ムベタを取りつけるまでの期間は、周辺環境にある酵母を切り口に植えつける時期であり、採集期間のゲタは、酵母を失わないように樹液流出部の更新をおこない、その流出をうながすための作業なのである。

切断位置が下位節にまで達すると、そのタケノコからのウランジ取りは終わる。その後、節の下方を切っても、もう樹液は出てこないか、出てきても量はごくわずかとなるので、切断面を更新してゆき、最初の節に達したところでそのタケノコは放棄される。竹は下位節間ほど早い時期に伸長が停止する。伸長の停止した節にはもはや高濃度のジベレリンは集積せず、親稈からの光合成産物は節から発生する分枝の生長に向けられる。したがって、ウランジの採集は伸長をつづける節からのみ可能なのである。それでも、薄く削りつづければ、一本のタケノコから一カ月以上ウランジを取ることができる。

竹の切り株に酵母がつき、樹液が自然発酵して酒ができることは、ほかの種の竹についても知られているのだが、酒づくりに利用するのはオクシテナンセラ・アビシニカにかぎられている。そのおもな理由は、ウランジの稈の独特な形態にある。ウランジの稈の中空は狭小で、とくにタケノコには中空はまったく見られない。稈に中空があると、酒の採集や切断面の更新作業がやりにくくなるだけでなく、マボソが中空に溜まってタケノコの生育を阻害し、効率的に酒を採集することができない。したがって、中空のない稈は、竹の酒をつくるのに欠かすことのできない条件であり、中空を持つほかの種は酒づくりに利用されることはない。中空を持つ竹も家屋の周辺に植栽されるが、それはその中空を持つ稈をウランジ採集用容器ムベタに利用するためである。

ムベタは、一端に節を残し、もう一方の端は樹液が流れ込みやすいように縁をU字形に削る。開放端にはひもを輪状に取りつけ、タケノコの切断面に引っかける。そのひもは、片手で簡単にムベタを取りつけ取りはずしできる硬い樹皮でつくられており、採酒、切断面の更新（ゲタ）、ムベタの取りつけ、という一連の作業が円滑に進むように工夫されている。ムベタは、週に二～三度取りかえ、水に漬けたあと、内部を竹製のブラシで洗う。これはムベタの内壁に付着したマボソの残りかすを取り除くためで、ウランジの品質を保つために欠かすことのできない作業である。

ムベタを取りつけたあとは、タケノコの切断面とムベタの口をおおうように竹の葉でつくった帽子をかぶせる。雨水やほこりがムベタに入るのを防ぐためのものであるが、この帽子のもっとも大きな役割は、ミツバチから樹液を守ることである。タケノコの頂部を切り取ると、切り口には甘い樹液を求めてミツバチが群がる。切り口で発酵がはじまるまでは、ミツバチは酵母の媒介者の役割を果たすかもしれないが、ミツバチによって持ち去られる樹液の量は無視できず、ムベタに溜まるウランジが半減することもあるという。

ウランジの採集量は、季節、タケノコの大きさ、タケノコの数と成竹数との比などの条件によって異なるが、好条件で育った健全なタケノコ一本から、盛時には、朝の回収時に約一リットル、夕方に約〇・五リットルのウランジを取ることができる。一本のタケノコから約一カ月採集できるので、タケノコ一本あたり四〇リットル、一つの竹群キトゥラから一カ月に一五〇〜二〇〇リットルのウランジを採集できることになる。乾季には、タケノコの発生とウランジの滲出はともに低下し、一つのキトゥラから採集できるウランジの量は、雨季の一〇分の一以下になる。

＊——ウランジと暮らす人びと

集められたウランジは、タンクに入れて町の酒場などに運ばれる。雨季のイリンガ州では、いたるところでウランジ入りのタンクを積んで走る自転車の列を見る。取れたてのウランジはトグワとよばれ、糖分が高くてアルコール度が低いために清涼飲料水のようにして飲まれる。透明のグラスに注げば、白濁したトグワには細かい泡が立ち、まだ発酵がつづいていることがわかる。これをさらに一日おくと、発酵が進んで、ムカンガフとよばれるアルコール度が高くわずかに甘みのある酒になる。ふつうウランジとよばれているのはこのムカンガフのことで、口あたりがよく独特の風味を持った美酒である。

雨季の終わりに集められたウランジは、ときに乾季まで一〜三カ月間保存されることがある。発酵はさらに進み、ンディンディフあるいはキラマとよばれるアルコール度の高い酒になるが、もはやムカンガフのような甘みや風味は失われてしまう。ンディンディフは一般にあまり好まれず、煮沸殺菌したンディンディフ一に対してトグワを二の割合で加えて飲む。乾季のウランジは、その生産量に反比例して価格は盛期の一〇倍にもなるため、ンディンディフとして保存しておけば、高い収益を上げることができる。

ウランジには、儀礼用や薬用といった特別な価値が与えられているわけではない。しかし、冠婚葬祭のときや共同農作業のあとなどにご馳走がふるまわれたりするときには、欠かすことのできない酒である。タンザニアで一般的に飲まれているトウモロコシの醸造酒が満腹感をともなうのに対して、ウランジはいくら飲んでも腹の足しにはならず、酔っ払ってもご馳走を食べ損ねることはないという。また、雨季には朝から飲むこともめずらしいことではないが、終日飲みつづけても二日酔いすることはない。ウランジは、取れる土地や管理方法によって微妙に味が変わるといわれており、酒場ではしばしばウランジの味をめぐって議論が交わされる。このように、ウランジは現金獲得の重要な手段であると同時に、大衆酒として親しまれ、人びとの生活に密着した存在になっているのである。

*——ニャムヌングとウランジ

ところで、世界でも例を見ないこのユニークな酒づくりが、どこで、どのようにしてはじめられたかは興味深い。マラウイ湖の北側には、イリンガ州とムベヤ州にまたがるキペンゲーレ山（標高二九六一メートル）が横たわっている。伝承によると、かつてこの山の中腹ではムベナやキンガとよばれる人びとが焼畑農耕をおこなっていた。彼らが伐り開いた土地は、数年間畑として利用された後に放棄されるが、その焼畑のあとの二次植生としてウラシ（ulasi）という竹が叢生したという。人びとは当時からこの竹を工芸用として利用していたが、その恩恵を受けていたのは人間だけではなかった。ムベナ語でニャムヌングとよばれる赤い小さなネズミは、ウラシの樹上に巣をつくり、そのタケノコを食糧としていた。

あるとき、一匹のニャムヌングがタケノコを頂部から食べはじめたが、なぜか途中で食べるのをやめてしまった。少しかじられたタケノコはそのまま生長をつづけ、数日後その先端から泡を吹きはじめた。それを見つけた青年が、その泡を手に取ってなめてみたところ、そのあまりの甘さに驚いた。これがウランジ酒の発見であり、そこでよばれていたウラシの名がウランジの語源になったのだと伝えられている。

現在でも、ニャムヌングやケインラットによってタケノコがかじられ、人為によらないでマボソを吹き出しているのを見かけるという。山岳地帯を中心に、竹は中央アフリカのほぼ全域で見られ、ネズミがタケノコを食べることはよく知られている。それにもかかわらず、この有益な酒の発見と利用はこの地域にかぎられ、またその後もほかの地域には広まらなかった。これは、竹の繁殖に運搬しにくい塊茎を用いることや、管理作業と樹液の採集の特異な技術などもかかわっているだろうが、私は生産性を重視したときの生理特性もまた重要な要因となっていると考えている。

オクシテナンセラ・アビシニカはアフリカの高所に自生しているが、暑い海岸地域に植えても旺盛に生育したという例もあり、とくに冷涼な気候を好むというわけでもないようである。またこの種はもともと半乾燥地域に自生しており、その成竹はきびしい乾燥のもとでも生存できることはよく知られている。しかし、タケノコの生長には大量の水分が必要であることは、日本のモウソウチクのタケノコの萌出や伸長が前日の天候に左右されるのを見ればわかるし、同じように、ウランジの採取量も前日が終日晴天であればいちじるしく減少する。種子、芋、果実といった収穫物から酒をつくる場合、原料の投入量や投入労働量に見合う収量があらかじめ期待できる。

しかし、ウランジづくりの場合、手間のかかる管理作業のわりには、その収量は天候まかせだ。したがって、労働投入量に値するウランジを得ようとするならば、安定して多量の降雨が期待できる地域でおこなわなければならないということになるだろう。タンザニア南部の高原は、この条件を満たすだけの降雨量に恵まれているといえる。

ごくかぎられた地域だけでつくられてきたウランジも、最近ではその缶詰が発売されるなどして、タンザニア全土に知られるようになってきた。しかし、ウランジの真のおいしさは現地でしか味わえないことから、今でも珍奇な美酒として、タンザニアの中でもイリンガ州の魅惑的な酒であることに変わりはない。

伊谷　樹一

アフリカのヤシ酒

アフリカでヤシ酒をつくる植物には、大別してラフィアヤシ、アブラヤシ、オウギヤシの三種類がある。ラフィアヤシとアブラヤシは主として湿潤帯に自生あるいは栽培されているが、オウギヤシはふつう乾燥したサバンナに群生する。いずれも切り口から甘い樹液を出し、それが天然の酵母の作用によって自然に発酵して酒になる。ここではアフリカ湿潤帯の代表的な酒の一つであるラフィアヤシとアブラヤシの酒について紹介したい。

ラフィアヤシ（*Raphia* spp.）はアフリカに特徴的なヤシである。主としてアフリカの森林地帯に分布するが、アフリカ以外では、南アメリカに一種（*R. taedigera*）見られるだけである[4]。ラフィアヤシの特徴はその大きな葉にあり、長さ一五メートルにも達する葉は植物の中で最大のものである。きわめて有用な植物で、葉柄と葉軸は建材や家具の材料として重要だし、小葉は屋根葺《ふ》きやマットの材料に用いる。小葉の軸は矢柄にも使うし、実の殻からパイプをつくる。また若い葉の繊維からは草ビロードともよばれるラフィア布を織る。そのほか、この朽ちた木に巣くう甲虫（オオゾウムシ）の幼虫を食するなど、多目的植物の代表のようなものである。

アブラヤシは、西アフリカ原産で、その名のとおり油料作物として、今では世界各地で栽培されている。その肥大した中果皮からは黄色のカロチンの多いパーム油が、また仁《じん》からは透明な核油が取れる。とくに中果皮には四五〜五五パーセントもの油が含まれており、アブラヤシは単位面積あたりの油の産出量が最大の植物である。[4]アフリカではアブラヤシは油料作物としての用途のほかに、樹液から酒をつくり、葉で屋根を葺き、果房を製塩に用いるなど、これも多種多様な用途に用いられている。

湿地のラフィアヤシから樹液を採集するボンドンゴの男性。コンゴ北部モタバ川にて。

＊――無尽蔵の酒蔵、ラフィアヤシの林

中央アフリカ地域でヤシ酒を取るために広く利用されているのは、ナイジェリアからカメルーンにかけて分布するラフィア・ヴィニフェラ（*R. vinifera*）と、赤道アフリカ一帯に分布するラフィア・フーケリー（*R. hookeri*）、それにザイールに多いラフィア・ギレティ（*R. gilleti*）である。これらからヤシ酒をつくったり採取したりする方法は、アフリカの森林地帯で広く知られている。もっとも簡単な方法は、木を伐り倒して、その先端の成長部を切り、そこからしたたり落ちる

樹液を採取するものである[1]。しかしこの方法では短期間しか酒が取れないので、立ったままのヤシから樹液を採取する方法が広く用いられている。コンゴ北部でおこなわれている採取方法は以下のとおりである。

コンゴ北部のウバンギ川の右岸には世界第二の広大なスワンプが発達している。スワンプを流れる河川ぞいにはとくに現地名でディビラとよばれるラフィアヤシが多く、ところによっては川ぞいに幅一キロにもおよぶ純林を形成している。この地域のスワンプの住民は、まるで無尽蔵の酒蔵の中に住んでいるようなものである。ペケと称するヤシ酒はたいてい村の近くのラフィアヤシの林の中から採取するが、その村のテリトリーの中にあるヤシは村人の共有物と考えられているので、どのヤシから採取してもよい。男たちは、川ぞいに丸木舟を操りながら、高さ一五メートル内外で先端に若葉が四〜五本出たくらいの、よく成長したヤシを物色する。ラフィアヤシは結実すると、一年ほどで枯れるので、果房ができたものからはあまり酒が取れない。適当なヤシの木を見つけると、その下にヤシの葉を結びつけておいて目印とする。こうしておけば、他人に切られることはない。

樹液の採取はまず、樹冠に登って先端部の葉を取り除き、未展開の若葉の葉柄と茎を裸出させる。そこから内側の髄《ずい》に向けて山刀とナイフで長方形の切り込みをつくり、その下面を水平にする。ここからしみ出す樹液を葉でつくった受け皿で集め、その下にくくりつけた容器の中に導く。容器に溜まった樹液は半日ほどで酒になる。こうして溜まったヤシ酒メレクを朝夕二回ずつ採集してまわる。一本のヤシから一日あたりだいたい四〜五リットルの酒が取れる。ボンドンゴの男たちはだいたい三〜四本のヤシを持ち、毎日平均一五、六リットルほどの酒を採取している。採取した酒のほとんどが村の中で消費される。

ヤシ酒は、発酵開始後二四時間でアルコール分が三〜四パーセントくらいになる。いくぶん糖分が残っているが、あまり発酵が進んだ酒は好まれない。コンゴでは甘い酒に少し苦みをつけるために、わざわざ苦い味のする植物の樹皮を入れたりする。またザイールではアブラヤシの実を樹液に入れたりするところがあるが、これは表層に油膜をつくり、嫌気状態での発酵を促進するためだともいわれている。[1]

樹液のしたたり出る切り口は、少し時間がたつと白い粘液状の物質におおわれて、樹液の出が悪くなるので、毎日数ミリずつ髄を切り下げてゆく。こうして一～二カ月ほどで生長部の髄の底まで削ってしまうと、樹液が出なくなり、木が枯れる。

コンゴ北部、リクアラ州の州都インフォンドで見られるアブラヤシ雄花序からのヤシ酒採取。カメルーン、ナイジェリア、セネガルなどでも同じ方法を用いている。

＊―― アブラヤシの酒づくり

アブラヤシの酒もやはりその樹液からつくるが、樹液の採取方法が異なる。西アフリカではおもに花柄を切って、そこから樹液を採取する。大きなヤシ林のあるところでは、ヤシの木に群がるハチを目あてに花のついたヤシの木を探す。[2]ラフィアヤシの樹液と同様に、樹液は半日ほどで自然に発酵して白濁した酒になる。この方法によれば、ヤシそのものは枯れないが、雌花序を切ると実がつかないので、雄花序を切ることが推奨されている。しかし雌花序のほうが樹液がたくさん出るので、これは必ずしも守られていない。雄花序から樹液を採取するだけでもヤシの結実量は半分以下に減るので、あまり頻繁に樹液を取ることはできない。セネガルのある地域では、一本のヤシから樹液を採取する期間を一〇〜一五日間以内に規制している。また、別の地域では、ヤシ酒を採取しない区画を特別に設けたり、一年おきに採取するといった方策を取っているところもある。しかし、一本のアブラヤシからは年間平均二六・三リットルのヤシ酒が取れる。すなわち一五〇本のアブラヤシからは年間四〇〇〇リットルもの酒が取れ、ナイジェリアなどでは、それから得られる収入はヤシ油および核油の二倍以上に達するといわれる。このような地域では、アブラヤシはヤシ酒採取専用にした方が経済的にもよいともいえる。[2][3]

コンゴ北部などのアブラヤシが豊富なところでは、花柄を切るというような面倒な採取法によらず、ヤシの木そのものを伐り倒して先端の生長部に穴をうがち、そこに溜まった樹液をくみ取る。もちろんヤシの木そのものは枯れてしまう。この方法で取ったものはダウン・ワインとよばれ、短期間に大量の酒が取れるが、花序から取ったものには存在しないメタノールやプロパノールが含まれているとの報告がある。[3]

＊――ヤシ酒の利用

ヤシ酒のもとになる樹液には、一〇〇ミリリットルあたり四・三グラムの蔗糖、三・四グラムのブドウ糖のほかに、七種類の有機酸と二五種類のアミノ酸、それにビタミンCや複合ビタミンBなどが含まれている。[3] 発酵が進みすぎさえしなければ、ヤシ酒は栄養価の高い飲み物であり、事実一五、六リットルも採取するコンゴ北部のスワンプの住民のあいだでは、必要カロリーの半分近くをまかなう重要な栄養源となっている。

また、ヤシ酒は、結婚、出産、葬式などの儀式につきものの飲み物であるが、とくにそのような儀礼的な機会でなくとも、人びとの社交や団らんの場を円滑にするものとして広く利用されている。コンゴ北部などでは、だれもがヤシ酒を採取し、充分な量があるにもかかわらず、自分の採取したものだけでは飽きたらず、おたがいに分かちあって飲んだり、村の中の「バー」と称するたまり場でわざわざヤシ酒を買って飲む。

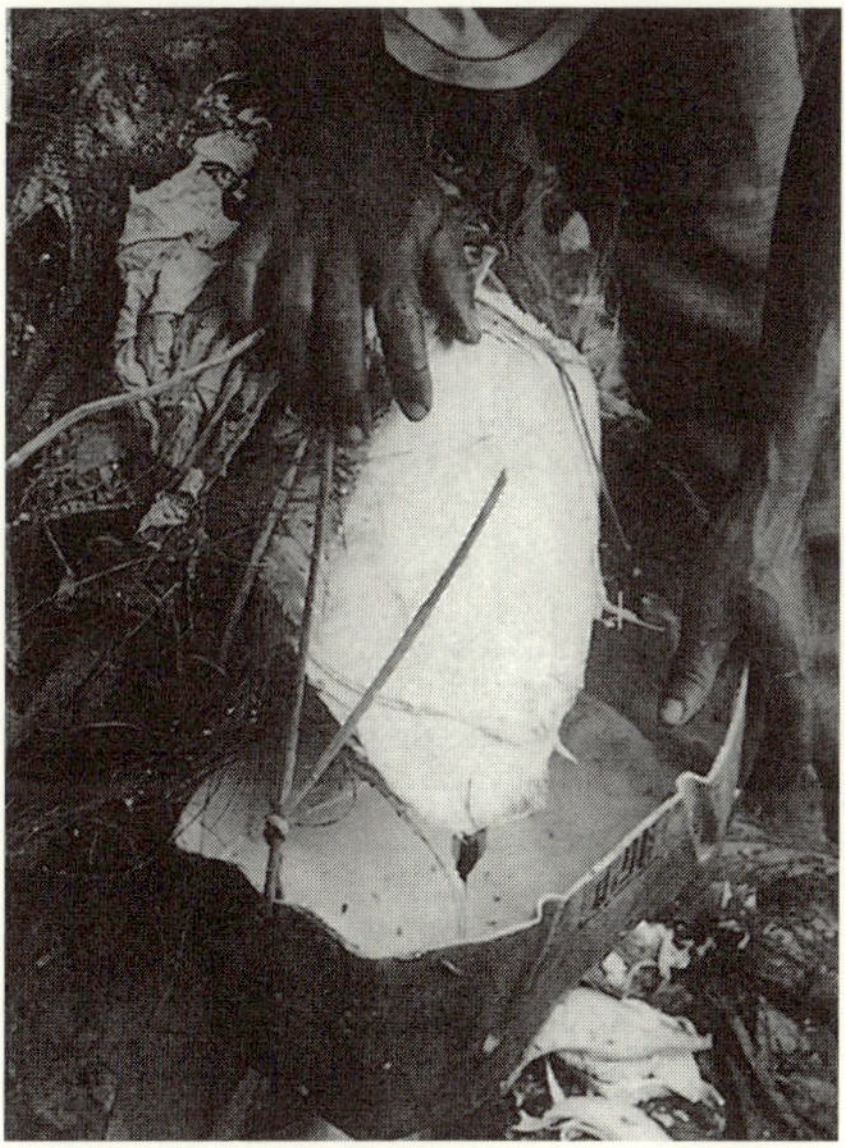

中部アフリカでの典型的なヤシ樹液採取（加工）法。伐採後に生長部の髄を削り、樹液を集める。東部ザイール、赤道バントゥ・レガの村で。

ヤシ酒の普及している中央アフリカでは、ヤシ酒の毒味の方法、飲む順番、分配の義務とその方法など、ヤシ酒飲みに関する作法が定められており、そうした作法どおりに飲むことが成人の要件となっている。このようにヤシ酒はこの地域の人びとの生活には不可欠なものであるが、こうした需要に応えるためにカメルーンなどでは発酵したヤシ酒を低温殺菌して瓶詰にして販売している。また、ヤシ酒を蒸留して「ハ」もしくは「アフォフォ」とよばれる強いスピリッツをつくるなど、さまざまな商品化の試みもおこなわれている。

塙　狼星・市川　光雄

〈参考文献〉
（1）安渓貴子　一九七八「中央アフリカ・ソンゴーラ族の酒つくり――その技術誌と生活誌」和田正平編『アフリカ――民族学的研究』　同朋舎出版　五二三～五六五頁
（2）Linares, O. F. 1993 Palm Oil Versus Palm Wine : Symbolic and Economic Dimensions. In Hladik C. M. *et al* (eds), *Tropical Forests : People and Food*. UNESCO.
（3）Hartley, C. W. S. 1988 *The Oil Palm*. New York : Longman Scientific and Technology.
（4）Persgrove, J. W. 1972 *Tropical Crops : Monocotyledons*. England : Longman.

ソンゴーラの火の酒　――ザイール――

＊――泡盛を思わせる酒との出会い

ザイール共和国の赤道付近の森の中で、その酒と出会った。ほとんど無色透明で、口に含むとさわやかな風味があり、アルコール分はおそらく三〇度以上。

いつか、どこかでこんな酒を味わったことが……、と記憶をたどっていくと、日本の最南端の有人島、波照間《はてるま》で見た酒づくりの光景が浮かび上がってきた。大鍋《おおなべ》に一斗ばかりの白米を入れ、手でといで蒸したあと、黒いカビをつけてもろみにし、それを蒸留する。

そう、沖縄の生んだ名酒、泡盛《あわもり》を思わせる風味。ひょっとすると同じようなつくり方をしているのかもしれない。――これが、はじめて泊めてもらったソンゴーラ民族の村での一杯のふるまい酒についての、私の第一印象だった。

おいしい酒のできるこの村で、私は延べ七カ月を過ごさせてもらうことになった。滞在の目的は、自然の中に生きる女性たちの暮らしに学ぶこと。そして、この村では、蒸留酒づくりは女性の仕事であった。

以下、この酒のつくり方を、微生物学を専攻した経験を生かして報告する。（なお、より詳しく知りたい方は文献（1）、および（12）を参照されたい。）

＊――稲籾とキャッサバ

この地方では、焼畑で取れるキャッサバ、プランテン・バナナ、陸稲の三種の作物が重視され、品種の数もそれぞれが三〇近くある。ソンゴーラ語でマルメカヤ、つまり「火の酒」とよばれる蒸留酒は、原料としてキャッサバと陸稲が使われている。（注1）

ソンゴーラの酒づくりは、まず陸稲にカビをつけることからはじまる。

穂刈りして乾燥し、保存してある稲束を、浅いざるに入れ、素足で踏んで籾《もみ》にする。それを臼《うす》と杵《きね》で軽くつくと、籾と玄米やその崩れたものの混合物ができる。食用にするときは白米になるまでつくが、酒用にはこのまま使う。この混合物に水を加えてよく混ぜ、表面に毛が多い生の大きな木の葉（*Vernonia conferta* など）を敷き詰めた籠《かご》に入れて、寝室や物置の暗いすみにおいておく。五～六日たつと、早くもソンゴーラの酒の匂いがしはじめる。このとき、米にはカビがつきはじめている。なるほど、私に泡盛を思い出させた風味は、おもにこの米のカビに由来するものだったのだろう。

そのまま一〇～一六日間おくと、米は内部まですっかりかびて塊になる。これを臼でついて細かく崩し、籠に入れて炉の上の食品乾燥用の棚で乾かす。よく乾いたら、ふたたび臼でよくつき、ふるいを通して粉にする。こうして乾燥しておけば、保存がきき、いつでも発酵のスターターとして使える。

次に、キャッサバの粉をつくる。これは、もろみの主成分を成すデンプンをつくる過程である。

キャッサバには、芋の食用部分に有毒な青酸を多く含む有毒品種と、ほんのわずかだけ含む無毒品種がある。ここの酒には芋の収量が多い有毒品種だけが利用される。粉に加工されてから、酒づくりに使われる。キャッサバ芋の皮をむき、水溜まりに三日間浸けて毒を抜く。有毒成分が抜けて軟らかくなった芋を臼と杵で潰す。硬い芋の芯を取り除きながら、直径一五〜二〇センチの丸い団子をつくる。このキャッサバ団子を食品乾燥用の棚の上でよく乾かし、臼でつき、ふるいを通して均一な粉にする。

カビつけをした稲籾とキャッサバ粉の両方の粉がそろったところで、もろみづくりに入る。

稲を穂刈りする女性。焼畑につくる陸稲である。

カビがついてかたまりになった稲をほぐす女性。

大鍋一杯の沸騰した湯に、キャッサバを少しずつ入れてこね、餅状のウガリにする。ウガリを地面に直接広げて冷やす。手で触れるほどに冷えたら鍋に戻し、これにカビつけをした稲籾の粉を入れ、両手で混ぜていく。稲籾の粉の量は、キャッサバ粉の半分から三分の一程度である。混ざったらドラム缶の中に移し入れ、バナナの葉できっちりと蓋《ふた》をしておく。七～二〇日で蒸留できる状態になる。そのとき、もろみはデンプンの糖化とアルコール発酵が進み、黄褐色のゆるい粥状《かゆじょう》になっている。発酵終了までの日数は、ウガリの水分が多ければ短くなるので、ウガリのこね方で蒸留までの期間を調節する。

蒸留はふつう冷却水を得やすい水辺でおこなう。ドラム缶とトタン板を丸めた数本の管でつくった簡単な装置に、水で薄めたもろみを入れて蒸留し、酒のしずくをガラス瓶《びん》に受ける。蒸留がはじまると、待ちきれない男たちが集まってくる。

*――カビ酒の発見

このような方法で、ソンゴーラの女たちは、強い酒を日常的につくっている。醸造に失敗して、アルコール分が極度に薄いとか、酢になってしまったなどという例には出会わなかった。

ソンゴーラの「火の酒」のつくり方を微生物学の目で検討すると、有害なものの活動を抑え、有用なものを増やしてうまくアルコール発酵を進めていく、巧みな微生物群のコントロール技術がそこにあることがわかる。

そもそも、デンプン質の材料から酒をつくるためには、いったんデンプンを糖分に変え、できた糖を酵母によってアルコールに変えるという二つの段階が必要である。第一段階の糖化は、ビールのように、発芽させた穀物に含まれる酵素のアミラーゼを利用する方法と、日本酒や泡盛のように、麹菌《こうじきん》などのカビの力を利用する方法がおもなものである。(注2)

以下に述べるように、ソンゴーラの蒸留酒は、カビによってデンプンを糖化し、それを酵母でアルコールに変えるという方法でつくられている。

まず、稲籾は、発芽させずに用いているから、ソンゴーラの米とキャッサバの酒は穀物の芽のアミラーゼを利用する酒ではありえないことがわかる。残された可能性として、カビ発酵酒が考えられるが、単に材料がかびて

カビのついた稲籾を臼に入れ、杵でつく。

蒸留装置。左側のドラム缶に発酵が終わったもろみが入っている。気体になって出てくるアルコールを真ん中の薄いドラム缶に入っている水で冷却して凝縮させ右の瓶で受ける。

いるのを観察しただけでは、カビ発酵酒であることを証明したことにはならない。

ソンゴーラの女たちは、つき潰して湿らせた籾の内部まで黒いカビがゆきわたるのを待って、塊をほぐし、炉の上の乾燥棚で乾かしてから保存する。このような過酷な条件で生き残ることができる生物はかぎられている。それは、乾燥と高温に耐える胞子をつくって休眠できる微生物で、広い意味でのカビ類（酵母を含む）と一部の細菌（納豆菌や枯草菌などの胞子形成細菌）だけである[5,8]。

カビ類の中には日本酒をつくるコウジカビ、泡盛のクロコウジカビ、中国や東南アジアの酒に多いクモノスカビ、ケカビなど、強い糖化力[4]を持つものがある。一方、枯草菌は、アミラーゼの生産菌として発酵工業で利用されるほどの糖化力を持っている。だから、この段階では、カビのほかに胞子形成細菌を利用する酒である可能性も否定できない。

ついで、キャッサバの粉を熱湯でこねたウガリとかびた稲籾を混ぜる。このとき、手で触れる温度に冷ましてやる。これは、熱に弱く、五〇～六〇度で死滅するカビや酵母[6,7]を殺さないための配慮であると理解される。一方、胞子形成細菌の胞子は、一〇〇度以上の高温に耐えられるので[11]、当然もろみの中に持ちこされる。さらに、ウガリは地面の上で冷やされるので、種々雑多な微生物が入り込む。その中には、もろみを腐敗させるようなものも多いはずだが、それにもかかわらず、発酵がうまく進むのはなぜだろう。

まず、スターターとして用いるカビをつけた稲籾の粉末の量が、キャッサバ粉の三分の一から半分と多いので、もろみの初期の段階で糖化とアルコール発酵にあずからない雑菌の増殖を抑え込む一定の効果があるのだろう。もろみの中では、デンプンの糖化とアルコール発酵が同時に進行する。カビの力で絶え間なく供給される糖分は、酵母によってアルコールになるだけでなく、カビ自身や、乳酸菌などの微生物の作用で乳酸やクエン酸などにも変えられ、もろみを次第に酸性にしていく。酸性が強まるにしたがって、胞子形成細菌を含めて細菌類は生育できなくなる。[3・13]ところが、カビや酵母は酸性条件下でもよく生育するから、ときがたつにしたがってカビと酵母からなるもろみとなり、その中では糖化とアルコール発酵が主として進行するようになっていく。[3]こうして発酵が進むにつれて、純粋なカビ発酵酒になっていくと理解される。

*——キャッサバと稲籾との出会い

キャッサバは、南アメリカ原産の作物であり、一六世紀以降アフリカに導入された。アジア原産の陸稲が中部アフリカの森林地帯で栽培されるようになったのは、はるかに遅れて一九世紀に入ってからであった。この二つの作物はいかにして出会って、ソンゴーラの酒になったのだろうか。

アジアのカビ発酵酒の分布は、ほぼ東アジアに限定されている。[9・15]そして、ソンゴーラのような、稲籾を生のまま粉砕してカビつけをするというスターターのつくり方は、アジアからは報告がない。[9]だから、ここに紹介したアフリカのカビ発酵酒は、アジアのカビ発酵酒とは直接関係のないアフリカ独自の発見であろう。私は今のところそう考えている。

ごく大まかにいって、熱帯アフリカには、赤道付近の湿潤な森林地帯と、それを取り巻く乾燥したサバンナ地帯がある。サバンナでは、さまざまな雑穀を栽培する農耕文化が古くから花開き、酒もビールと同じ原理の雑穀の穀芽酒が主流である。

一方、森林地帯は、元来は狩猟採集民の世界であって、農耕民が住めるようになったのは、アジアからのプランテン・バナナやヤマノイモ類など、種子によらないで繁殖できる作物が導入されたあとのことであった。ここでは、ヤシ類の糖分に富んだ樹液や熟したバナナを発酵させた、ワインと同じ原理の酒がおもに飲まれてきた。

そして、サバンナの世界と森林の世界が出会う接点で――今、ソンゴーラ民族が住む場所はまさにそのような地点の一つなのだが――カビ発酵酒という革新がはじまったと私は理解している。

雑穀をつくる人びとが、湿潤な森林の中に入り、そこでサバンナと同じようなやり方で穀芽酒をつくろうとしても、発芽させた穀物は容易にかびてしまい、うまく穀芽酒にはならないことが多い。そして、かびた穀物でもいい酒ができる、という事実に気づいた時点で、カビ発酵酒が発見されたことになる。

ソンゴーラ民族の土地では、その発見が稲とキャッサバという組み合わせで実現されたのであった。その背景には、発芽させた稲はアミラーゼの活性が低いことと、容易に多量のデンプンを入手できるキャッサバという作物の利点という条件があったわけである。(注3)

詳しくいうなら、蒸留の有無や稲以外の穀物の利用状況など、ソンゴーラの酒だけについても補足すべき事実や論点は多いが、あらましこのように考えることが許されると思う。(注4)

注1　このほかに、ヤシ酒を飲む。また、今ではつくらないが、昔はバナナ酒、サトウキビ酒、蜂蜜酒などがあったという。

注2　そのほかの方法として、唾液《だえき》中のアミラーゼを利用する「口嚙《か》み酒」と、熱帯アフリカのサバンナ地帯で利用されている、ある種の木の根に含まれる糖化酵素を利用する例などがある。

注3　ソンゴーラでは、発芽後カビつけをしたトウモロコシを稲籾の補いとして使うことがある。だから、アフリカで稲以外の穀物からカビ酒がつくりはじめられた可能性もある。また、最近になって、稲芽酒の技術が確立されている事実を上田ら（一九九二）の報告で知った。穀芽酒からカビ酒へという技術が展開した理由を、安渓（一九八七）や、吉田（一九九三）が主として稲芽の糖化力の弱さで説明したのは必ずしも当を得ていなかった。

注4　ソンゴーラの稲籾とキャッサバの酒は、日本酒や泡盛と同じ原理のカビ発酵酒であり、まさに芋焼酎そのものであった。長かった植民地時代以来、きわめて多くの欧米人（旅行家や宣教師や研究者）がアフリカに滞在して、その住民の生活をつぶさに観察してきた。酒のつくり方についての報告も数多い［近年のものではSteinkraus 1983など］。ところが、アフリカにカビの力による酒があるという事実に気づいた報告はこれまでのところ皆無であった。欧米の酒は、糖化を必要としない果実の酒と穀物の芽でデンプンを糖化する酒が主である。そのため、酒づくりの段階でカビが生えているのを目にしても、それを失敗や技術の未熟ととらえてしまったのであろう。アフリカのカビ発酵酒の正体を見きわめるためには、東アジアからの目が必要だったのかもしれない。

追記　二〇〇二年の秋、私は中央アフリカに位置するガボン共和国の熱帯雨林で焼畑を営むコタ人の村を訪ねた。そこで、トウモロコシにカビをつけて、キャッサバ・デンプンを糖化して発酵させる蒸留酒を見ることができた。つくり手の女性たちは自分たちがカビの力を利用して酒をつくっているのだということを認識していた。

安渓　貴子

〈参考文献〉

（1）安渓貴子　一九八七「中央アフリカ・ソンゴーラ族の酒つくり――その技術誌と生活誌」　和田正平編著『アフリカ――民族学的研究』五三三～五六五頁　同朋舎出版
（2）大塚謙一　一九八一『醸造学』養賢堂

(3) 坂口謹一郎 一九六四『日本の酒』岩波書店
(4) 鮫島広年・奈良高 一九七九『微生物と醗酵生産』共立出版
(5) 寺川博典 一九八四『菌類系統分類学』養賢堂
(6) 蜂須賀養悦・堀越弘毅 一九七六『耐久型細胞』岩波書店
(7) 柳田友道 一九八一『微生物科学 二』学会出版センター
(8) 柳田友道 一九八二『微生物科学 三』学会出版センター
(9) 吉田集而 一九八五「東アジアの酒のスターターの分類とその発展」石毛直道編『東アジアの食事文化』七二～一一六頁 平凡社
(10) 吉田集而 一九九三『東方アジアの酒の起源』ドメス出版
(11) Ankei T. 1976 Changes in Cytochrome Contents and Respiratory Activity of *Bacillus cereus* Strain T During Germination, Vegetative Growth and Sporulation. *Plant & Cell Physiol.*, 17 : 305-316.
(12) Ankei T. 1988 Discovery of Sake in Central Africa : Mold-fermented Liquor of the Songola. *Journ.d, Agric. Trad. et de Bota. Appl.* XXXIII : 29-47
(13) Steinkraus, K. H. *et al.*(ed.) 1983 *Handbook of Indigenous Fermented Foods*. New York : Marcel Dekker.
(14) Ueda,S., Y. Teramoto, R. Ohba, and S. Kayashima, 1992 Production and Characteristics of Sprouting Rice Wine. *Journal of Fermentation and Bioengineering* 74(2) : 132-135
(15) Werth E. 1954 *Grabstock Hacke und Pflug*. Ludwigsburg : Eugen Ulmer.

カラハリ砂漠の果実酒

＊——砂漠の民とコムの木

南部アフリカのカラハリ砂漠とその周辺の乾燥叢林に分布するシナノキ科のグレヴィア・フラーヴァ（*Grewia flava*）は、そこに住む人びとにとって、もっとも重要な植物の一つである。グレヴィア属は数十種を含んでいるが、ほとんどがアフリカのサバンナ帯に分布する灌木または四〜八メートルの中低木で、小さな果肉の部分に糖分が含まれ、食用となる。(3) 中でもグレヴィア・フラーヴァは苦味が少なく、汁気が多いことと、群生していて採集しやすいことなどの理由で、雨季の実りの季節には集中的に利用され、酒づくりのための貴重な原料となる。

幹は丈夫で柔軟性に富んでいるのでさまざまな用途に使われる。まっすぐに直径二センチほどに生長したものは弓の弧や槍の柄に使用される。それよりやや細めの幹は、両端を斜めに切って重ね合わせ、すき間をターミナリアの根からつくったニカワで固めたうえ、樹皮を巻きつけて約四メートルの竿《さお》とし、先端にスティーンボック(1)（中型レイヨウの一種）の角を取りつけて、スプリングヘアーを巣穴の中で捕らえるための鉤竿とする。直径一センチ程度の幹は削って加工し、矢尻と矢軸の継ぎ目にしたり、獲物からはいだ毛皮を天日で乾かすとき地面に広げるためのペグにしたりする。また、子どもたちのさまざまな玩具にも加工される。細枝は歯ブラシとしても利用され、樹皮はバスケットを編むための材料となる。

バントゥの一部には、枝を地面に突きさして雷除けの呪《まじな》いとするグループがあり、また、内皮をはぎ取って死者および彼の子どもの右手に縛りつけて弔いの儀礼をおこなうグループもある。

幹や枝を弓などの生活必需品として利用することと並んで、この地方の人びとにとってもっとも重要なこの植物の利用法は、果実を食料として用いることである。ここで取り上げるカラハリ砂漠中央部に住む狩猟採集民ブッシュマン（サン）は、この植物をコムとよんでおり、彼らの生活の中でコムが果たしている役割はことのほか重要なものである。

ブッシュマンの神話には、貴重なタンパク源となり、また、最大のご馳走でもある獲物の動物たちが、入れ代わり立ち代わり頻繁に登場してくることが、もっとも大きな特徴となっている。そうした神話に登場する数少ない植物の中で、コムの木は、アカシアと並んでたいせつな脇役の一人として登場し、神がダチョウから火を取り上げて人間にもたらすための舞台装置をこしらえている。(2) 生存に不可欠ともいえるコムの木は、彼らの精神世界にも重要な位置を占めているのである。

*——コムの実の酒

コムの実は、直径八ミリほどの赤茶色の球形をしているが、大部分を硬い殻に包まれた種子が占めており、種子と果皮のあいだに糖を含んだ薄い果肉があって、栄養となるのはこの部分にすぎない。人びとはコムの実る一二月から二月にかけて、果実を頻繁に採集し、食物として利用する一方で、この実を天日で乾かし、甘味を濃くしたのちに、酒づくりに用いている。季節になると、人びとは三〇人ぐらいの集団ごとに、コムの木がたくさん生えている場所に移動して小屋掛けをし、採集に専念する。普段は狩りをもっぱらとする男たちも、コムの季節には女たちの仲間入りをして採集に加わることが多い。何人もが連れ立って茂みへ出かけて行き、両手でせっせと小さな実を摘み取っては、肩からぶらさげた革袋の中へ蓄える。摘み取った実を、手から直接口の中へ放り込むことも多く、それは甘いおやつとなり、またカロリーに富んだ中食(夕食以外には決まった朝食・昼食というまとまった食事はないので、中間にちょくちょく食べる)ともなる。

コムの木。雨季になると真っ先に新芽を出し、黄色の花をつける。

袋に入れて持ち帰ったコムの実は、皮風呂敷などに広げて天日で乾かし、甘味を濃くして、当座の保存食料とする。その一部が酒づくりに用いられるのである。

頻繁に移動をくり返し、狩猟採集によってその日暮らしをつづけてきたブッシュマンは、もともとは酒づくりを知らなかったであろうと思われる。おそらく、一五世紀頃からはじまったバントゥ農耕民の南部アフリカへの大移動の過程において、ブッシュマンがバントゥと遭遇するようになった初期の段階で、飲酒の慣行とともに、酒づくりの技術そのものが、導入されたのであろうと考えられる。

カラハリ地方で酒づくりに使われる酵母は、シロアリ塚の中の巣に含まれている。アリ塚を壊して取り出した酵母は、酒づくりに用いられるたびに増殖するので、沈殿したところを保存しながら何回でも使いつづける。

一九七〇年代末に、ボツワナ政府は井戸水を汲み出して簡易水道を敷設し、ブッシュマンの定住化を推し進めた。それ以前の移動生活の時代には、酒づくりをするための肝心の水は容易には手に入らなかった。昔、カラハリ砂漠では、水はちょうどコムの季節でもある一二月から三月にかけての雨季の期間中、降雨後にできる小さな水溜まりから得られるだけの貴重品であった。ブッシュマンが水を手に入れられる期間は一年のうち、延べ四〇～五〇日にすぎず、大半の日々を人びとは野生のスイカやウリ科植物の根っこなどから必要水分を補給し、喉の渇きをしのいでいたのである。

コムの季節が到来し、そして恵みの雨が砂漠にぞんぶんに湿りをもたらしたときにはじめて、酒づくりの材料が整い、人びとは待ちに待った宴を楽しむことができたのである。

酒づくりは男女ともにおこなうが、仕込みの初期の根気のいる仕事は女がやることが多い。乾かして革袋に取ってあったコムの実を、しばらく水の入った容器に浸してふやかしたのち、手ですくい取っては両の手のひらで丹念にもみしごいて果皮を種子からはがす。果皮をはぎ終わったら、もとの水の中へ戻して、ふたたび両手で材料を水の中でもみしだく。果皮の糖分をできるかぎり水に溶け出させる作業である。糖をしぼり取った果皮を種子ともどもすくい取り、両手で硬くしぼって、かすは捨てる。そこに湯を注ぎ、適度な甘味と水温になるように水を加えて調節する。一年間布袋に入れたまま小屋の片隅にぶらさげてあった酵母を取り出してこの中へぶちまけると、容器に蓋《ふた》をし、毛布をかぶせて保温しておけば仕込みは完了である。水加減、温度加減などポイントとなる作業は夫がやることが多い。ときどき毛布をそっとめくって、中の溶液が泡立ちアルコール発酵しているのを確かめ、保温状態をチェックしながら、一昼夜寝かせておくと、できあがりである。

昼頃に仕込みを終えたとすると、翌早朝には夫婦で、まず試し飲みをする。まだ盛んに発泡するすき間をねらって、コップでひとすくいし、男が味見をする。まだ甘味が強いコップの残り酒を妻が飲み干す。昼頃までに何回も味見をするので、アルコール発酵が完了して甘味がなくなる頃には、バケツ一杯に仕込んだ酒の四分の一は目減りしているのがふつうである。

革袋に集められてきた実は、毛皮の風呂敷や草のマットに広げて乾燥する。

果肉に含まれた糖分を水に溶かした後、草でこして仕込みをする。

陽の高いうちから酒盛りがはじまる。時間に制約のない狩猟採集生活では、酒づくりが容易になるとアルコール中毒が社会問題となる。

＊――ブッシュマンの社会と飲酒

酒ができれば、まだ陽の高いうちから酒盛りがはじめられる。狩猟採集の生活では、時間の制約を受けることもないので、いつでも用意ができさえすれば宴会をはじめてよい。とくに、この雨季の実りの季節には近くに野生の木の実や草の根、スイカなどがふんだんにあるので、人びとは明日の食べ物に悩まされることもない。

小さな小屋住まいのブッシュマンの生活は開放的で、隠しごとのむずかしい社会である。獲物をしとめてきたり、酒づくりをしたりする模様は、集落のすべての人たちに筒抜けであり、肉の分配にあずかろうと、あるいは酒盛りのお相伴にあやかろうと、人びとはその瞬間を心待ちにしている。料理ができたり、酒の用意ができたりすると、誘いあわせるでもなく、自然に人びとは焚《た》き火のまわりに集いあって、饗宴の輪ができていく。

持てる人は持たない人に分け与える。今日は与える側にある人間が、明日には与えられる側にまわる可能性がこの社会には常につきまとっている。分配と貸し借りをベースとした平等主義の実践は、「手から口へ」の経済を基調とする狩猟採集の生活様式とそれによって成り立つ社会が存続していくための基本原則である。

人びとは年にいく度もない飲酒の機会を全員で享受し、美酒に酔いしれる。この季節には、酒をつくる条件を等しく得たいくつかの家族が同時に酒づくりをおこなうことが多いので、ある家のを飲みつくしたら次の家へと移動し、そして深夜にいたるまで、大声で談笑し、まわし飲みがつづけられる。

しかしながら、定住化以後には状況は一変した。現金経済が浸透して、なけなしの金で砂糖を購入し、これで酒づくりをする人びとが急増した。水道が敷かれて水が年中手に入るようになったので、砂糖を手に入れさえすればいつでも酒づくりが可能となったのである。一日の規則的な時間配分を持たず、食糧があるかぎりは仕事に出かける必要もなく、あればなくなるまで消費しつくして、明日の飢えを心配する気苦労もなかったブッシュマンの社会では今、アルコール中毒が大きな社会問題となりつつある。飲酒にはそれを受容するための飲酒の文化が必要である。その受け皿をつくるための努力が求められている。

田中　二郎

〈参考文献〉

(1) 田中二郎　一九七一『ブッシュマン——生態人類学的研究』思索社
(2) 田中二郎　一九九四『最後の狩猟採集民——歴史の流れとブッシュマン』どうぶつ社
(3) Palgrave, K. C. 1977 *Trees of Southern Africa*. Cape Town : C. Struik Publishers.

ケニア山麓の蜂蜜酒

——バイオリアクター利用の在来技術——

＊——熱帯アフリカの蜂蜜酒

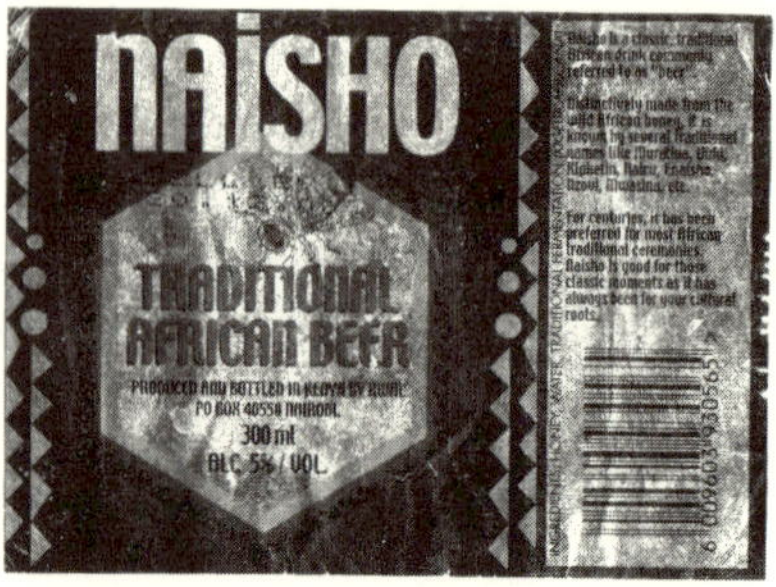

ケニアのナイロビで売られている蜂蜜酒「ナイショ」のラベル。

一九九八年八月、私は、ケニア山麓のギクユ民族の村で「ダクタリ・ヤ・ポンベ」すなわち酒博士とよばれる長老と親しくなった。招き入れられた薄暗い小屋の中ではひとかかえほどのヒョウタン容器の中で酒が発酵していた。勧められるままに飲んでみると、少し甘みを帯びたさわやかな酒だった。その原料は蜂蜜あるいはサトウキビであるといい、容器の中には、ムラチナとよぶ「へちまのたわし」のようなものがいくつか入れられていた。これが、熱帯アフリカの地酒としての蜂蜜酒と私との出会いであった。

蜂蜜酒は、日本ではなじみが薄いが、起源は古く、ギリシア・ローマ人は「ハチミツの水」を意味するヒュドロメリ（hydromeli）とよんで親しんでいた。古代ガリア人やアングロ・サクソン人のあいだでもミード（mead）の名で知られてきた。

ケニアの首都のナイロビでは、エチオピア料理店で名物の蜂蜜酒を楽しむことができるし、大型スーパーマーケットに行くと、パスチャライズ処理された（いわゆる低温で殺菌された）瓶詰めの蜂蜜酒が「ナイショ」の名で売られている。ラベルには、ミツバチと巣箱がデザインされ、ケニア各地でさまざま名前で親しまれていると説明がある。それらを列記すると、ムラチナ（muratina）、ムワシナ（mwasina）、ウウキ（uuki）、キプケティン（kipketin）、ナイチュ（naicu）、エナイショ（enaisho）、ンゾヴィ（nzovi）などである。多様な民族が、それぞれの民族に固有の名前で蜂蜜酒に親しんできたことがうかがえる。密造酒の取り締まりのきびしいケニアで、地酒の名前が「ナイショ」というのはおもしろい。ウウキは、バンツー語で蜂蜜のことだが、酒の名前そのものにもなっている、そして、「ムラチナ」という、たわし状のものは、酒の名前そのものになるほど重要な役割を果たしているらしい。

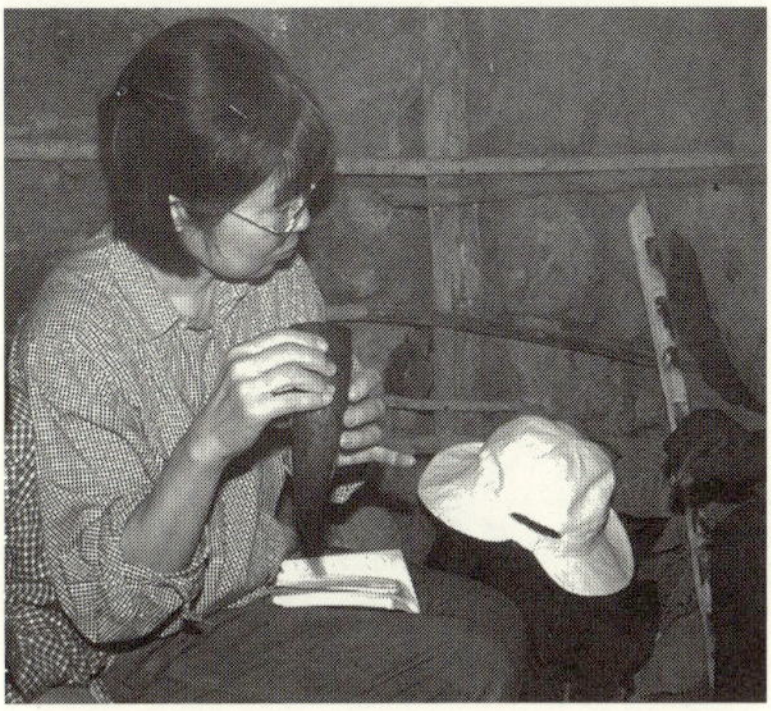

牛の角の盃で蜂蜜酒を飲む（ケニア山麓）。

＊──酒博士の小屋で

酒博士は、蜂蜜やサトウキビでつくる地酒をジョヒとよんでいる。秀麗なケニア山を望む集落では、木々に囲まれた畑にはアボガド、チェリモヤ、コーヒー、チャノキなどの樹木のあいだに、バナナやトウモロコシが植えられ、ジャガイモ、サツマイモ、キャッサバ、ヤムイモ、タロイモなどのイモ類、インゲンマメ、エンドウマメなどの豆類、トマト、ヒユ、カボチャなどの野菜、サトウキビなど多種類の作物を所狭しと育てている。その畑の中に点々と家がある。酒博士がジョヒをつくる小屋は、家からも道路からも離れた畑の片隅に位置している。小屋の入り口は小さく、なかは暗い。かがんで入ると真ん中に炉がしつらえてある。炉のまわりに車座になって座る。炉には火がある。ヒョウタンの栓《せん》をあけて、ヒョウタンから牛の角の盃に酒を汲み入れる。つくった人がまず飲む。それから次つぎに盃をまわす。酒は甘酸っぱく少し蜂蜜の香りがある。盃は一種の可杯《べくさかずき》であり、先がとがっていて下に置けないから、手から手に直接渡される。いつの間にか飲み仲間が集まってきて炉のまわりに座り、私にも酒がふるまわれた。私以外の飲み手もつくり手もすべて男性であった。

酒博士の小屋のまわりには、ジョヒの材料の一部となるサトウキビが植えてあり、ヒョウタンの容器の栓にする葉を採るキク科の低木も生えている。養蜂をしていて、畑の近くに蜂蜜の巣箱が置いてある。ウシ、ヤギ、ニワトリ、イヌ、ネコの姿が見える、ケニアでももっとも緑の濃い、豊かな農村地帯である。

＊——ムラチナの調整から

ジョヒをつくろうとする者は、まずソーセージノキの果実であるムラチナを入手しなければならない、と酒博士はいう。これは、ノウゼンカズラ科のキゲリア（*Kigelia*）属の木であり、ギクユ人が使うものは、ソーセージノキ（*Kigelia pinnata*、別名*Kigelia africana*）である。キゲリア属は、アフリカに一〇種あまり分布するが、本種は高さが一五〜二〇メートルになり、長さ二〇〜六〇センチもある大きなソーセージのような形をした果実をつける。果実の重さは大きいもので五、六キロをこえる。アフリカのサバンナに生育し、海岸から高度一八五〇メートルのあたりまで広く分布すると図鑑には載っている。

ムラチナはギクユ人の酒づくりには欠かせない材料であるにもかかわらず、酒博士の村の周辺ではこの木がわずか七本しか現存しないという。種を蒔いてみるが生えないのはどうしてだろう、と酒博士が問う。ゾウやカバが多いタンザニアのマニャラ国立公園ではこの木が群生しているのを見たことを思い出して、「ゾウやカバといった動物が実を食べて、その糞のなかからなら容易に発芽する性質があるのでは。そして、このあたりではそうした動物が絶滅してしまったのが原因かも」と答えた。

ギクユ人の酒づくりのプロセスを酒博士にならった。

乾燥させたムラチナの果実（ケニア山麓）。

ソーセージノキと果実（ケニアのカカメガ）。

まずムラチナの果実の毒抜きをする。生のムラチナの果実を縦に半分に切り分ける。鍋にムラチナを入れ水を注ぎ、煮込まない程度に熱する。果肉が柔らかくなったら、皮と種を取り除き、水でよく洗う。鍋に水と蜂蜜とサトウキビ汁を入れムラチナを浸す。一日置いて、水は捨てる。この水は苦く、飲むと下痢をする。ムラチナを取り出して絞り、太陽にあてて乾かす。果実は繊維だけが残ってへチマのたわし状になる。このプロセスをもう一度くり返す。各地の市場ではへちまのたわし状に加工したムラチナを売っているので、買って使えば仕事が速い。しかし、それでも必ずあく抜きはしなければならない。

生の果実から準備をしはじめて三日目から飲める酒をつくりはじめる。ヒョウタンにムラチナを入れ、蜂蜜を溶かした水一〇リットル（蜂蜜がなく、砂糖を入れるなら二キロ）を注ぎ、ムタクワという木の葉で栓をする。ヒョウタンが冷えると発酵しないので炉のかたわらに置いて保温する。翌日（四日目）には甘みの強い酒になる。ここで、別鍋にサトウキビのしぼり汁を準備する。

サトウキビ汁のつくり方は、一〇リットルほどの酒につき、サトウキビの太いものなら一本、細いものなら二、三本を使う。トタン板に釘でたくさんの穴をあけておろし金にし、汁をしぼる。白い繊維がほぐれてくるので、それを集めて鍋の水のなかに浸す。濡れた繊維を絞るとサトウキビ汁が滴る。絞りかすにすぐに火がつくようになるほどよく水気を絞る。ムラチナをヒョウタンから取り出してサトウキビ汁に浸し、よくもんで絞る。そのあと、ヒョウタンの蜂蜜酒とサトウキビ汁をよく混ぜ、これをヒョウタンにムラチナとともに戻しもう一日置く。五日目から甘味の減った本格的な酒として飲めるようになる。

酒博士はいう。「ムラチナなしにジョヒはできない。ムラチナは酒をつくるダワ（スワヒリ語で広く「薬」を

蜂蜜採集の巣箱をかけた木（タンザニアのパレ山麓）。

さす言葉）である。ムラチナには酵母のコロニー（菌の集まり）がうまく着いているのだ。酒がヒョウタンに残っているうちは、ムラチナを毎日取り出して、日光にあてて干す。このようにすればどんなに長い期間おいても酒の風味が変わることはない。もし酒が悪くなるようならムラチナが悪くなっているのだ。ムラチナを長く保存するときは酒から出して絞り、日光にあてて乾かしからしまっておく。煮てはいけない。乾燥したムラチナをふたたび酒づくりに使うときは、まず水で戻してから使う。乾燥ムラチナさえあればきっと日本でもジョヒがつくれるから、おみやげに持って行きなさい」。

＊――サバンナの酒

同じ原理の蜂蜜酒は、ギクユ人以外にもケニアのサバンナ地帯に住む人びとが好んでつくっている。カンバ人もソーセージノキを用いて蜂蜜酒をつくるし[8]、メル人、ポコット人などもつくる。対比のために南側のタンザニアでの蜂蜜酒づくりを簡単に見ておこう。

キリマンジャロ山とインド洋とのあいだにあるタンザニアのパレ山脈の裾野でも養蜂が盛んである。ここに住むパレ人は蜂蜜酒と、それとは別個にサトウキビ酒をつくる（M・バリサンガ私信）。ギクユ人とは異なり、この二つは別のものとされ、よび方も違い、混ぜることもない。醸造の容器はスワヒリ語でムトゥンギとよぶ土器を使う。飲むときに牛の角の盃を用いる点は、ギクユ人と共通している。蜂蜜は巣を採集してくる。巣の蜜がつまった部分をしぼって蜂蜜を採る。幼虫がいる部分は酒には使わない。ここでもソーセージノキの果実の繊維を用いる。蜂蜜酒の独特の香りは巣をしぼったときの蜜蠟《みつろう》の匂いだという。

パレ人は、蜂蜜酒とサトウキビ酒を比較すると、蜂蜜酒は濁っていて、アルコール度は低い弱い酒だが、特有の香りがある。一方、サトウキビ酒は澄んでいて、アルコール度が高い強い酒になる、という。

パレ人のサトウキビ酒については、ラスワイら(4)の報告がある。それによると、ソーセージノキの果実の繊維を使うときに、ギクユ人のように茹でるのでなく、果実を焼いて皮を除き、繊維の部分を取り出す。果実を薄切りまたは縦割にして一晩水に浸け、取り出して太陽で乾かし、次にすでに酒になっているものの澱《おり》（多くの酵母を含んでいる）と混ぜあわせ、一晩おく。取り出して軽く洗い太陽にあてて乾かすと、準備が整う。同論文には、ソーセージノキの果実ではなく、ユリ科のアロエの茎の繊維を使う場合があるという注目すべき報告がある。

＊――酵母の由来

はじめて使用するヒョウタンやムラチナには酵母はほとんど存在しないはずである。アルコール発酵を支える酵母はまずどこから供給されるのだろうか。蜂蜜そのものに酵母が含まれ、生の茎をおろして採るサトウキビ汁にもサトウキビの表皮の酵母が持ち込まれる可能性がある。しかし、ここでは、ギクユ人が、酒づくりのヒョウタンに栓をするとき、ムタクワとよぶ特定の種類の木の葉を使うことに注目したい。この葉に酵母が多くついている可能性が高い。

ムタクワの葉（ケニア山麓）。

ムタクワは、同定の結果、キク科のヴェルノニア・アウリクリフェラ（*Vernonia auriculifera*）であった。葉は、幅一〇〜一五センチ、長さ三〇センチほどあり、葉の裏に白い毛が密生している。はるか西のコンゴ民主共和国の熱帯雨林で、ソンゴーラ人が酒づくりをするときに、稲籾《いなもみ》やトウモロコシにカビつけをする際、籠《かご》の内側に敷いていた大きな木の葉が、ムタクワと同じヴェルノニア（*Vernonia*）属の木の葉であること[1]はことに興味深い。葉の裏の毛には、酵母がついていることが多く、それを積極的に利用している可能性が考えられる。

＊——地酒づくりでの、バイオリアクターの活用

前述のように、ケニア山麓のギクユ人は、ソーセージノキの果実ムラチナを酒づくりに不可欠のものとみなしている。それでは、微生物学的には、ムラチナにはどのような機能があると考えられるだ

ろうか。

アルコール発酵を担う酵母は、糖分をアルコールと二酸化炭素に変えるのだが、糖分を食い尽くしたり、高いアルコール分にさらされたりして、アルコール発酵が進んだ酒のなかでは酵母もしだいに弱り、やがて死んでゆく。そこで、そうなる前に酒から取り出すことで、酵母は胞子となって生き残る。酒に入れたままにしておくとむしろ酵母は弱る。(2) アルコール発酵が止まると、アルコールを食べる酢酸菌などが繁殖してしだいに酒は酸っぱくなってくる。この間に、酵母の死骸は通常容器の底に溜まる。ところが、ムラチナが容器内にあると、多孔質のムラチナに多くの元気な酵母が付着する。これを空気中で干すことで、酵母は乾燥に耐える胞子の形となり、一方、酵母以外の嫌気発酵する微生物は乾燥には耐えられない。このムラチナを酒に戻すと、酒のなかに糖分があれば、酵母はふたたびアルコール発酵を続けることができる。酒博士は語らなかったが、酒を長く持たせるときには、炉の熱から遠ざけ、必要に応じてまた糖分と熱を加えることで、ムラチナ上の酵母が活発に働き出すというコントロールが可能なのであろう。これは、ケニア山の中腹の冷涼な気候であればこそ実現されている条件にちがいない。

これまで、酒づくりでは、酵母や糀《こうじ》の供給源としてのスターターはなにかという議論が盛んになされてきたが(吉田一九九三、など)、ここではバイオリアクターという概念を検討してみたい。これは、新しいバイオテクノロジーの四つの技術の一つで、酵素や微生物などを、多孔性セラミックやセルロース、キチン、寒天など天然高分子に付着させて固定化し、反応器に入れたものである。ビール酵母を固定化した場合、従来の発酵タンクに比べて、非常に高濃度の酵母を用いた発酵をおこなうことができ、発酵期間の大幅な短縮が可能。さらに、酵母菌体と発酵液の分離が容易で、長期間の連続発酵が可能という大きなメリットがある(2・3)とされている。

その意味では、ムラチナにかぎらず、タンザニアのパレ人がサトウキビ酒をつくるときに、アロエの茎の皮をむいて中の部分を木や石でたたいて潰したものを二日間水に浸け、取り出してよく洗い、すでにできている酒に一晩つける(4)という技術がある。また、ピーターソン(6)によれば、サトウキビ酒はコンゴ盆地の東部で広くつくられていて、未同定の種の樹皮や葉と混ぜて六時間くらいおき、濾過して飲むという。佐藤廉也によれば、エチオピアのマジャンギル人では、蜂蜜酒オゴルがつくられる際に、「マメ科やムクロジ科などの特定の木の樹皮のおがくず」を水で念入りにもみ洗いした後に炒ったものを使うという(7)。

いずれも繊維質のものに酵母を付着させ、水で薄めた蜂蜜やサトウキビ汁に入れることですみやかに酒ができるという知恵であった。東アフリカの蜂蜜やサトウキビでつくる酒のなかに入れる繊維質の物質は、まさに、われわれが近代発酵化学で発見したバイオリアクターを在来の技術から見つけ出し、伝承してきたものであったと見なせるのではないだろうか。

安渓　貴子

〈参考文献〉
（1）安渓貴子　二〇〇三「熱帯アフリカのハチミツ酒の系譜――ケニア山麓での調査から」吉田集而編『酒をめぐる地域間比較研究』JCAS連携研究成果報告四、四七～六三頁
（2）石川雄章　一九九五「酒造の科学」吉澤淑編『酒の科学』一〇～六〇頁、朝倉書店
（3）児玉徹　一九九七「近代的な微生物利用工学」児玉徹・熊谷英彦編『食品微生物学』一九一～一九五頁、文永堂出版

(4) Laswai, H. S., A. M. Wendelin, N. Kitabatake, and T. C. E. Mosha 1997 The Under-exploited Indigenous Alcoholic Beverages of Tanzania: Production, Consumption and Quality of the Undocumented "Denge", *African Study Monographs*, 18 (1) : 29-44
(5) Noad, T. C. and Brinie, A. 1989 *Trees of Kenya, Nairobi*: T. C. Noad and A. Brinie
(6) Peterson M.S. 1965 *Food Technology in the world*, Westport Connecticut: AVI Publishing Company.
(7) 佐藤廉也　二〇〇三「森林焼畑農耕民の酒造りと飲酒の機能――エチオピア西南部の事例を中心に」吉田集而編『酒をめぐる地域間比較研究』ＪＣＡＳ連携研究成果報告四、一八三〜二〇二頁
(8) 高見早苗　一九九六「ケニアで見た養蜂」『ミツバチ科学』一七巻二号八一〜八四頁
(9) 吉田集而　一九九三『東方アジアの酒の起源』ドメス出版

西部ユーラシアの酒

マフアの花を干す。北インドのビハール州にて（永ノ尾信悟）

東スラブの清涼飲料、クワス

＊――ロシアの食事文化とクワス

私がはじめてロシア、かつてのソビエト連邦を訪れたのは一九七四年の夏のことである。ロシア民謡詩の文体と構造に関心を持っていたものの、当時の私はまだロシアの地を踏んだことがなかった。現在と違ってソ連はいまだに遠い国で、簡単に行けるところではなかったのである。私は、博士課程に入学した年の夏に、ロシア語教師のための国際ゼミナール参加者、という資格でモスクワで一カ月を過ごす機会を得たのだった。八月のモスクワは意外に暑く、湿度も低いこともあって、町を歩いていると無性に喉が渇く。そんなときに街角でよくクワス売りのタンク車に出くわした。通りに車を止めて、ビールのジョッキのようにばかでかいガラスのコップでクワスを売っているのはたいてい年配のおばさんで、こちらがクワスを飲んでいるあいだ、「うちの息子がぐれちまってね、困ってるんだよ」といった愚痴をこぼしている。こちらもジョッキのクワスの量が多いので、飲み干すまで彼女の愚痴に長ながとつき合わされることになる。はじめてのモスクワの夏の思い出は、こうしておばさんの愚痴といっしょに飲んだクワスの味と奇妙に重なり合っている。

さて「クワス」という語で現在ふつうに日本で紹介されているのは、ライ麦あるいは大麦の麦芽と、ライ麦粉あるいは黒パンの乾パンを原料とし、味つけのために砂糖、ハッカなどをこれに加えたものを発酵させてつくったものである。軽い酸味とアルコール分を含み、色は黄金色から茶褐色まで製造過程や添加物の違いによって若干幅がある。一般にロシア特有の清涼飲料とされ、日本のロシア・レストランでも飲めるが、あとで述べるようにウクライナ、ベラルーシにも知られている。

クワスという名称は語源的には「発酵させる」という意味のスラブ語の動詞語根に由来し、ロシア語の形容詞キースルィ kislyj（酸っぱい）、さらにはラテン語のカーセウス cāseus（チーズ）などと同根である。そして、クワスという語そのものは東スラブだけでなく、スラブ諸民族に共通して見出され、共通スラブ語時代からおそらく＊kvasъという語形で知られていた。

九世紀以降、スラブ東方正教会の教会文献に用いられた教会スラブ語（中世ブルガリア語）の語彙《ごい》にも「酵母、パン種」「発酵させたアルコール性飲料、酒」などの意味で現れている。後者の意味での用例は、たとえばルカ伝一章一五節の「また葡萄酒と濃き酒とを飲まず」で「濃き酒」をtvoreny kvasと訳している箇所に見出される。この場合もそうだが、教会スラブ語における「クワス」はこの意味で用いられるときはしばしばギリシア語のスィケラ（σικερα［葡萄酒以外の］「酒」、ヘブライ語shakarより）の訳語である。しかし一一世紀半ばに書かれたロシア最初の翻訳文献である『オストロミール福音書』ではギリシア語のスィケラがスラブ語で「ビール」を意味する語であるオル olъを用いて訳されていて、この時代の「クワス」が現在のロシアのクワスとは必ずしもおなじものではなかったことが推測される。

これらの教会スラブ語の語義は中世ロシアにも受け継がれるが、現在のスラブ諸語では「クワス」の語に飲料の意味を保存している例は少なく、むしろ前者の「酵母、イースト」の意味が一般的である。たとえば南スラブ語ではもっぱらこの意味で、その中のブルガリア語でも中世にはあった「酒、発酵性飲料」の意味は失われている。また西スラブ語では「酸っぱさ」の意味などでも用いられている。その中のスロヴァキア語やラウジッツ語では転義的に「婚礼の祝宴」の意味でも用いられているが、これは飲料の「クワス」ではなく「イースト」の語義に由来するもので、イーストがパン生地をふくらます性質を持っていることから、これが婚礼で豊穣、収穫、多産、妊娠、出産などを象徴する呪術的機能を担うことによる、とシニーワイスは説明している。

さて「クワス」の語は一二世紀初頭に書かれたロシア最古のオリジナルな記述文献である『原初年代記』にすでに飲料の意味で用いられているが、それが現在のクワスと同じものであるかどうかは明らかでない。しかし用例を見るなら、中世ロシアで「クワス」の名でよばれているものには、現在のクワスに近い発酵飲料と、かなり強いアルコール飲料の二種類があったように推測される。中世ロシア語でクワスの派生語クワスニク kvasnik が「酔っ払い」の語義を持つからである。いずれにしても教会スラブ語での「発酵させた（アルコール性）飲料」の意味を継承して、中世ロシアの時代からクワスという名の飲み物が飲用に供されていたことは確かなようである。それはいわゆる「クワス」がロシアのみならず、ウクライナ、ベラルーシなどのほかのすべての東スラブ諸民族に知られていることからも裏づけられる。またこの語は現在の「クワス」の意味で一六世紀には早くもドイツ語に借用されている。

この飲み物はロシア語、ウクライナ語、ベラルーシ語でともにクヴァス kvas とよばれるが、この語はライ麦などからつくられる上述の「クワス」のみを意味するわけではなく、その語源の示唆するように、リンゴ、ナシなどの果実、キイチゴや漿果《しょうか》、野菜などを発酵させてつくった酸味のある飲料をも意味した。ロシア語では穀物あるいはパンからつくるクワスを「穀物クワス」、果実からつくるものを「果実クワス」(ポーランド語の「クワス」は飲料としてはもっぱらこちらを指す)、コケモモなどの漿果からつくるものを「漿果クワス」とよび区別している。たとえば赤ビートの「クワス」は、ウクライナおよびポーランドではボルシチのベースに用いられるが、夏にはこれが得られないときは、ふつうの穀物クワスで代用する。また、オクローシカ okroshka とよばれるロシアの肉と野菜の冷やしスープは、もともとクワスをベースにしたものであり、中部ロシアではこのスープそのものがクワスとよばれることがあった。またボトヴィーニャ botvin'ya とよばれるロシアの魚と野菜のスープもクワスをベースにしていた。

＊——穀物クワス

さて、狭義の東スラブのクワス、すなわち穀物クワスはというと、これは基本的には穀物あるいはその加工品を原料とするものだが、その製法によって、麦粉からつくるもの、破砕した乾パンからつくるもの、麦芽を用いるものの三種類に分けられる。以下、その製法を見ていこう。

まず最初の製法から。北部ロシア旧ヴォログダ県ではスローイ suloj とよばれる特殊な飲料が知られているが、これは燕麦粉を水に溶いてつくるもので、これはそのままではまだクワスではないが、このような粉汁を大麦粉あるいは大麦の糠《ぬか》でつくり、イーストで発酵させるとクワスとなる。これはふつうのクワスとは異なり、白っぽい色をしているので「白クワス」ともよばれた。クワス最古の形と考えられているこのようなクワスは、かつては東スラブの全域で燕麦粉、大麦粉、ライ麦粉を原料としてつくられたが、現在ではまれにしか見られない。このタイプのクワスはスローヴェツsurovets、スィローヴェツsyrovetsともよばれ、ウクライナ語のスィリーヴェツィsyrivets'に対応する。この呼称は「生《なま》の」という形容詞語根に由来するが、以上のようにこの呼称でよばれるものは、以下の第二、第三の製法とは異なりその過程に煮沸や熱湯の添加をともなわないからである。

第二の製法は、もっとも一般的なもので、破砕した残り物の乾パンからつくるやり方である。ウクライナでは乾パンはイーストを入れないライ麦パンを用いるのがふつうだった。この場合はこのライ麦パンを乾かしたものを桶《おけ》に入れ、熱湯を注いで六時間発酵させ、撹拌してから場合によってはさらにライ麦粉を加え、一昼夜おいてイーストで発酵させる。発酵しはじめたら冷たい水を加えて少しおくとクワスができる。

乾パンを用いた別の製法は、イーストで発酵させたパン生地から乾パンをつくるもので、ベラルーシおよび南ロシアに知られている。ベラルーシではライ麦粉をこねて、二、三日おいてから、黒パンを焼く。ちなみにこの乾パンの原料となるライ麦パンは「クワスニクkvasnik」という特殊な名称でよばれた。このクワスニクを細かく砕いてから乾かしたものを冷たい水とともに桶あるいは袋に入れておくと一週間でクワスができる。ここに蜜や蠟《ろう》を加えて味を整える。ベラルーシではこのパンを焼くときに、ライ麦粉に茹でてすり潰したジャガイモを加えることがあった。

クワスの第三の製法は、麦芽を用いるもので、元来はとくに北ロシアに分布しており、実質的には弱いビールに近い。大麦かライ麦からつくった麦芽をときに大麦粉あるいは大麦の糠と混ぜたものに熱湯を注ぎ、煮てから一晩火を入れたペチカに入れておく。こうしてできた液体はプリーゴロヴォク prigolovok とよばれる。これを冷たい水の入った桶に移すと発酵がはじまる。発酵し終わったら細かい目のふるいでこし、地下蔵に保存する。私は一度西シベリアの農村でこのタイプのクワスを飲んだことがあるが、アルコール分はかなり高かった記憶がある。

＊――空気のような必需品

以上のようにしてつくられるクワスは、かつてロシアの農村の食生活には欠かせない飲み物であった。クワスとパンとサワー・キャベツはかつての農村では斎戒期に可能な唯一の食事であった。「パンとクワスで過ごす」というロシア語の成句は「食うや食わずの生活をする」という意味で用いられる。

クワスは農村だけで飲用に供されていたわけではない。プーシキンの韻文小説『エヴゲーニイ・オネーギン』では地方地主のラーリン夫妻について「彼らにとってクワスはまるで空気みたいな必需品」と語られている。ちなみに一九世紀のロシアでクワスが酒ではなく清涼飲料とみなされていたことは、プーシキンの小説『大尉の娘』に、主人公グリニョーフを下男のサヴェーリイチがさとす次のような表現があることからもわかる。「確かにお父様もお祖父様も飲み助じゃないし、もちろんお母様は論外です。生まれてこのかたというものクワス以外は一滴も口には入れられたことはございませんから」

製法が簡単なためにロシアではクワスは家庭でもつくられ、夏に冷やしたものを飲む。中世以降ロシアではクワスニツァ kvasnitsa とよばれるクワス工場やクワスニク kvasnik とよばれるクワスづくりあるいはクワス売りが知られていた。農村では桶などで保存していたが、『原初年代記』の用例でも樽《たる》に詰めたクワスを運んでおり、中世からその保存の仕方はそう変わっていなかったであろう。一八世紀末から都市にはクワスニクとよばれる陶器のクワス保存のための容器が現れる。一九世紀のペテルブルグやモスクワなどの大都会では夏のクワス売りは風物でもあった。最初に述べたようにソビエト時代は工場などで大量に生産されたクワスをタンク車でジョッキ売りする光景が大都市では見られたのだが、最近ではなぜか見かけなくなった。「市場経済への移行！」というかけ声のもと、コーラやファンタが街角にあふれるようになったこの頃、もはやクワスはダサイ飲み物になってしまったのだろうか。だとしたら、淋しいことである。九四年の七月に西シベリアの農村を訪れた際に、久しぶりにロシアの手作りのクワスを飲んだ。酷暑の夏に飲み干したクワスの味は忘れられない。

　最後にフランスの神話学者デュメジルらが唱えている、ゲルマン神話に登場するクヴァシル kvasir とこのスラブ

19世紀初頭のペテルブルグのクワス売り（雑誌『幻燈』1800年より）。

語のクワスとの語源的関連についてつけ加えておこう。クヴァシルはアース神族とヴァン神族とが長い戦いの後で和平を結んだときに、彼らによっていっしょに同じ壺の中に吐き込まれて入り交じった唾液《だえき》から生まれた人間である。デュメジルは『ゲルマンの神々』(松村一男訳、国文社)で次のように述べる。

『詩人のことば』に語られているクヴァシルの誕生と死を振り返ってみよう。敵対する神族間に和平が締結されると、両陣営は同じ壺に唾を吐き、この「平和の誓い」から神々によってクヴァシルという超越的・圧倒的な知恵を有する人間がつくり出される。この男は世界中を旅して回るが、二人の小人が彼を殺し、その血を三つの容器に分け、それに蜂蜜を混ぜて「詩と知恵の蜜酒《ミード》」をつくり上げる。それから小人たちは、だれもクヴァシルに質問してその知恵を減らしてやらなかったので彼は知恵で窒息して死んでしまった、と神々に伝える。

この伝説に登場するクヴァシルの名の解釈は、長らくおこなわれてきている。シムロック以来、ハインツェル、モークによっても、それはスラブ人のクヴァスと関係する酩酊《めいてい》飲料を固有名詞化したものであるとされた。詩と知恵の蜜酒が、成分として「そのもの」を持つのは自然であるし、同様に潰した野菜を発酵させてつくる飲料(デンマーク語およびノルウェー語方言のクヴァス kvas は「潰した野菜、その発酵汁」を意味する)が、唾によって発酵させられるというのも自然である。

もしこの語源解釈が正しいとすれば、ゲルマン語のクヴァシルと語源的に関連するのは東スラブの現在のクワスではなく、むしろ教会スラブ語の語義に現れる「酒」であり（教会スラブ語の「クワス」にはデュメジルが引いているゲルマン語のような「野菜クワス」の意味はない）、これが共通スラブ語時代にゲルマン語と関連を持った、ということになろう。これは興味深い仮説ではあるが、東スラブのクワスは神話や儀礼との関連をまったく持たない。ちなみにラトヴィアには東スラブのクワスを思わせる黒パンの乾パンを材料にしたスープが知られているが、バルト語にはスラブ語の「クワス」の対応形はない。

伊東　一郎

オーストリアのリンゴ酒、モスト

*——ブリューゲルの絵

ブリューゲルに、「農民の結婚式」と「農民のダンス」という作品がある。どちらも村の楽しい祝祭の風景を描いたもので、男と女がガヤガヤと声をあげ、ブカブカというダンスの音楽が聞こえてくるようだ。音楽師、たっぷりある酒と食べ物は、この絵の重要な構成要素である。その酒は水差し（クルーク）に入っていて、実はその液体がなんなのかはわからないのだが、私は、モストに違いないと思っている。

モストは、リンゴやナシでつくる果実酒である。モストというよび方は、ドイツ南部やオーストリアにかぎられ、ほかではリンゴワインというよび方がある。一六世紀のオランダの画家であるブリューゲルの絵の酒を、私が勝手にモストだと思っているのは、ブリューゲルの絵が私の知っているオーストリアの農村の生活世界に通じるところがあり、そこで祝祭をおこなえば、そのクルークの中の酒はモストでしかありえないと思うからだ。間違っているのかもしれないが、その正誤にはあまり関心がない。私の個人的な鑑賞としてお許し願いたい。

私が数年を過ごしたオーストリアの農村では、たいていの家が果樹を持っている。農家はもちろんだが、勤め

秋の収穫。木の下に落ちているのを拾い集めると同時に、棒でたたいたり、木を揺らしたりして、落ちたリンゴを拾い集める。

人の家でも好んで庭に果樹を植える。もっともポピュラーなのがリンゴで、秋に実った果実からモストをつくる。

　リンゴの果実が大きくなるのは九月に入ってからである。一〇月に入るとその実は自然に地面に落ちてくる。リンゴの収穫は、木の下に落ちている果実を拾い集めるとともに、まだ木についているのを棒でたたいて落としたり、あるいは木に登って揺らして落とし、それを拾い集めるのである。樹木を棒でたたいたり木に登ったりするのは、若いお父さんか少年の役目で、落ちたリンゴを拾い集めるのはおばあさんやお母さんの仕事である。そのそばで、小さな子どもが追いかけっこをしている姿を見る。リンゴ拾いは、収穫祭も終わってから、家族でゆったりと楽しむ秋の一日の仕事である。

　日本では一つ一つの花に筆を使って受精させ、小さな実を結ぶと袋をかけて育て上げ、最後には一つ一つの果実を手でもいで収穫するのだから、ずいぶんと違うものだ。こうして育てられた日本のリンゴにくらべて、ほとんど手のかかっていないヨーロッパのリンゴの果肉は、硬くしまっていて小さく、酸味も強い。それでも彼らは、日本人よりはるかに無駄なくリンゴを食べつくす。生食するときには、皮ごとかじるのがふつうである。皮をむき、ナイフで小さく切るのは歯のなくなった老人だけだ。リンゴは町を歩きながら、あるいは乗物の中で、健康で手軽なおやつとして好まれる。驚いたのは最後に残す芯の小ささである。友人が食べ終わって道路に投げたのは、種と軸だけで、ごみにもならなかった。

ただし、生食する果実の数は、全体からみればごくわずかである。大部分のリンゴはモストに姿を変えて地下室に貯蔵されることになる。モストは自家製の酒なのである。このとき、たいていはリンゴとナシ（西洋ナシ）を混ぜてモストにする。家によってはリンゴだけ、ナシだけのモストもつくるという。その場合は、リンゴモスト（アップフェルモスト）、ナシモスト（ビルネンモスト）とよぶ。ただし、ナシだけのモストをつくるほどナシの樹を多く持っている家には、まだ出会ったことがない。

＊——モストづくり

モストはリンゴのワインといわれるように、基本的にはワインの製法と変わらない。果実を圧縮してその汁が時間とともに発酵するのを待つ。果実の圧搾には、専用のプレス器を使う。この圧搾器を、農家ならどの家でも必ず持っている。勤め人でも持っている場合もあり、持っていない家では毎年決まった家のを使わせてもらうことにしている。使用料はできたモストで払う。果樹の少ない家庭の場合、数軒が組になってモストづくりを一回おこない、それを分けあうという場合もある。

プレス器は、古くは木と石を組み合わせた大がかりなものだった。使われなくなったプレス器が農家の納屋の裏においてあるのを目にすることもしばしばある。現在、一般に使われている器具は、トタンと鉄を組み合わせた小型のものだが、その機能は古いものとほとんど変わりない。まず、果実を丸ごと器具にかけて芯や種、皮もあわせて粉砕する。それを圧搾してジュースだけをとり、それを樽《たる》に移して発酵を待つ。一〜二週間で、発酵が充分でない段階の甘いジュースのようなモストができる。これを「ジュースモスト（甘いモスト）」とよんでいて、この時期にしかないものだから、この季節に家々を訪れるとよくふるまわれる。飲んでみると、口あたりはよいが、すぐ悪酔いしそうになる。高い糖分が胸に残ってそう感じさせるものらしい。さらに数週間以上おいて充分発酵したものが、モストである。

現在の型のプレス器。果実を丸ごと潰して粉砕し、ジュースを取り出す。

古い型のプレス器。

モストを入れた樽はモスト樽（モストフェッサー）、それを保存する地下室はモストケラーとよぶ。ケラーの中は一定の温度が保たれていて、そこでほどよく冷えたモストは喉に心地よい。農家では一年くらい前のものを口にすることが多いようだ。飲むたびごとに水差し（モストクルーク）を持ってケラーにいく。樽の栓をひねって受け、食卓に運ぶ。山吹色のモストは、コップのまわりがうっすらと曇るくらいに冷えていて、酸味と果実の甘みが調和し、すっきりとした味である。リンゴをしぼるだけだから、どこで飲んでも同じかと思うと、決してそうではない。オーストリアの中でも地方によってずいぶんと味が違うのに驚いたものだ。また、同じ村の中でも微妙に味が違う。充分陽にあたった果樹からつくったモストは、果実本来の甘みが充分発揮されたおいしいモストになるようだった。

＊――もてなす喜び

農家を訪れると、だいたいモストを飲ませてくれる。日本の農村でお茶を出してくれる気安さに似ている。山の農家を訪れるときは二時間くらい登っていくことになるから、これはたいへんありがたい。歓待してくれるときは、うちのソーセージの味をみていけ、といって自家製のソーセージとパンも出される（口絵）。こういうとき、ふつうは食器を使わない。切ったパンの上にソーセージを載せてテーブルの上にじかにおく。左手にソーセージをつかみ、右手にナイフを持って固いソーセージを削り、ときどき脂っこくなった喉をパンとモストでさっぱりさせながら食べるのである。モストの酸味は、ソーセージやベーコンの脂質を流してくれて、食欲をそそる。あちこちの家でごちそうになっていると、だいたいその家のモストとソーセージの味がわかってくる。話がはずむと、シュナップスを持ってくることもある。これはモストをつくるのと同様の果汁を厳冬期に二晩くらいかけて数回蒸留させた果実の焼酎で、やはり自家製である。家ごとの味の違いは、こちらの方に顕著に現れる。だいたい家の男性がつくるものだから、どの家の主も、自分の家のがいちばんおいしいと思っている。ただし、モストにシュナップスまで重ねては、帰路があぶない。

モストの魅力は、ケラーから出してきたばかり、というところにある。時間がたつとその味は極端に落ちるから、これはここでしか飲めないものだと思って、ありがたくいただくことにしている。これに対して、シュナップスは小瓶《こびん》に分けてどこにでも持っていくことができる。工場で密閉されたビールやワインは商品の臭いがする。これに対して、モストは干し草や燻製肉の匂いの混じった空気の中にある。

別言すればモストは売れない酒である。どの家でも自家用につくっているだけだ。これがワインと対照的である。ブドウ栽培の気象条件は、リンゴとくらべるとはるかにかぎられていて、オーストリアではドナウ河畔が有名である。ブドウ栽培ができるところでは、歴史的にかなり早い時期からブドウがほかの作物を駆逐して、ワイン生産に特化してしまった。モストは「ブドウができない地方」の商品価値のない酒なのである。

このことがモストに、自家でつくったものにだけそなわっている豊かさとでもいうべき味を与えている。モストについては、ふるまう方でもふるまわれる方でも、いくらでも好きなだけという了解があるように思える。それは、オーストリアの農村の人びとの意識の中になお明確に認められる「うちでつくったもの」と「買ってきたもの」との区別と関係するようだ。強いていうなら、本来そこに属するものによって供応する意識とでもいえるだろうか。理屈っぽくなるのを覚悟のうえで言い直すと、その家で——土地と人間と家畜とで——一年の生活のうちに生み出され、消費される循環の内部にあるということだ。「買ってきたもの」は、その循環からはずれていてマークされる。客に対して寛容が示されるのは、前者をもってするもてなしにおいてである。「うちでつくったもの」は、持っている者が持たない者に分け与えるという共通の認識に通じる。こんな話を聞いたことを思い出す。

戦後の一時期、山の大きな農家が順番に家を開放して、毎週日曜日、ミサのあとでダンスをしていたという。村の若者がアコーディオンとバイオリン、クラリネットを演奏し、多くの人が集まってきてそこで夜中まで踊った。その日ホストになった農家は、モストとパンを提供し、お腹がすけばそれを好きなだけ食べて飲んでまた踊った。

こういうダンスの機会は現在ではなくなったが、山の農家の人びとは今でもときどきおたがいを訪問して、もてなしを大切にしている。私が家に入っていくと、すぐにクルークを持ってケラーに行く農家の主人にも、もてなすことの満足があるように思われ、私は、ありがたくご馳走になることにしている。

森　明子

飲み物としてのブドウ、ヨーロッパと日本

*——ワインは酒にあらず

わが国では、古来、果物を「水菓子」とよんだ。菓子とは、嗜好品であって、食事の対象とならない食べ物をいう。日本人の暮らしに、果物は水分の多い食べ物として、食事の外に位置づけられていたのである。

果物を、われわれはいく世代にもわたって「食べ」てきた。人間と果実が、そういう関係であるかぎり、そこに営まれる生活から、果実酒をつくる知恵は生まれない。なぜなら、酒というものは、水を媒介にアルコールを飲用するという共通項を持った「飲み物」であるからだ。

とすると、果実を「飲む」という暮らし方があって、はじめて果物の酒は生まれてくる。そう考えるのが順当であろう。実際、人間は、われわれが日本にいて考えるよりはるかに壮大なスケールで、果物を「飲む」という生活をしてきた。

「飲む」ために利用する果物は、果実をしぼって容易に果汁を取り出せるものにかぎられる。ここでおこなわれる仕事は、破砕と圧搾であるが、それは油をしぼる作業ときわめて類似している。しかも、その原料となる二

つの植物は人類史のもっとも早い段階で栽培化され、同一の風土の植生を形成した。すなわち、ブドウとオリーブである。

人間はいつ頃からブドウを「飲み」はじめたのか。それは、わからない。おそらく、飲み水が容易に得られない乾燥地で、家畜の乳とともに、野生のブドウの果汁を飲料として利用するようになったのであろう。その場面には、遊牧から半農半牧の定住生活へ移りはじめた人たちが暮らしている。これが、ワイン文化の基層となった原風景である。

旧約聖書は、そのような世界を垣間見せてくれる。しかし、ここではワインはすでに在るものとして語られ、いかにしてブドウからワインが生まれたかは知るよしもない。素直に考えて、ブドウが実っているのを見て、だれがそれを「飲もう」と思うだろうか。やはり「食べ」たのである。その水分が喉を潤したとしても、それは「飲む」という行為とは違う。原初、ブドウはまさしく「食べ物」であって、「飲み物」ではなかったのである。

だが、生鮮果実が人間の主食糧となるためには、保存性を高めなければならない。ブドウ、イチジク、ナツメヤシなどの果実は、天日乾燥によって甘味を増し、しかも貯蔵に耐える性質を簡単に高めることができた。レーズンは、そのようにしてブドウが「食べ物」となった姿なのである。

ところが、麦作農耕がはじまると、果物は食糧としての地位を穀物にゆずる。人間が生きていくために必要な「食べ物」を得るために費やす労力とその成果を、エネルギーの収支としてみれば、両者のあいだに格段の差があったからである。乾燥果実《ドライ・フルーツ》や木の実《ナッツ》が食事の主役から降りたとき、飲み水の得がたい乾燥地域に生育していたブドウは、その用途を「飲み物」に転換した。ブドウが「飲み物」となった姿、それが果汁であり、ワインである。

日本という風土に暮らしてきた者たちからすると、ジュースとワインのあいだには、「酔い」を発するか否かによって、決定的な一線がかくされている。しかし、これらの「飲み物」に水を見る人たちにとって、果汁とその発酵した結果であるワインは、本質的に同じものなのだ。変わったのは果実の糖分が分解してアルコールと炭酸ガスになったことであり、それらを溶かし込んでいる基質、水は不変だからである。ワイン文化圏に属する人たちからしばしば発せられる言葉、「ワインは酒にあらず」の思想は、果汁とその自然の変態であるワインを総体的に「飲み物」として意識することから生じている。

ワインは果実が酵母の作用によってアルコール発酵をおこした結果として得られる生成物である。この現象が自然界で生起することはない。見聞し得る類似の現象は腐敗であって、人間の手が加わらないかぎり、正常な酒造に導く発酵を営ませることは困難である。その人為とはなにか。果実を積極的に潰して果汁を取り出すこと、あるいは砕かれた果実が流れ出した果汁に漬け込まれる状態にすること、である。

こうすることによって、そこに在る天然の微生物相《ミクロ・フローラ》の中から、酵母菌が優位に増殖できる環境が与えられたことになる。とはいえ、その果汁がかなりの酸性（pH三・五前後）であることに加えて、二〇パーセント程度の糖分を含有していること、この二つが、ワインづくりにとって必要な条件となる。前者は酵母が旺盛な発酵を開始するまでのあいだ、雑菌の繁殖を抑え、後者は発酵が終わったあと、微生物による腐敗を防止する濃度のアルコール分を約束する。

もちろん、果実に含まれる水分が多く、果汁をしぼりやすいことが、作業を容易にする。こうした要件をもっ

世界最高の辛口ワインを生み出すモンラシェのブドウ畑。奥の方にシュヴァリエ・モンラシェの白い石積みの囲い（クロ）が見える。消毒作業をしているのは、バタール・モンラシェの畑。中央やや奥のゆるやかな斜面がル・モンラシェ。

とも満たしているものとして、ブドウは選ばれた。踏み潰すだけで果汁は得られる。それは自然に発酵してワインとなった。すなわち、ワインはブドウの果汁が保存に耐える安定した状態に移行したものなのである。

＊――ブドウとワイン

地中海周域に栽培されるブドウは、もともとそこに生育していたものではない。フェニキア人やギリシア人、さらにはローマ人によって移植されたものである。彼らはワインを得るためにブドウを栽培し、自身の飲料とするほか、ヨーロッパを北進する交易路の開拓に、これを用いた。

しかし、ブドウ畑の開墾がフランス、ドイツからイギリスにまでおよんだのは、およそ二〇〇〇年前、ローマ人の侵攻によって、ヨーロッパ中部、北部の諸民族の文化に、ラテン系民族の文化が上位の関係で複合していったからであった。と同時に、それはブドウ樹の自然環境に対する適応力の、すぐれて大きなことを抜きにして語ることはできない。

地球上に分布するブドウ属のうち、醸造原料として利用されるものの大部分は、ヴィティス・ヴィニフェラ

(*Vitis vinifera* ワインをつくるブドウの意。俗にヨーロッパ系ブドウとよぶ)に分類される。これら一群のブドウの原産地は、黒海とカスピ海にはさまれたカフカス山脈南麓一帯といわれている。ここから西へ伝播したものが、今日、ヨーロッパ各国のワイン産地を形成した。

一方、シルクロードを東漸したものの一部は、中国から海を渡って日本へ達した。江戸時代、本草書の知識に加えて、自らの経験と各地を訪れて見聞した事実によって執筆した宮崎安貞の『農業全書』(一六九七)には、

「ぶだう、是も色々あり。水晶葡萄とて白くすきわたりてきれいなるあり。是殊に味もよし。又紫、白、黒の三色、大小、甘き酸きあり。ゑらびてうゆべし。(後略)」

とあって、当時、いく種類かのブドウが栽培されていたことがうかがわれる。

また、『本朝食鑑』(一六九五)、『和漢三才図会』(一七一五)は、ブドウの産地として、甲州、駿州、京師および洛外、武州八王子、河州富田林などの名をあげ、『農業全書』の記述と呼応している。

棚づくりは日本固有の栽培法ではない。イタリア、ポルトガル、チリ、アルゼンチンなどに見ることができる。株仕立てや垣根式の栽培法が一般におこなわれるようになる以前、つる性のブドウはポプラやオリーブなどの立木に絡ませて、伸びるにまかせていた。収穫を安定させる剪定がおこなわれるようになって、今日のブドウ畑の景観が現れたのである。

ところが、明治維新後、果樹栽培の技術をヨーロッパに学んだ福羽逸人《ふくばいつと》は、大著『果樹栽培全書』（一八九六）の中で次のように述べている。

「本邦在来ノ葡萄樹ニハ種類甚ダ多カラズ。（中略）従来京都ニ聚楽葡萄ト称スルモノアリ。其性質ハ甲州葡萄ト仝一ニシテ敢テ異ル所ナシ。唯其果皮黒色ヲ呈シ白粉を被ルノ差アリ。故ニ此種ハ甲州葡萄ノ一分種トシテ可ナリ。サレバ本邦ニハ以上二種ノ園生アルノミ。予ハ此他ニ未ダ異種ヲ見聞シタルコトアラズ。」

約二〇〇年のあいだに、在来のブドウ品種は特産品として名声を維持した甲州種を別として、絶滅していった、ということであろうか。京都にあった聚楽葡萄は、中国の品種「竜眼」とみる説が有力で、これは長野市周辺でも「善光寺葡萄」の名で現在も栽培されている。

福羽逸人はヨーロッパ留学の直前、農商務省農務局が直轄する「播州葡萄園」の園長心得の職にあった。この施設は、明治維新政府のかかげた近代国家建設のスローガン「殖産興業」を、農業政策の面で具体化したものであった。すなわち、ワイン醸造を目的としたブドウ農業の育成である。ここには欧米から多数の品種が集められ、好適品種の選抜、苗木の生産と配布、試験醸造などがおこなわれた。

こうした事業が強力に押し進められた背景には、農業生産を高めるために開墾地における果樹農業を振興する構想と、飯米を確保するため清酒に代わる酒類を生産する必要とが、ブドウという作物において結合したことがあった。しかも、日本在来の「水菓子」に供するブドウは、ワイン原料として不適という盲信があった。そのため海外から一〇〇をこえる品種が、醸造用に導入されたのであった。

この中には、北アメリカ大陸ニューヨーク州一帯を原産地とするヴィティス・ラブルスカ（*Vitis labrusca*）

に属する品種が多数含まれていた。アメリカ系ブドウは、ヨーロッパ系ブドウにくらべ、特有の強い芳香を発するため、醸造すると、きわめてアロマの高いワインとなり、食卓に供するには、料理との調和が取りにくい。そのため、嗜好飲料としてジュースの原料には盛んに利用されているが、ワイン用ブドウとしての用途は、地域的にかぎられている。

しかし、明治初期、このような事情は知るよしもない。加えて、アメリカ系ブドウにフィロキセラという害虫が寄生していることも予期せぬできごとであった。その寄生虫は一八六〇年代から八〇年代にかけて、ヨーロッパのブドウ園を潰滅させるほどに猛威をふるった。その害虫が、明治一八年（一八八五年）、日本でも発見され、ようやく日本各地に定着しはじめたヨーロッパ系ブドウを襲った。「播州葡萄園」も惨憺たる状況に陥り、ワイン醸造の夢は破れた。

以後、わが国におけるブドウ農業は、フィロキセラに抵抗力のあるアメリカ系ブドウを生食用に栽培することで発展してきた。ヨーロッパでは、アメリカに野生していた免疫性の強いブドウを台木として、醸造好適品種をこれに接ぎ木して復活させた。

最近、わが国でも、こうした苗木をふたたび導入して、高品質のワインを醸造する努力が各地ではじまっている。よいワインは、すぐれた資質のブドウを、その栽培地の自然的条件の中でいかに育て、充実した果実を収穫するか、換言すれば、銘醸ワインは人間の営為が生み出すもので、はじめに銘醸地たる風土が運命づけられて存在しているわけではない。

麻井　宇介

ビールと大麦

*――麦秋の思い出

昭和一〇年頃、私の家は東京の中野区にあったが、まわりは武蔵野の面影を残す雑木林やケヤキの大木に囲まれた農家が点在し、そのあいだには一面の麦畑や野菜畑が広がっていた。

冬には霜柱が五センチ以上も表土を持ち上げ、やがて、乾燥した日がいく日もつづくうちに、畑の土はからからになって、風が吹くと粉をはたいたように舞い上がった。野良着に頬かむりをしたお百姓さんが、両手を後ろに結んで、うつむきかげんに、空っ風の中を黙々と麦を踏んでいた。

梅雨入り前、麦秋の畑は黄金色に色づく。刈り入れ前の畝のあいだに身をひそめて追いかけっこする遊びは、芒《のぎ》が目に刺さって失明すると叱られた。それでも子どもたちは麦の穂をかき分けて走りまわった。

その頃、穂の形状の違いはだれだって見分けられたし、それが大麦と小麦の区別となることも知っていた。けれども、なぜ「大」であり「小」であるのか。それはだれにもわからなかった。

そうした中に、ひときわ背の高い穂が生えそろって、初夏の風が渡ると美しく波を打つ特別の畑があった。麦に違いなかったが、穂につく一粒一粒が軸の両側に向き合って整然と並んでいる。ほかの麦は穂軸の四方から着粒しているのに、こちらは長い芒を持った太めの粒が二条の列をつくり、全体としては扁平な、一見してそれとわかる姿をしていた。これがビール麦だと、いつだれに教えられたか。その記憶は「雲雀の巣がビール麦の畑にあったよ」と母に告げた自分の言葉の中にしか残っていない。

のちになって、モルト・ウイスキーの原料とする大麦の品種を選ぶ仕事にかかわったとき、北海道に残っていた春播きの品種、シュヴァリエの穂が頭を垂れて、突き立つ芒の鋭さを内側へまるく収めてしまう（それゆえに「穂曲がり」と俗称されていた）特異な風姿に心がひかれた。成熟した畑に風が立ち、淡い麦わら色がほとんど銀灰色に見えるほど陽に映えて輝く光景は、この麦を優美と印象づけずにはおかなかった。

ビール麦。一般に大粒で、デンプン含量が多いという特徴がある。

＊——シュヴァリエとビール麦の歴史

シュヴァリエは、ビール麦の歴史に一時代をかくした品種である。それは一八二六年、イギリス、サフォーク州の一人の農夫が野生の麦の穂を取ってきて自分の家の庭に播いたところからはじまる。彼の地主であるジョン・シュヴァリエが一風変わったこの美しい麦に偶然目を止めた。そして栽培させることにしたのである。

その結果は思いがけぬものであった。品質も収量も従来の麦よりすぐれていた。しかも麦芽に加工する最適の性質を備えていたのである。そのため、ビール醸造用の大麦として数年のうちにイギリス全土で用いられるようになった。

ここにいうビール麦としての適性について、もう少し触れておく。シュヴァリエが高く評価されたのは、栽培面での豊産性と大粒品種（単位粒数の目方が重い）であったことに加えて、醸造面での加工のしやすさにあった。これは、ビール生産の歩留まりがよく、できあがったビールの味もよい、ということである。

なぜか。歩留まりがよいということの一因は、原料大麦にどれだけ多くデンプンが含まれているかにある。デンプンが転化して糖となり、次に発酵してアルコールとなるからである。それには、穀粒中のデンプンがほかの成分との比率において、より高くなければならない。この点で大粒であることがビール麦として好ましいという意味に通じる。

大麦は、穂軸に対し六方から穀粒が結実しているもの（六条種）、このうち一対が退化したもの（四条種）、二対が不稔となり残る一対が肥大したもの（二条種）、とに分かれる。いずれも醸造原料とすることはできるが、一般にビール麦といえば二条種をさす。それは大粒であることにもう一つの意味が込められているからである。

酒は穀類や果実などのデンプンや糖分が、酵母の営むアルコール発酵に利用された結果として生まれる液体である。しかし、大麦の酒がなぜビールであり、稲の酒がなぜ清酒であるのか、あるいは、なぜブドウからビールはできないのか。それは、それぞれの酒の「らしさ」（ビールのビールらしさ、ワインのワインらしさ）が醸造技術によって賦与されるものである以上に、原料である麦、米、ブドウ、それぞれの成分に由来するからである。

これは、「らしさ」の中にある洗練の度合いについてもいえることである。銘醸ワインがブドウの品種と、それが収穫される畑に強く引きつけられるのは、果実の成分を律する力がそこから発しているためなのだ。ビールの品質もまた大麦の成分と深い相関関係で結ばれている。にもかかわらず、それがブドウの場合ほど話題とならないのは、麦芽をつくる工程や糖化液を調整する段階で、ある程度の修正が可能だからである。けれども、なぜ、ビール麦とよばれる品種が存在するのかといえば、それはデンプン含量にくらべて窒素化合物の割合が少ない麦からつくるビールが、概して洗練された酒質に仕上がったからで、ここにも二条種が選抜された理由があったのである。

シュヴァリエのすぐれた性質には、イギリスのビール、すなわちエールをつくる上で使いやすい麦芽となった点もあげておかねばならない。それは糖化の際のデンプンの溶解のしやすさである。エールは、ドイツ式のビールと違って、麦芽のデンプンを煮沸して液化するという操作をしない。六〇度から七〇度の湯水でデンプンをすみやかに溶出させる仕込み方法（これをドイツ式のデコクション法に対しインフュージョン法という）を取るため、麦芽中のデンプンが半透明で硬い石英状から白くてもろいチョーク状に変化していなければならない。麦芽製造中のこの変化をトケ（modification）という。シュヴァリエは、当時使用されていたビール麦よりトケがよかったのである。そして、それゆえにシュヴァリエは歩留まりにおいてもほかの品種を圧したのだ。

しかし、この名麦を今ビール麦の畑に見ることはできない。「プロクター」、「ゴールデン・プロミス」などの後継品種にその座をゆずったからである。日本では明治期に導入された「ゴールデン・メロン」が長いあいだビール麦の主役であったが、これもビール各社が育成した新品種、「あまぎ二条」、「はるな二条」などに移行している。

＊――ビールはなぜ大麦を選んだのか

こうしてみると、ビールの歴史は原料大麦の好適種を選抜する歴史でもあったわけで、その流れをさかのぼっていくと、ついには、ビールはなぜ大麦を選んだのか、という場面に逢着する。ここは、大麦から醸造したからビールになったのだと考えるのが順当かもしれない。ならば、小麦からつくる酒が、なぜ大麦によるビールのごとく国際的な大飲料に成長しなかったのか、それを問わなければならない。

穀類はもともと食糧として利用されるものであった。その「食べ方」は、脱穀して粒のまま調理する「粒食」と、粉にしてから調理する「粉食」とに分かれる。前者には「炒る」「蒸す」「煮る」の方法があり、後者には穀粉を少量の水（または湯）で練って、そのまま食べる（そばがき）、熱湯に落とす（すいとん）、蒸す（饅頭）、焼く（パン）、打って麺に加工して茹でる（うどん、そば、パスタ）など、さらに「蒸す」「焼く」には生地に発酵の有無の区別があって、さまざまな「食べ物」が麦からつくり上げられた。

穀類を原料とする酒の製法は、こうした食べ物としての調理法の中に胚胎している。なぜなら、人間の日常的なふるまいの中で、これほど酒づくりと類似した行動はほかにない。食べるためにデンプンをα《アルファー》化する工夫は、そのまま酒造工程の最初におこなうデンプン糖化作業の前段階にあてはまるのである。

ところで、古代人の食糧であった大麦やエンマー小麦は穀皮をかぶっている。これを除去するためには「つくか「挽《ひ》く」かしなければならない。ここに粒食と粉食の分岐点がある。

道具の発達がまだ進んでいなかった古代、製粉はきつい労働であった。しかし、麦芽はきわめて容易に粉砕できる。おそらく、収穫した麦が水に濡れて発芽し、これを天日乾燥して収納しなおす、という偶然の経験から、古代人は麦芽づくりを覚えたのであろう。麦芽粉は練ってクッキー状に焼いたり、水に溶いて加熱し粉粥《こながゆ》をつくった。

この堅焼きの麦芽パンを俗にビールブレッドと称する。水に戻しておくと、溶解したパンの糖分が発酵して、少量のアルコールと炭酸ガスを含んだ飲み物となる。古代エジプトのピラミッド建設に従事した奴隷たちの渇きをいやしたのは、このような一種独特のビールであった。しかし、これを現今のビールの祖型とするのは誤りである。あえていえば、ライ麦パンを原料につくるロシアの家庭飲料クワスにいたる系譜を想定する方が妥当と思われる。

バビロニアや古代エジプトの麦作農耕では、おもに大麦やエンマー小麦が栽培されていた。しかし、パンをつくる場合、ドウ（練粉《ねりこ》）に粘りの出るパン小麦が最適であった。粘りの出にくい大麦は、そこで主食糧の座をパン小麦に奪われた。

パン小麦は麺を打つにも適していた。けれども、この麦は穀皮が穀粒からはずれやすく、麦芽をつくるには適していない。この点、大麦は穀皮が穀粒の胚芽や胚乳を堅固に保護しているため、発芽中の損傷や微生物の繁殖を防御する。

大麦は粉食に対する加工適性において小麦に敗れた。しかし、製麦適性において小麦に勝った。麦芽を食べ物として利用するとすれば、それは粉粥である。これは豊富な糖化酵素によって、一種の甘酒となる。ここまでくると、濁酒《どぶろく》がそうであるように、食べ物と飲み物の境界は判然としなくなる。

麦芽の甘酒は、微生物にとって繁殖しやすい培地である。往々にしてアルコール発酵がおこる前に腐敗がはじまる。このとき、防腐力を発揮して、酵母が増殖するあいだ、変質しやすい麦芽汁の安全を保持してくれるのがホップである。その爽快な苦味は、嗜好飲料として不可欠な要素であるが、それ以上に重要な働きをホップが担っていることは、ほとんど知られていない。

ビールは、大麦が食糧としての役割を小麦にゆずったあと、飲料として復活した姿なのである。

麻井　宇介

ホップ。ビールに独特の苦味を添えると同時に、酵母が増殖するあいだ、変質しやすい麦芽汁の腐敗を防ぐ役割を果たす。

古代オリエントの酒

＊――酒の起源は？

「肥沃なる三日月地帯」とエジプトをここでは取り上げようと思う。すなわち、人類最古の文明の発生の地であり、酒に関するもっとも古い記録の残っている地域である。酒の起源を考える上では重要な地域であるが、その遺跡や文書から、酒の起源がただちに推測されるというものではない。酒はそれらの痕跡のかなたに起源したものである。しかし、なお酒に関する多くの情報がこの地域からもたらされる。

さて、どのような酒がもっとも古いかは不明であるが、唾を使った口嚙《か》み酒もかつて西アジアにあったらしい。エジプトのピラミッド時代にこの痕跡が認められる。しかし、この例を除いて、この地域からはまったく姿を消してしまう。[4] この唾を使うという例は、ほかの地域でも伝説や神話の中になら痕跡として認められる。たとえば、北方ゲルマンの話の中に、あるとき二人の妃が喧嘩をし、どちらか一方を取らなければならなくなった王は、二人に麦芽酒をつくらせた。そしてそのうまい方の麦芽酒をつくった妃を残すことにした。その結果、若くて美しい妃の方がうまい麦芽酒をつくった。それは発酵のときにオーディンが唾を与えたからであったという。[2] また、

『マイトラーヤーニー・サンヒター』の中に、インディラがソーマ酒に悪酔いし、吐き出したものがスラー酒であるという記述もある。[1] この例は唾とは直接書かれていないが口嚙み酒を連想させる例である。こうした、わずかの痕跡を見ていると、口嚙み酒というものの古さが想像される。

ホーブス氏は口嚙み酒も古くからあったと考えているが、それと同時に自然に発酵する蜂蜜酒（mead）やナツメヤシの果実酒（date wine）も非常に古い酒であると考えている。[4] これらはともに、シュメール語でクルンとよばれていた。後者のつくり方はエジプトの壁画に残っている。ナツメヤシの果実を水に漬け、それをしぼってジュースを取り、おいておくとその果実についた酵母で自然発酵した。この上澄み液を取り出し、残りのかすを濾過してそれも加え、さらに濾過して甕《かめ》に蓄えた。しばしば蜂蜜を加え、よりいっそう強い酒をつくっていた。メソポタミアでは、ナツメヤシは重要な食糧であり、この一部が酒に使われていた。のちに麦芽酒に取って代わられるまで、このナツメヤシ酒の方が広く飲まれていた。そして、麦芽酒がその位置を確立するまで、麦芽酒（シュメール語でカシュという）もナツメヤシ酒と同様にクルンとよばれていた。[4]

蜂蜜酒がもっとも古い酒であるという説は根強くある。確かに人類が手に入れた糖そのものは蜂蜜だったであろう。そして、それは狩猟採集の時代から手に入れていたに違いない。しかし、蜂蜜酒をつくるには水で薄める必要がある。狩猟採集民にその必要はあっただろうか。ゲルマン民族の伝統的な酒は蜂蜜酒だったというし、またオーストラリアのアボリジニの中には蜂蜜酒をつくっていたという記録もないわけではない。[1] しかし、それが酒として飲まれていたかどうかということになるときわめて怪しい。むしろ蜂蜜は、二つの点で酒づくりに関わっていたと思われる。一つは糖分の添加ということ、今一つは酵母の補給源ということである。先のナツメヤシ酒では蜂蜜が加えられていたし、のちにみる麦芽酒やワインでも蜂蜜は重要な添加物であった。そして、酒という概念が定着したのちに蜂蜜酒というものも定着したのではないだろうか。

なお、ヤシ酒もかつてはこの地域でつくられていたらしい。ピラミッドのテキストの中にヤシ酒の記述があり、アルコールの防腐作用を期待したのか、酸のそれを期待したのかは不明であるが、ミイラをつくるときに使ったらしい。これがヤシ酒のもっとも古い記録である。このヤシ酒はナツメヤシからつくられたと想像されるが、ヤシ酒を取ろうとすると、ヤシの先端の生長点を切らなければならない。そして、生長点を切ればそのヤシは死んでしまう。そのため、ヤシ酒はこの地域ではすたれてしまったらしい(1)。

＊——果実酒とワイン

果実酒としては現在ブドウからつくるワインがあまりに有名であるが、かつてはブドウだけが果実酒の原料ではなかった。先にあげたナツメヤシ酒はその典型であるが、イチジク酒も重要な酒であったと思われる。またスモモやサクランボ、ザクロ、リンゴなども利用されていた可能性も高い。エジプトの菜園では、はじめはキュウリなどの野菜類やイチジクなどの果実類、ナツメヤシやアブラヤシなどが植えられており、その中にブドウも含まれていたにすぎない。パレスチナでは、ブドウの栽培はオリーブやイチジクにつぐものであり、主要な栽培植物ではなかった。そして、のちにワインの消費が増加するにともなってブドウ園がつくられるようになる。

ブドウはカフカス地方が原産であるらしい。それがメソポタミアやエジプトで栽培されるようになる。シュメール語でワインをゲシュティンとよぶが、この語はブドウの木そのもの、およびブドウの実をもさしていて、ワインだけを特定するものではなかった。

ワインはメソポタミアでつくられはじめ、エジプトには紀元前三〇〇〇年以前にもたらされていた。メソポタミアでは、ワインは神への捧げものであったし、重要な建造物の礎石をおく祭りには神酒として欠かせないものであった。エジプトにおいても、はじめは神殿での儀礼に用いられていただけであり、のちに富裕階級の人びとに飲まれるようになった。アッシリアの王などはワインに非常な興味を持っていたが、全体としてはメソポタミアでは麦芽酒の方がはるかに重要だった。エジプトでは、メソポタミアよりワインの重要性ははるかに高く、生産量も多かったが、麦芽酒の方がより一般的であった。ワインが広く飲まれるようになったのは、むしろギリシアにワインが伝えられてからであり、ここでは麦芽酒は野蛮な酒としてまったく評価されなかった。

初期の頃のワインは、皮つきのまま発酵され、濾過という過程がなかったと考えられる。このワインは、夾雑物を除いて飲むために管で吸っていた。この方法は、かなりのちまでつづいていた。そして、おそらくここからサイフォンの使用が発明されたのであろう。晩餐にワインを飲むときには、サイフォンでさまざまなワインを取り出し、混ぜて飲んでいた。

かつてのワインは常に水と混ぜられていたし、ときには海水が混ぜられた。また、ワインに味つけや香りづけをするために、さまざまなものが混ぜられていた。パレスチナでは、蜂蜜とコショウを混ぜたハニーワインやニガヨモギで味つけしたヴェルモントなどがつくられていた。実際、古代には酒にさまざまなものを混ぜていた。先のナツメヤシ酒においても、混ぜものは秘密でよくわかってはいないが、薬草やカシアの葉、ゴマ油などを加えて発酵させていたらしい。また、次に見る麦芽酒ではもっと多くの種類のものが混ぜられていた。かつてのワ

エジプトのブドウ汁の採集。男や子どもが台の上に乗り、足でブドウを踏みつけて汁を出す。その汁は台の下の容器に注がれるようになっている［Forbes, 1965 より］。

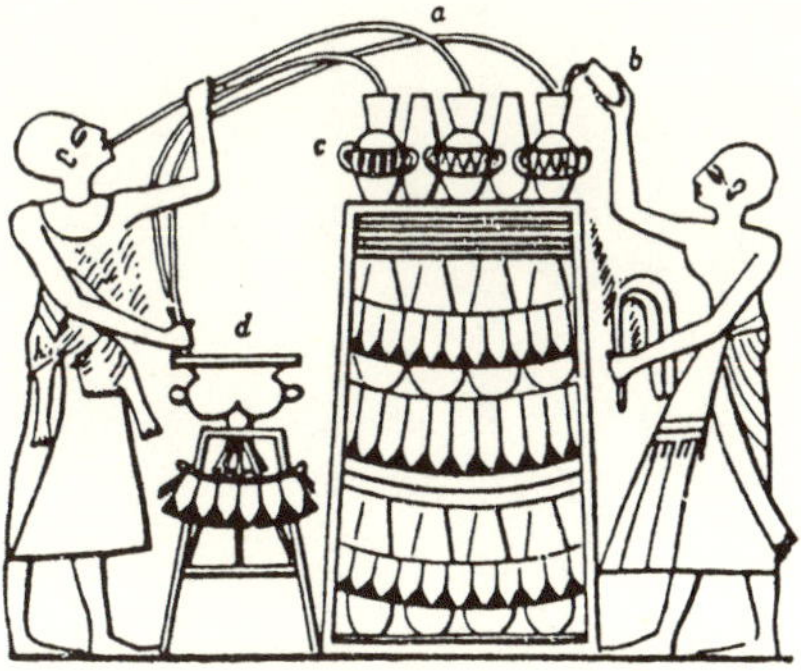

エジプトでは、ディナー・ワインは、いろいろのワインを混ぜてつくっていた。混ぜるにはサイフォンが用いられた［Forbes, 1965 より］。

インというものは、私たちが知っているワインとはかなり異なるようだ。

＊——麦芽酒のはじまり

メソポタミアではナツメヤシの酒の方がワインや麦芽酒よりも古くからつくられていたであろう。そして、ワインと麦芽酒ではいずれが古いかは、肥沃なる三日月地帯の中の地方によって異なるように思われる。下メソポタミアではむしろ麦芽酒の方が古く、上メソポタミアではワインの方が古かったかもしれない。

麦芽酒は、麦栽培と密接に関係している。西アジアでは野生の二条大麦（*Hordeum spontaneum*）や一粒系小麦（*Triticum boeoticum*）、二粒系小麦（*T. dieoccoides*）などが生育していた。それらを採集するための鎌や、それを粉にする石臼《いしうす》も中石器時代（紀元前八〇〇〇年頃）に見つかっている。(5) すでに採集され、粉にして食用に供されていた。また、これらの種子が中石器時代の遺跡から見つかっており、保存もされていたらしい。そして、栽培二条大麦（*H. disticum*）は紀元前七九〇〇年頃にイランで発見されており、栽培一粒系小麦（*T. monococcum*）は前六五〇〇年にイランから、栽培二粒系小麦のエンマー小麦（*T. dicoccum*）は前七〇〇〇～六〇〇〇年のイラン、トルコ、ヨルダンなどの新石器時代の遺跡から発見されている。ただし、栽培六条大麦（*H. vulgare*）は前五八〇〇年、パン小麦（*T. aestivum*）は前五五〇〇年頃にならないと出土しない。

ビールがいつ頃からつくられはじめたのかは明らかではないが、シュメールなどの楔形文字によって記述される以前にはじまっていたことは間違いないであろう。麦の栽培化の時期を考慮すれば、紀元前六〇〇〇～五〇〇〇年頃に麦芽酒はつくられはじめていたと想像される。

ビールを管で飲むバビロニア人、前1913年頃の円筒印章に彫られたもの。

麦芽酒は西アジアとエジプトで独立してつくられはじめたという説が有力であるが、麦の農耕が西アジアに起源し、そこで栽培化された大麦や小麦がエジプトにもたらされたことを考えると、麦芽酒もやはり西アジアに起源すると考えた方がよいように思われる。

麦芽酒は穀物加工の過程の中で発見されたものと考えられる。すなわち、穀物を食べるには、水に漬けておくというプロセスがあった。こうすることによってより柔らかく、そしてより消化しやすくなっただろう。水に漬けておいた穀物はふたたび乾燥されて貯蔵された。この過程で、穀物が発芽することもおこった。そして、発芽した穀物の方が甘味があることに気づき、これが用いられるようになる。これは「緑の麦芽（munu）」と称され、神殿の労働者の給料となっていた。ただし、ウル第三王朝の頃から、食物としての「緑の麦芽」は消え、麦芽酒の醸造用に変わってしまう(4)。

初期の頃の麦芽酒は、脱穀しない麦からつくられていた。この麦芽酒は管で吸われていた。この方法は、メソポタミアの北西部、小アジア、シリアでおこなわれていたし、メソポタミアのアガデ期の記念碑にまで見られる(4)。

初期の麦芽酒にはいろいろの種類のものがあった。麦芽は臼《うす》で砕き、種皮を取り除いて貯蔵されただけでなく、パンの形でも貯蔵された。これがビール・パンである。このパンをつくるときに、さまざまな香草や香辛料、ナツメなどが加えられた。そのためさまざまな麦芽酒ができあがることになる。また、原料の点においてもさまざまな変異が見られる。白や赤、茶色などいろいろの品種の大麦、エンマー小麦が用いられていた。そして、それらがさまざまな割合で混ぜられていたし、脱穀しなかったものも用いられていた。さらに、麦芽の生やし方や、ビール・パンの焼き方などによって、味や香り、色の異なる多くの種類のビールができあがることになる。シュメールの文書には少なくとも大麦からつくられた八種の酒、エンマー小麦からの八種の酒、それらの混合物の三種の酒が記載されている。そして、強いビールをつくるためには蜂蜜が混ぜられた。これは古代ゲルマンやケルトでも用いられていた方法である。

物事は単純から複雑へと変化していくわけではない。麦芽酒は、そのはじまりにおいて、実にさまざまな酒をつくっていた。そして、のちの時代になるほど単純化していった例である。ただし、現在、また複雑化の様相を呈している。一九八〇年代に入って、小規模のビール工場では、さまざまなビールをつくりはじめた。とくにベルギーでは古代のビールの復元に努めているし、イギリスのある会社は四〇〇種をこえるエールをつくり出している。(3) 差異化あるいは好みの個人化という現象に支えられてのことであろうが、ビールは揺れ戻しの時期に入っているようだ。

吉田　集而

〈参考文献〉
（1）佐藤建次　一九七一『酒の博物誌』　東京書房社
（2）植田敏郎　一九五四『ビール巡礼』　白水社
（3）Beaumont, S. 1993 A Beer Revolution is Brewing. *Hemispheres* 3 : 75-76
（4）Forbes, R. J. 1965 *Studies in Ancient Technology*, Vol. 3. Leiden : E. J. Brill
（5）Singh, P. 1974 *Neolithic Cultures of Western Asia*. London: Seminar Press.

イスラーム文化の陰のナツメヤシの酒

*——砂漠の恵み、ナツメヤシ

北アフリカからインダス河まで、広大な乾燥地帯に住む人びとの生活を支えてきた、もっとも重要な栽培植物はナツメヤシであったといってよい。豊かな糖分を含んだその果実は、雑穀の栽培すらままならない砂漠に住む人たちのかけがえのない主食となり、その種実は彼らの家畜の重要な飼料となってきた。その大きな葉は、砂漠の民の家屋の屋根や壁となり、幹や丈夫な葉柄は建材として重宝なものであった。砂漠のオアシスでは、人びとはナツメヤシの葉や材の家に住み、実を食べて暮らしてきた。糖度の高い実は保存しやすく、周年利用できた。それは、人間がナツメヤシに寄生しているとさえいい得る現象であった。中東全域で、ナツメヤシの用途を一つ一つ数え上げると、八〇〇にもおよぶといわれる。

ナツメヤシの起源地は北アフリカといわれるが、五〇〇〇年以上も前にメソポタミアで栽培化されたとみられる。高温、低湿、寡雨、そして適度な日射と地下からの給水が必要で、多雨だと結実しない。高塩分の土壌にも強く、オアシスにはまさに適している。樹高は三〇メートル、幹は直径三〇センチにもおよび、寿命は八〇年をこえるといわれる。雌雄異株で、高い樹冠部での授粉や収穫の作業が必要で、かなり特殊な栽培技術が求められる。

多くの品種が、長い年月のあいだにつくり出され、一つの地方でも通常数十の品種が栽培されている。果実については、まず、黄熟するものと赤熟するものがある。完熟させて生食するものから、熟する前に利用するもの、もっぱら加工用と、品種によって用途が異なっている。果実の色、大きさ、甘さは変異に富み、現在栽培されているものでは、直径二～三センチ、長さ五センチ程度のものが多い。果肉に糖分を多く含み、その中にコーヒー豆を長くしたような、硬い種実が入っている。

ほとんど不毛の砂漠でも、豊かな地下水が得られれば、側芽を植えて四～五年もすれば、一本から毎年二〇～一〇〇キロもの果実を収穫することができる、得がたい作物である。一房が一〇キロをこえることもまれではない。ナツメヤシの果実の成分組成は、表のとおりで、いかにすぐれた栄養価を持っているかがわかる。表示されていないが、ビタミンAおよびB、ニコチン酸、リボフラビン、チアミンのほか、カルシウム、カリウム、ナトリウム、リン、鉄分をも含有している。(7) もっとも、三カ月以上にわたるナツメヤシの収穫期に、果実だけを食べていると、さすがに軽い栄養障害がおこるらしいが。

＊――酒の原料としてのナツメヤシ

ナツメヤシ生果の六五～七〇パーセントは糖分であり、そのほとんどはグルコースやフラクトースといった単糖類の形で存在し、少量が蔗糖《しょとう》という二糖類の形で存在している。これらの糖分は、ナツメヤシ生果に含まれる水溶成分の八五～九〇パーセントにおよぶ。熟した果実は指で触れるとベタベタし、確かに甘い。品種によって甘さに差があるが、どの品種でも完熟したものを高温のところにおくと、濃密なシロップがにじみ出る。一キロのナツメヤシの実から、二〇〇グラムの種実とかすを除いて、シロップなら七〇〇グラム、液体砂糖なら六五〇グラム、酢酸なら二五〇グラムを得ることができる。ただし、これは、ある程度の近代的な加工処理をおこなった場合の数値である。

これだけ糖度が高く、それが単糖類と二糖類であることから、これらの果実を潰したものの水溶液から、アルコール飲料が得られることは明らかである。しかも、そのアルコール発酵は、ナツメヤシの生育地の気候条件のもとでは、なんら酵母を加えることなく進行するのである。水溶液のアルコール発酵を阻止するためには、かえって容器の内側に石灰を塗るなどして、pHを調整しなくてはならないという。(2) アルカリ性では、アルコール発酵が阻害される。逆に、尿素や塩を加えてpHを発酵に適するように調節してから酵母を加えると、効率的にエチルアルコールを得ることができる。こうした方法を用いれば、ナツメヤシの実一トンから、九五パーセントの濃度のエチルアルコールを三〇〇リットル製造することができる。(7)

自然とにじみ出てくるナツメヤシの完熟果実のシロップは、おおよそ八〇～八五ブリックス度の糖度であるといい、アルコール発酵に好適な濃度は一〇～二〇ブリックス度ほどであるから、かなり薄めてもさしつかえないということになる。果実の成分を水に溶かしたものと、シロップを薄めたものは、ほぼ同じであるとみてよいの

表　ナツメヤシ生果の成分組成（重量比）

種実		12%
果肉		88%
	水分	15%
	糖分	70%
	タンパク質	2%
	灰分	2%
	水溶性有機物（糖分以外）	4%
	脂肪	1%
	繊維質	6%

［FAO 1980 : 10-2］

で、ナツメヤシの酒はいずれからでもつくられる。同時に、ナツメヤシの樹冠の生長点近くから、直接に樹液を採取しても、同じように酒をつくることができる。このためには、ナツメヤシの生長点になんらかの障害を与えることは避けられず、ナツメヤシは通常のようにすらりと直立せず、蛇行して生長する。

いずれにせよ、なんら酵母を加えることなく発酵がはじまり、労せずしてナツメヤシ酒が入手できるわけで、この地方の飲酒文化はナツメヤシ栽培と同じくらい古く成立したであろうと推測される。紀元前四四〇年頃の執筆とみられるヘロドトスの『歴史』に、すでに、バビロニア地方で食物や酒や蜜（おそらくシロップのことであろう）をつくるナツメヤシについての記述があり、[〔6〕の〔上〕] 少し遅れて前四〇〇年頃のクセノポンの『アナバシス』も、「(ナツメ) 椰子酒、椰子の実を煮沸して作った酢」についてふれている。[4]

＊――イスラームと飲酒文化

現在では、伝統的なナツメヤシ栽培地帯は、ほとんどイスラームを奉じる人たちの生活圏になっていて、飲酒は禁じられている。脳をアルコール中毒でだめにしたり、体を壊したりすることがなければ、飲酒は許されると強弁するイスラーム法学者がいなかったわけではないが、ナツメヤシの酒にかぎらず、一般に飲酒は禁じられている。もっとも、今日でも、トルコのように公然とムスリムが飲酒する国もあれば、イランやサウジアラビアのように飲酒厳禁の国もある。時代的にも、アッバース朝のように飲酒にかなり寛大な時期もあった。それでも、アラビア語で酒をハムルというが、これは避けて、ナツメヤシの果実や干しブドウなどを水に漬けて、その汁を軽く発酵させたナビースだけをたしなむという人たちもいたようで、酒は否定された存在となっていったことは確かである。

筆者が調査地としているパキスタンのマクラーン地方と周辺のナツメヤシ・オアシス群では、どこでも酒づくりの話は聞くことができなかった。樹液を採取されてうねうねとしているナツメヤシを目撃したこともなかった。質朴で敬虔なムスリムであるオアシスの農民たちは、神の恵みとしてナツメヤシの果実は食べても、酒をつくることはないようである。

ムスリムが飲酒をして、息に酒の匂いをさせたまま、あるいは酔っ払ったままで判事のところへ連れてこられるか、二人以上の証人があるとき、飲酒の罪は確定するとされる。罰は自由人で鞭打ち八〇回、奴隷で四〇回と決められている。もっとも明確に酒を禁じている『クルアーン』の章句は、以下のものであろう。「これ、汝ら、信徒の者よ、酒と賭矢と偶像神と占矢とはいずれも厭うべきこと、シャイターン（サタン）の業。心して避けよ。」[（5）五～九二（九〇）]。もっとも、「敬虔な信者に約束された楽園（天国）」の叙述に、「飲めばえも言われぬ美酒」[同、四七～一六（一五）]というのがあるので、その魅力についてはよく知られていたのであろう。実際、ムハンマドの時代、イスラームへの入信が断酒を条件としていたため、それが入信者を増やすことへの障害となったとさえいわれている。

予言者ムハンマドが、なぜ酒を禁じたのかについて、以下のような伝承がある。これも当時いかによく酒が飲まれていたかを物語っている。あるとき、ムハンマドは友人を訪ね、結婚式に列席した。人びとは陽気で楽しそうで、これも酒のおかげと祝福を与えた。ところが、翌日同じ家を訪ねて、争いによる流血と惨劇のあとを見たムハンマドは、それがやはり酒のせいと知り、酒を呪《のろ》い、それ以後飲酒を禁じたというのである。アルコール飲料は、ブタ、正当な手続きを経ないで殺された動物の死体、血、精液などとともに、イスラーム法上不浄ナジスとされる。ただし、動物の死体からはぎ取られた皮が染色されて清浄物となるように、果実酒も酢酸発酵して酢になったときには清浄と認められる。

ナツメヤシの果実が『クルアーン』において、もっとも神に祝福された食物の一つであり、アラビア半島を中心として、最重要な主食であったことと、同時にこのヤシの果実のエキスや樹液が自然にアルコール発酵して酒になるという性質を持っているということは、イスラームの中に本来禁じられている飲酒にかかわる文化要素をもたらしたとみてよい。アッバース朝のアブー・ヌワースの飲酒詩はよく知られているが、それでも彼は「アッラーが酒の罪を宥《ゆる》してくれなかったら、審判の日、私は苦しい拷問にさいなまれることだろう」と弱気である〔(1) 八六〕。一一世紀初頭のペルシアのオマル・ハイヤームは、飲酒の快楽を奔放にうたったことでよく知られる。イスラームの教えに対して冒涜的《ぼうとくてき》とも読める内容を持っているが、むしろ詩人の反俗、ペシミズム、厭世観の表出に力点をおいて読まれるべきなのかもしれない。

美少年飲酒の図。16世紀イスタンブール、カプ宮殿。

サファビー朝ペルシア飲酒図。飲まれているのはブドウ酒であって、ナツメヤシの酒ではない。「王子と哲学者」と題されている。

天国にそんなに美しい天女がいるのか？
酒の泉や蜜の池があふれているというのか？
この世の恋と美酒を選んだわれらに、
天国もやっぱりそんなものにすぎないのか？〔(3) 七二〕

飲酒の誘惑に勝てない人たちは、いつの時代にも、そしてどこの地域にもいたに違いない。そして、イスラームによる禁止と社会的な抑圧が強大なときには、飲酒から逃れられない弱者が、体制への反抗者として登場することもあるようだ。「酒を飲み、ホメイニ師などの悪口をわめき散らしたため三回も鞭打ちの刑を受け、（なおも飲酒をつづけるなら死刑を宣言するという警告を受けながら）それでも酒がやめられなかったイランの織物職人が、とうとう銃殺刑に処せられた」一九八二年八月二四日の事件として、ロイターが伝えている（朝日新聞八月二九日付）。

松井　健

〈参考文献〉

（1）アブー・ヌワース　一九八八『アラブ飲酒詩選』塙　治夫訳　岩波文庫
（2）阿部　登　一九八九『ヤシの生活誌』古今書院
（3）オマル・ハイヤーム　一九八七『ルバイヤート』小川亮作訳　岩波文庫
（4）クセノポン　一九九三『アナバシス』松平千秋訳　岩波文庫
（5）『コーラン』（上・中・下）井筒俊彦訳　岩波文庫
（6）ヘロドトス　『歴史』（上・中・下）松平千秋訳　岩波文庫　一九七一 a、一九七二 a、b
（7）FAO 1980 *Regional Project for Palm and Dates Research Centre in the Near East and North Africa : Training Course in Date Palm Production and Protection (Part 2)*. Baghdad : FAO

酒をつくる花マフア　―インド―

マフアの木。芽吹いたばかりの葉が樹上で赤や黄色に輝いている。

＊――マフアの木とウパナヤナ

一九九四年の四月、インドの友人に招かれて北インドのビハール州を訪れた。短い冬が終わり温度は急激に上がり三五、六度の暑さになる。バラモンである友人の家でおこなわれる、一人前のバラモンになるための儀式に招待されたのである。古代インドの儀礼文献グリフヤスートラを通じてそのウパナヤナとよばれる儀式について知ってはいるが、実際どのようにおこなわれるのか、是非知りたいと思い、やってきた。

興味深いさまざまな儀式がつづき、今日は第四日目。古代インドの儀礼文献にも記述されているウパナヤナの中心になる儀式がおこなわれる日である。朝九時頃、ウパナヤナの儀式を受ける男の子たちが母親や多くの女性たちに付き添われて、近くのマンゴーの林に向かう。マンゴーの木とマファアの木の結婚式を挙げるというのである。くろぐろと重々しい感じのマンゴーの林の端に一本きゃしゃな感じのマファアの木が生えている。落葉樹であるマファアの木は今ちょうど新芽を出している。芽吹いたばかりの葉は、まるで秋の紅葉を思わせるような赤や黄色に輝いている。米の粉を水で溶いた白い汁と赤い色粉をそれぞれの木の幹に塗り、そのあと二本の木を糸で結び、マンゴーとマファアの結婚式は終わる。

　マファアがさまざまな儀礼において登場することはインドの各地で報告されている。とくにデカン高原を中心に住むゴンドやバイガなどの部族の宗教儀礼においてとても重要な役割を演じる。このマファアは、アカテツ科の高木で、デカン高原以北では落葉性のマドゥカ・インディカ（*Madhuca indica*）が広がり、南インドでは常緑樹のマドゥカ・ロンギフォリア（*Madhuca longifolia*）が生育していて、インドではおもにこの二種類が多く見られる。この木は二種類とも、マファア・バターなどの名前で知られる油脂を産する実と、その花に糖分を多く含んでいることでよく知られている。

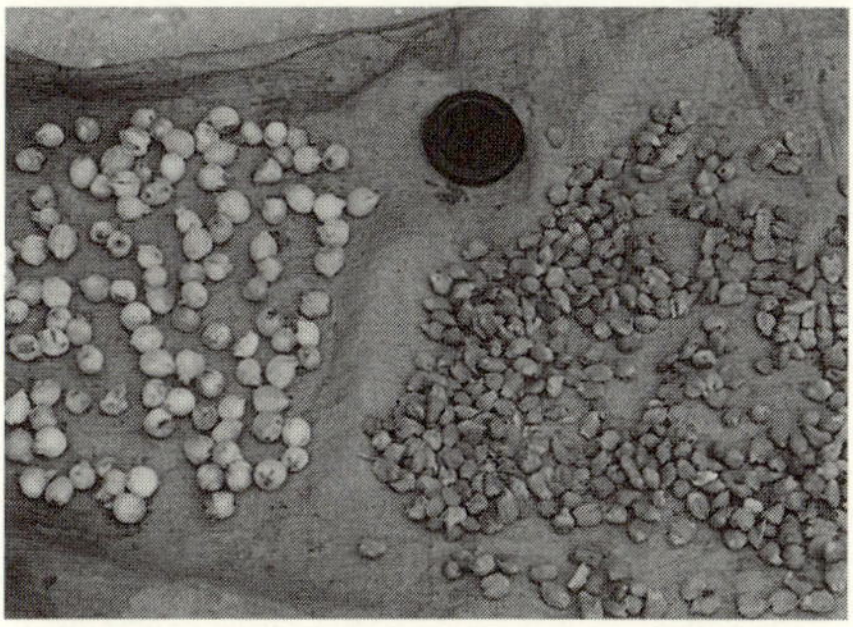

乾燥させたマファアの花。充分に乾燥させた花は、香辛料といっしょに油で炒めて、ライスのおかずとして食べる。

　私がインドを訪れたとき、ちょうどこのマファアの花が咲いていた。一つ一つの細い枝の先を見るとそこに二〇個前後の花が密集している。黄色みを帯びた白い色の花冠部は二センチほどの筒状で、黄緑色になって先端で閉じていくような丸みを帯びている。二〜三ミリほどの厚みのある肉質で、歯で噛《か》むと、ジャリとした感じで甘い汁が口の中に広がる。私がお世話になっている家の娘さんたちはここ数日来、朝早くこのマフアの花を集めていた。ちょうどその朝取ったものと、すでに数日乾かしたものを見せてもらった。乾かしたものは淡い緑色を帯びた薄茶色で、干しブドウに似ている。これから酒をつくるということもうなずける。しかし私が訪れているこの地方では酒はつくらないという。がっかりである。花を充分に乾燥させて、香辛料とともに油で炒めてライスのおかずとして食べるのだそうである。

＊──サンタルのマフア酒のつくり方

このマフアに関してかなり詳しい記述がある。一つは一八八九年にジョージ・ワットにより編纂《へんさん》された六巻からなる『インドの実用産物事典』[4]の第一巻四〇六〜四一五ページのバシア・ラティフォリア（*Bassia latifolia*）の項目である。あと一つは一九六一年にインドの自然科学および工業研究評議会から出版された、一一巻からなる『インドの富・インドの原材料と工業製品事典・原材料』[5]の第六巻二〇七〜二一六ページのマドゥカ・インディカの項目である。

その『インドの富』の二一四ページに、このマフアの花の成分分析が与えられている。表がそれである。しかし、この表で与えられている数字をすべて加えると実に一〇〇・八になってしまう。この成分分析を信じてよいのか迷うところである。しかし、七割強の割合で糖分が含まれていることを見当づけることができると思う。いずれの事典においてもマフアに関してほぼ共通して次のような記述が見られる。油脂の材料の木の実と並んで、いや地方によってはそれ以上にこの木の花が重要視されている。花は、三月から五月にかけて咲き、早朝、子どもや女性たちが集める。新鮮なままで食べたり、乾かして、調理したり、さらには硬くなるほど充分乾燥させ、それを粉にして、トウモロコシやほかの穀物の粉と混ぜ、ふくらし粉を使わない平たいケーキ状に焼いて食べる。ヒンディー語でいうチャパティーである。それ以外では主としてインド中部においてこの花は蒸留酒をつくるのに使用される、といった記述である。『インドの実用産物事典』四一〇ページでは、この乾燥させた花を代用食にすることによってどれほどの穀物を節約することができるのか試算がある。それによると一七五万モンド（約六万五〇〇〇トン強）の穀物が節約できる計算になるそうである。イギリスの植民地官吏はこのようなことを考えていたのかと、呆れる気持ちを禁じえない。

これら二つの文献には、マフアの花を原料に蒸留酒がつくられるということはくり返し書かれているが、では具体的にどのようにして蒸留するのかは書いてくれていない。酒の製造は政府の専売事業であり、政府刊行物では、たとえ部族の人びとの行為であろうと、それを報告するわけにはいかないのであろう。R・V・ラッセルとR・B・ヒーララールが一九一六年に四巻で出版した『インドの中央州の部族とカースト』[3]の三巻五六七ページのコルク部族の記述のところでマフア酒蒸留に使用する道具および材料として二個のガラとよばれる素焼きの壺と、竹の筒、いくらかのマフアの花と水と火をあげているが、政府刊行物としてはここまでが精一杯なのであろ

表　マフアの花の成分

水分	18.6
たんぱく質	4.4
脂肪	0.5
糖分	72.9
繊維質	1.7
灰分	2.7

［出典　The Wealth of India, Vol. VI, p. 214.］

うか。それともまだ私の調査が不充分なためか、なにか重要な記録や報告を見逃しているのだろうか。それは大いにあり得ることである。

デリー大学人類学科P・C・ビスヴァース教授の『サンタル・パルガナ州のサンタル』の四一ページでどうにか製造法を想像することができる記述を見ることができた。それを紹介する。「モアの果実から酒をつくるために、二個の素焼きの壺を重ねておく。上におく壺の底は孔が開けられている。その壺の上にさらに水を満たした壺をおく。真ん中の壺の上辺部のところに竹の筒が固定されている。いちばん下の壺にモアの果実と水を入れ、四、五日間放置する。その後、火にかけると、沸騰し、蒸気が孔の開いた真ん中の壺を通って昇り、水を満たしたいちばん上の壺に当たると液化して、真ん中の壺につけられている竹の筒を通してしたたり落ち、それを別の壺に受ける」(1)。ビスヴァース教授は材料としてモア／マフアの花といわずに果実つまりフルーツという語を使っているが、多分誤解だと思う。中央の壺の底の孔のようすおよび、その壺の上部に固定されている竹の筒のようすを具体的に思い浮かべることはできないが、おおよそながらマフアの花の酒の単純な蒸留方法を思い描くことができるのではないだろうか。

サンタルの人びとはそのようにしてつくられた酒をすぐに飲むという。しかし、『インドの実用産物事典』および『インドの富』によると、できてすぐの酒は煙っぽい、少し臭みのある味がするという。うまく蒸留させるか、あるいは再蒸留させ、充分醸成させたものはアイリッシュ・ウイスキーのコクを持つという。そして一九世紀の終わり頃にはフランスに安物のブランデーの材料として輸出されていたともいう。

＊——マファ酒とリンゴ・ペン

最後にインド中部の部族の人びとのあいだに語られていたという、マファ酒の起源についての説話を紹介することにする。この説話の主人公はリンゴ・ペンとよばれる神である。彼はかつて広くインドのデカン地方で崇拝されていたといわれるが、最近ではマドゥヤプラデーシュ州のバスタル地方北部に住むムリアの人びとのあいだにかぎられている。[2]

「かつてリンゴは人間たちのために大宴会を開いた。客たちが家路につくとき、リンゴは家来のナハルを遣わし、人間たちが彼のことをどう言うか聞かせた。料理は申し分なかったが、なにか自分たちを幸せにしてくれる気の利いたものがなかったと人間たちがぼやくのをナハルは聞いた。これを聞いたリンゴは言った。『森には人間たちを幸せにするなにかよいものはないか』。思い悩み、この人間たちを幸せにするなにかを求めて、リンゴは森中をさまよい歩いた。そして、ふとあるマファの木のところにやってきた。その木は幹が空洞であった。花がそのほらに落ち、水が溜まり、発酵していた。マファ鳥たちがたくさんやってきて、それを飲み、大きな声で歌ったり、踊ったりしているのをリンゴは見た。リンゴはその飲み物を少し持って帰り、次の宴会のときに人間たちに出した。『今日リンゴは幸せをくれたよ』と口々に言いながら客たちは帰っていった」[2]。

永ノ尾　信悟

〈参考文献〉

（1）Biswas, P. C. 1956 *Santals of the Santal Parganas*. Delhi : Bharatiya Adimajati Sevak Sangh.

(2) Elwin, V. 1947 *The Muria and their Ghotul*. Bombay : Oxford University Press.

(3) Russell, R. V. and Rai Behadur Hira Lal 1916 *The Tribes and Castes of The Central Provinces of India*. (Reprint.1969 Oosterhout N. B. : Anthropological Publications.)

(4) Watt, G. 1889 *A Dictionary of the Economic Products of India*. (Reprint.1972 Delhi : Cosmo Publications Publishers.)

(5) Council of Scientific & Industrial Research (ed.) 1962 *The Wealth of India. A Dictionary of Indian Raw Materials and Industrial Products. Raw Materials*. Vol. VI, L-M. New Delhi : Council of Scientific & Industrial Research

＊――ソーマとスラー

古代インドの酒スラー

古代のインドでは実にさまざまな神祭りがおこなわれていた。神への供物の中に穀物製品や乳製品、犠牲獣の肉や内臓と並びソーマとスラーという特異なものがあった。ソーマは向精神性の成分を含むある植物の茎を水に浸してしぼり、ミルクなどと混ぜて飲まれた。神々の飲み物とされ、多くのリグヴェーダ賛歌において王として も讃えられている。それと対照的に食べ物のかすとか虚偽などとよばれ卑しめられていたスラーは酒の一種であることはよく知られていた。しかし、それがいったいいかなる種類の酒であるかは、決して明確ではなかった。

スラーがどのような酒であるのかを知ろうとするとき、サンスクリット研究者であれ、ほかの分野の専門家であれ、実にこの一〇〇年ほどのあいだ、ある一つの資料に頼っていた。それはJ・エゲリングのシャタパタ・ブラーフマナ一二巻七章三節五の翻訳の中の脚注の形で与えられたスラー製造の説明であった。ここで紹介するカーティヤーヤナ・シュラウタスートラ一九章一節一八～二七に簡潔ではあるがスラーのつくり方が伝えられている。そのテキストの一九章一節一八～二〇の部分に対してかなり詳しい注釈がある。また、このスラーをつくる過程で唱えられるマントラを伝えるヴァージャサネーイ・サンヒター一九章一に対する注釈にもかなり詳しいスラー製法の記述がある。エゲリングの脚注はこの二つの中世インドの注釈の記述をまとめたものであった。

スラーはサウトラーマニーとヴァージャペーヤとよばれる二つの特殊なソーマ祭において用いられた。先に言及したカーティヤーヤナ・シュラウタスートラの記述はサウトラーマニーに関するものである。このサウトラーマニーおよびヴァージャペーヤといわれる二つの祭礼は単にカーティヤーヤナ・シュラウタスートラのみが記録しているだけでなく、ほかにもいくつかの文献にかなり詳細な記述を見ることができる。そこで今回調査してみると、製法が具体的にイメージできるほどの記述をさらにあと二カ所で見つけることができた。それはバウダーヤナ・シュラウタスートラ一七章三一～三二節［三二〇ページ五行～三二一ページ八行］とアーパスタンバ・シュラウタスートラ一九章五節七～一一の二カ所である。

これらのテキストは神祭りの式次第を克明に記述するもので、スラーの製法の記述の場合にも、直接製法に関係しない儀礼的な行為も含まれている。そこで、その儀礼的な部分を除いてスラーづくりに直接関係する部分をまず、できるかぎりの直訳で再現してみる。その後、三つの記述を整理して、筆者が理解することができるかぎりでのスラー製法を明らかにしてみたい。テキストは古い順にバウダーヤナ・シュラウタスートラ、アーパスタンバ・シュラウタスートラ、カーティヤーヤナ・シュラウタスートラである。これらのテキストは紀元前一〇〇〇年紀後半に成立したものと考えられている。

＊――三つのテキストに見られるスラーの製法

バウダーヤナ・シュラウタスートラ一七章三一～三三節［三一〇ページ五行～三一一ページ八行］の記述は以下のようである。

「さて籾米（vrīhi）の半分を臼《うす》と杵《きね》で打ち（玄米にする）。残り半分の籾米はガールハパトゥヤの祭火に一枚のかわらけをおき、炒る。炒ってはじけたものがラージャ（lāja）となる。そしてはじけなかったものはタリー（tarī）である。ガールハパトゥヤの祭火に新しい壺をおき、水たっぷりに（玄米の）粥《かゆ》を料理する。そして（その粥の重湯を）カティナかパージャカ（といわれる別の壺）に分けて入れ、吊しておく。そしてその炒った（籾米）を臼と杵で打ち（籾殻を除く）。潰されて細かくなったものやタリーを重湯に混ぜ込む。それをマーサラという。そして枡をとって大麦芽（śaṣpa）を一、稲芽（tokma）を二、ラージャを三、豆芽（nagnahu）を四の割合で計る。そして（それらを）すり潰して粥と混ぜ、マーサラをかけていっしょにする。（三二）……椅子の上に鍋つかみをおき、鍋つかみの上に壺をおき、壺の上にスラーこし器（kārotara）をおく。そしてその（いろいろなものと混ぜた）粥をスラーこし器の上に盛り上げる。そして蓋《ふた》をして上から触れる。……三夜いっしょにしたまま放置する。」

バウダーヤナ・シュラウタスートラのこの部分に対する補足的な説明がこのテキストの後ろの方に出てくる。そこには次のような説明が見られる。

バウダーヤナ・シュラウタスートラ二六章三一節［三〇三ページ五行～一〇行］

「そしてこのサウトラーマニー祭式用のスラーは四分の一の量の発酵材（kiṇva）か五分の一の量の（発酵材で）

つくられる。シャシュパ（śaṣpa）とトークマ（tokma）を（使用する）と（本文にあるが）、大麦からのがシャシュパである。米からのがトークマである。リョクトウ（māṣa）が豆芽（nagnahu）である。そしてこのスラーこし器（karotara）は木製か竹製か土器かで、皮で……（？）」

アーパスタンバ・シュラウタスートラ一九章五節七～一一は次のようなスラーの製法を伝える。

「……玄米と大麦とインドビエ（śyāmāka）を買い、亜麻布にくるんで玄米を稲芽（tokma）にする。大麦を軽く炒り、（七）（稲芽と軽く炒った大麦を）すり潰したものをヨーグルトか、水で薄めたバターミルクと混ぜ、ダルバ草でかき混ぜておいておく。（八）それがマーサラ。（九）それら（稲芽と軽く炒った大麦）を粗くすり潰したものに玄米粥の重湯（saṃsrāva）を注いだもの、それが発酵材（nagnahu）。（一〇）ヒエを炒って粗挽きにし、スラーの材料を合わせるときに、稲芽とマーサラと発酵材をスラーとして合わせ、炒ったヒエの粗挽きの三分の一を混ぜ、……一頭の牝牛からしぼったミルクを注ぎ込み、（翌日）炒ったヒエの粗挽きの三分の一を混ぜ、……二頭の牝牛からしぼったミルクを注ぎ込み、（さらに次の日に）炒ったヒエの粗挽きの三分の一を混ぜ、……三頭の牝牛からしぼったミルクを注ぎ込み、三夜のあいだいっしょにして放置しておく。（一一）」

カーティヤーヤナ・シュラウタスートラ一九章一節一八～二七のスラー製法を最後に見てみる。

「……大麦芽（śaṣpa）を買う。……稲芽（tokma）を、……炒り籾米（lāja）を（買う）。……」（一八）「……」（一九）「……（購入したそれら三種のものを祭火小屋に）運んでいき、発酵材（nagnahu）をすり潰し、それら（購入した三種のもの）も（すり潰し）、米（vrīhi）とシュヤーマーカ（śyāmāka）の粥の重湯を別々（の容器）に注ぎ、すり潰したものと混ぜ、おいておく。それがマーサラである。」（二〇）「（米とシュヤーマーカの）粥をすり潰したマーサラと混ぜ、………三夜おいておく。」（二一）「……一頭の牝牛からしぼったミルクを注ぐ、……」（二二）「大麦芽のすり潰したものも入れる。」（二三）「翌朝、………二頭の（牝牛からしぼったミルクを注ぐ）。」（二四）「稲芽のすり潰したものも（入れる）。」（二五）「最後の日に、………三頭の（牝牛からしぼったミルクを注ぐ。）」（二六）「炒り米のすり潰したのも（入れる）。」（二七）

以上が三つのシュラウタスートラが教えるスラーの製法である。それらを整理する意味でそれぞれのテキストが教えるスラーの製法を表1から表3で簡潔に表示してみる。

従来、カーティヤーヤナ・シュラウタスートラの注釈に伝わる解釈にしたがい、シャシュパ（śaṣpa）を稲芽とし、トークマ（tokma）を麦芽と考えてきた。しかし、アーパスタンバ・シュラウタスートラの記述からトークマが稲芽であることがわかるし、またバウダーヤナの補足説明によってもトークマが稲芽であり、シャシュパが麦芽であることが確認される。

一応シャシュパとトークマの解釈に関してこのように儀礼テキストを信頼するが、それらへの信頼度はあまり高くないものであるかもしれない。というのも、スラーづくりの際にどのテキストも言及しているマーサラの実態がまったくテキストにより異なっているからである。いかに異なっているかは表1から表3にまとめた各テキストごとのマーサラづくりの過程が明瞭に示している。また発酵材と考えられるナグナフもバウダーヤナの補足説明では少なくとも材料としてリョクトウがあげられているにすぎず、そこではナグナフは発酵材一般を示すよ

表1　バウダーヤナ・シュラウタスートラによるスラー製法

①マーサラづくり

玄米粥の重湯と炒り玄米の粗挽きを混ぜる。

②スラーづくり

大麦	1
稲芽	2
炒り玄米	3
ナグナフ	4

（すり潰す）→ 重湯を除いた玄米粥と混ぜる

↓

マーサラを混ぜる

③全体をこし器に盛り上げ、ゆっくりろ過する

表2　アーパスタンバ・シュラウタスートラによるスラー製法

①マーサラづくり

稲芽
軽く炒った大麦

（すり潰す）→ ヨーグルトか薄めのバターミルクと混ぜる

②ナグナフづくり

稲芽
軽く炒った大麦

（すり潰す）→ 玄米粥の重湯と混ぜる

③スラーづくり

大麦
マーサラ
ナグナフ

（混ぜる）→ 炒ったヒエの荒挽きと多量のミルクを加え

3日間放置する

表3　カーティヤーヤナ・シュラウタスートラによるスラー製法

①マーサラづくり

大麦
稲芽
炒り玄米

（すり潰す）

ナグナフ（すり潰す）

→ 玄米粥の重湯と混ぜる

→ ヒエ粥の重湯と混ぜる

②スラーづくり

玄米粥
ヒエ粥

（すり潰す）→ マーサラと混ぜる

（加える）

↑

多量のミルク
すり潰した大麦芽
すり潰した稲芽
炒り玄米の粗挽き

り、むしろ豆芽を意味するように思われる。またアーパスタンバによると稲芽と炒った大麦をすり潰し玄米粥の重湯と混ぜたものであり、これはカーティヤーヤナのいうマーサラにほぼあたるものである。

三つのテキストのスラー製法の記述はマーサラづくりとそのほかの材料との混ぜ合わせの二段階になっている。しかし、マーサラもテキストごとに異なり、材料にも差があるので結局これらのテキストはそれぞれまったく異なったスラーづくりを伝えていることになるのであろうか。いかなる材料をどのような順序で混ぜていくかはテキストごとに異なっても、では、最終的にいかなる材料が使用されていることになるのかを考えてみると、三つのテキストの記述する最終産物の異同がより明らかになるであろう。

表4にいかなる材料が使用されているかをまとめてみた。それによるとインドビエの重湯、粥、炒ったものを使うか使わないかの差はあるが、カーティヤーヤナ・シュラウタスートラとバウダーヤナ・シュラウタスートラはほぼ似通った材料の使用を教えている。大麦芽、稲芽、ナグナフと玄米粥、その重湯そして炒り玄米が共通の材料である。カーティヤーヤナではこれにさらにヒエの製品とミルクを加えている。アーパスタ

表4　3つのテキストによるスラーの材料

	バウダーヤナ	アーパスタンバ	カーティヤーヤナ
大麦芽	○		○
稲芽	○	○	○
ナグナフ	○	○	○
玄米粥	○		○
玄米粥の重湯	○	○	○
ヒエ粥			○
ヒエ粥の重湯			○
炒り玄米	○		○
炒り大麦		○	
炒りヒエ		○	
ミルク		○	○
ヨーグルト/バターミルク		○	

ンバでは稲芽とナグナフという発酵材、玄米粥の重湯、炒り大麦、炒ったインドビエという穀物製品およびヨーグルトまたはバターミルクと大量のミルクという乳製品の混合物としてのスラーを教えている。ここで、バウダーヤナが言及していない乳製品はスラー製造に不可欠なものではなく、古代インドの神の飲み物とされたソーマがミルクを混ぜて飲まれていたので、スラーにも儀礼的に適用されたとも考えられる。

しかし、常に曖昧《あいまい》なのが、発酵材系のナグナフである。このナグナフには三つのテキストが共通して言及している。バウダーヤナの補足説明によると材料はリョクトウである。カーティヤーヤナの一九章一節二〇に対する注釈でこのナグナフはキンヴァ（kiṇva）と同じであるとされる。このキンヴァはすでにバウダーヤナの補足説明のところに出ていて、その際キンヴァを発酵材と訳したが、同時に同じテキストに登場するためナグナフとキンヴァは別なものとも考えられる。つまり、ここでナグナフは豆芽を指し、キンヴァは発酵材つまり稲芽、麦芽、豆芽の総称と思われる。

四世紀頃の作品とされるカウティリヤのアルタシャーストラにキンヴァの製法に関する記述がある。アルタシャーストラ二章二五節二六がそれである。「一ドローナのリョクトウの練り粉……生または煮たもの……、それより三分の一だけ多い量の米、［それぞれが］一カルシャのモーラター等を伴うもの、これが酵母の組成である。」（上村勝彦訳）ここで一ドローナは約九リットル強の量で、一カルシャは約一一グラム強の重さと考えられる。アルタシャーストラの研究者カングルの見解によると、「モーラター等」というのは上に引用した文の少しあとに来る二章二五節三三に列挙されている「モーラター（チトセランの仲間*Sansevieria roxburghiana*）、パラーシャ（ハナモツヤクノキ*Butea monosperma*）、パットゥーラ（*Alternanthera sessilis*）、メーシャシュリンギー（ガガイモ科の一種 *Gymnema sylvestris*）、カランジャ（クロヨナ *Pongamia pinnata*）、ニャグローダ（乳の木、ベンガルボダイジュ *Ficus benghalensis*）、ウドゥンバラ（*Ficus racemosa*）、アシュヴァッタ（インドボダイジュ *Ficus religiosa*）、プラクシャ（*Ficus infectoria*）など）」にあたるとされる。ここではこれらのものが煎じ汁の材料とされるが、キンヴァづくりの場合はこれらの植物の葉または樹皮などが添加物として使用されるのであろうか。たとえばカランジャ（クロヨナ）はその木の実からつくられる油で有名である。

カーティヤーヤナ・シュラウタスートラ一九章一節二〇に対する注釈はナグナフをキンヴァと同意語とみなし、ナグナフの材料として以下のようなものを列挙している。サラソウジュ（*Shorea robusta*）の樹皮、三種のミロバラン（ハリータキー［*Terminalia chebula*］、ビビータカ［*Terminalia bellirica*］、アーマラカー［トウダイグサ科の一種 *Emblica officinalis*］）、乾燥ショウガ、プナルナヴァー（オシロイバナ科の一種 *Boerhaavia diffusa*）、四種の辛いもの（カルダモン、黒コショウ、ローレルの樹皮と葉）、ロング・ペッパー、ガジャピッパリー（サトイモ科の一種 *Scindapsus officinalis*）、竹（の葉?）、アヴァカー（?）、大きな傘（?）、チトラカ（インドマツリ［*Plumbago zeylanica*］）（の根）、インドラヴァールニー（?）、アシュヴァガンダー（ホオズキの仲間 *Physalis flexuosa*）、コリアンダー、アジョーワン（*Trachyspermum copticum*）、クミン、黒クミン、ターメリック、ヴァチャー（ショウブ *Acorus calamus*）、そして最後に稲芽と麦芽をあげている。

アルタシャーストラの説明によると、キンヴァは香辛料を添加した豆と米の発酵材といえるが、カーティヤーヤナ・シュラウタスートラへの注釈が記述するのはさまざまな香辛料が添加された稲芽と麦芽の混合物であり、古代インドの文献はキンヴァに関しても確たることを教えてくれない。シュラウタスートラへの注釈者は世事にうとい祭式学者であったと考え、この注釈に伝えられているキンヴァの説明を無視することもできる。すると、ナグナフとキンヴァは広い意味での発酵材を指す語と解釈することができる。しかも、バウダーヤナの補足説明を頼ればナグナフを豆系の発酵材と考えることもできるが、なお曖昧な点は残る。

以上のことから、次のようにまとめることができる。スラーは大麦芽、稲芽、豆芽などの発酵材にさらに玄米粥、その重湯そして炒り玄米あるいは大麦粥や炒り大麦を材料としたかなりドロドロとした飲み物である。大麦芽か稲芽は必ず必要であるが、米か大麦の粥などのほかの産物は好みにより、取捨選択して使用されたものと思われる。それらの主材料にのちにはさまざまな香辛料が添加された。そしてヴェーダ儀礼においては、神々の飲み物ソーマに真似て多くのミルクとともに飲まれた。

さて古代インドの文献においてはほかにもさまざまな酒の名前が登場してくる。アルタシャーストラの二章二五節一六から二五にかけてメーダカ（medaka）、プラサンナー（prasanna）、アーサヴァ（asava）、アリシタ（arista）、マイレーヤ（maireya）、マドゥ（madhu）という酒の簡単なつくり方の説明がある。また古いインド医学のテキストであるチャラカ・サンヒターの第一巻二五章の一七九〜一九五にはさらに多くの酒の種類とそれぞれの薬効が教えられている。インドも決して酒を知らない不思議な国ではないのである。

永ノ尾　信悟

〈参考文献〉

Eggeling, J. 1900 *The śatapatha-Brāhmaṇa According to The Text of Mādhyandina School*, Part V. (*Sacred Books of the East*, Vol. XLIV.) London : Clarendon Press. (Reprint 1972 Delhi : Motilal Banarsidass.)

Kolhatkar, Madhavi Bhaskar, 1999 *Surā, The Liquor and the Vedic Sacrifice,* New Delhi: D.K.Printworld.

Oort, Marianne S., 2002, "Surā in the Pappalāda Saṃhitā of the Atharvaveda," *Journal of the American Oriental Society* 122-2, pp.355-360.

さらに、永ノ尾信悟　二〇〇三「古代インドの儀礼における酒の使用」吉田集而編『酒を巡る地域間比較研究』JCAS連携研究成果報告四　一四九～一六五頁を参考にされたい。

サンスクリット文献　テキストおよび翻訳

バウダーヤナ・シュラウタスートラ

テキスト　Ed. Caland, W. 1904-1924 *The Baudhāyana Śrauta Sūtra belonging to the Taittiīya Saṃhitā*. 3 Vols. (Bibliotheca Indica 163). Calcutta : Asiatic Society of Bengal.

翻訳　Dandekar, R. N. 1962 *Śrautakośa*,Vol. 1, English Section, Part 11. Poona : Vaidika Saṃś odhana Maṇḍala.

アーパスタンバ・シュラタスートラ

テキスト　Ed. Garbe,R. 1882, 1885, 1902 *The Śrauta Sūtra of Ápastamba belonging to the Taittirīya Saṃhitá with the commentary of Rudradatta*. 3 Vols.(Bibliotheca Indica 92). Calcutta : Asiatic Society.

翻訳　Caland, W. 1928 *Das Śrautasūtra des Ápastamba*. Sechszehntes bis vierundzwanzigstes und einunddreissigstes Buch.(Reprint 1969 Wiesbaden : Dr. Martin Sändig oHG.)

カーティヤーヤナ・シュラウタスートラ

テキスト　Ed.Weber, A. 1859 *The Çrautasūtra of Kātyāyana with extracts from the commentaris of Karka and Yājñikadeva. The White Yajurveda*, Part III. Berlin(Reprint,1972 Chowkhamba Sanskrit Series 104, Veranasi : Chowkhamba Sanskrit Series Office.)

翻訳　Ranade, H. G. 1978 *Kātyāyana Śrauta Sūtra* 〔*Rules for the Vedic Sacrifice*〕 Translated into English. Pune : Dr. H. G. Ranade and R. H. Ranade.

チャラカ・サンヒター

テキスト　Sharma, R. K. and Bhagwan Dash 1983 *Āgniveśya's Caraka Saṃhitā. Text with English Translation & Critical Exposition*.3 Vols.(Chowkhamba Sanskrit Series 94 Varanasi : Chowkhamba Sanskrit Series Office.)

翻訳　テキストと同じ

矢野道雄　一九八八『インド医学概論『チャラカ・サンヒター』第一巻「医学概論」』科学の名著　第二期一　朝日出版社

アルタシャーストラ

テキスト　Kangle, R. P. 1969 *The Kautilīya Arthaśāstra*,Part I.A Critical Edition with a Glossary. Bombay : Bombay University.(Reprint,1988 Delhi : Motilal Banarsidass.)

翻訳　Kangle, R. P. 1972 *The Kautilīya Arthaśāstra*,Part II, An English Translation with Critical and Explanatory Notes. Bombay : Bombay University.(Reprint,1988 Delhi : Motilal Banarsidass.)

上村勝彦　一九八四　『カウティリヤ　実利論―古代インドの帝王学―』岩波文庫　青二六三―一・二　岩波書店

東部ユーラシアの酒

ココヤシの栽培。フィリピン、パンガシナン州ロスバニョスにて（小崎道雄）

シコクビエの酒チャン　―ネパール―

＊――ヒレの町でチャンを飲む

シコクビエの酸味のある酒チャンをはじめて飲んだのは、今でも正確に記憶している。一九八三年一〇月一二日、東ネパールのダンクッタ地区、バスの終着地、朝靄《あさもや》のかかったヒレの町でのことであった。私にとってはじめての海外学術調査だったこともあり、少女ベルマに対するごく淡い恋心もともなって、この数日はほんとうに楽しかった。宿屋の女主人（チベッタン）、ラマ僧、小西猛朗さん、ベルマと私は飲み、かつ歌い明かしたのである。もちろん、チャンを飲んだのは小西さんと私だけで、女性たちとラマ僧は飲まなかったが、カンチェンジュンガの壮観とライ族の集落を訪れたこととともに、すでに二五年を経ていても、鮮明な思い出となって残っている。この夜、チャンを飲んだトンバ（飲酒用容器）は女主人に請うて一個三〇〇ルピーでゆずってもらい、チームの友情の証として持ち帰った。ストローはアルミニウム製の貴重品であったのか、こればかりはどうしてもゆずってもらえなかった。帰国後の隊員会議の折りにはこのトンバでいっしょにビールを飲む約束だったが、今では真鍮のたがもゆるみ、展示に供している。このトンバはシャクナゲの幹を輪切りにし、くりぬいてつくってあり、重量感がある。標高四〇〇〇メートルの山麓には幹の直径十数センチのシャクナゲが大いに繁茂していた。また当時、シャクナゲ（ラリグラス）の深紅の花柄の箱に入ったタバコも愛飲していた。その後、サガルマータ（別名エベレスト）の麓、クンブー地区のナムチェでも稲を材料にしてつくったチャンを飲む機会があったのだが、このときはトンバではなく、しぼった酒汁をガラスのコップで飲んだ。

シェルパ族の伝統的なチャンのたしなみ方は、固体発酵したシコクビエをトンバに入れて、お湯を注ぎ、先端に切れ目の入った竹製のストロー（chipshing）で濾過しながら飲むのである。湯を加えては三度ほどくり返して飲むことができる[6]。マジュプリアは、シェルパ族や広くチベッタンの人びとがチャンをトンバとよぶのは、チャンを入れる容器の名前が中身である酒の名前へと転化したためであるとしている[7]。また、シコクビエでつくった固体発酵酒を木製または竹製の容器に入れ、そのアルコールを湯で抽出してストローで吸うものをトンバ、稲・大麦・小麦でつくり、発酵したものに湯を加え、濾過して飲むものをチャンとよび[8]、区別することもある。チャンはシェルパ語で、ネパールではむしろジャールとよばれることが多いが、地域や部族によってもいろいろによばれている。中部ネパールではジャンド、東ネパールのリンブー族はチー、ライ族はウマークあるいはカワーク、チャムリン語（ライ族の部族語の一つ）ではワシムとよぶ。

田村は、東ネパールのチャムリン・ライ族の村でのジャールの利用について、以下のように報告している。ジャールはお茶のように頻繁に飲まれるので、液体状の主食とさえいえる。来客に出し、神に捧げ、乳の足りない乳児や病人に飲ませるのも、シコクビエのジャールである。お客によばれたら、ジャールかロキシーを一本さげていくのがしきたりであるという。シコクビエのジャールが儀礼と結びついていかに重要な飲み物であるかという一例を示す。ライ族一家の囲炉裏の壁には、竹の台がくくりつけになっており、ジャールを仕込む黒光りする素焼きの壺が三個並んでいる。これらのうちの一つが祖先神（ピットラ）の象徴である。春と秋の祖先神の祭りの前に、その象徴である壺に、祭り用のシコクビエのジャールが仕込まれる。とりわけ秋祭りには特別に植えたシコクビエの初穂でジャールをつくることになっている。[3] もう一人のマジュプリアによると、シコクビエの葉がパードラ月一四日（八～九月）に叡智《えいち》の神ガネーシャに供えられ、また、天然痘の守り神であるシータラー女神の祭礼にもマントラとともに捧げられる。[9]

シコクビエのコドチャンをトンバとストローで飲んでいるところ。東ネパールのダンクッタ地区、ヒレの町にて。

＊——シェルパ族の酒づくり

チャンの主要な材料となるシコクビエはイネ科オヒシバ属の一年生草本で、アフリカから日本にまで、いちじるしく広い範囲に栽培されてきたアフリカ起源の栽培植物である。祖先種はエレウシネ・コラカナ・アフリカナ（*Eleusine coracana* ssp. *africana*）である。近縁雑草にオヒシバがある。シコクビエは日本でも古くから栽培されており、私が最初にシコクビエに出会ったのは、山梨県上野原町西原の山畑であった。この見たことのない、オヒシバによく似たイネ科の栽培植物がシコクビエであることは、直感でわかった。籠《かご》を背負って通りがかった古老に聞いたところ、チョウセンビエとよんでいるとのことであった。日本ではこのほかにカマシ、カモマタビエ、エゾビエ、サドビエなど各地でいろいろな名称でよばれている。英語ではフィンガー・ミレットとよぶが、これは、穂の形がちょうど手指を広げたり、握ったりした形に似ているからである。シコクビエはネパールでコドとよばれることが多いが、リンブー族はマンドックとよび、さらにインドではラギ、マンディアなど非常に多くの呼称がある。シコクビエの栽培技術で特徴的なのはインド亜大陸から日本にかけての地域では苗床に播種し、その後本畑に若い苗の移植をおこなうことである。アフリカからネパールまで広い範囲ですぐれた酒造材料にされてきたが、日本では、粉餅、饅頭およびおねりに調理され、酒の材料にされることはなかった。[1]

ネパールの高地に住むシェルパ族はチャンをシコクビエ・稲・小麦・大麦およびトウモロコシを材料にしてつくる。もっとも味がよいのはシコクビエからつくったコドチャン、ついで稲からつくったチャンである。シコクビエより稲の方が容易にチャンに加工することができ、口あたりもよいが、健康的にはシコクビエの方がすぐれているという。トウモロコシを混合することもあるが、混合しない方がよいチャンができる。チャンのつくり方の一例を次に示す。①シコクビエの穀粒を水洗いする。②水に二〇分ほど浸す。③鍋で一時間ほど煮る。④蒸らして、冷ましたあとに、ソバ粉でつくった餅麹《へいきく》を混ぜ、竹籠の中で二日間ほど発酵させる。⑤これを壺に移して、さらに一～二週間発酵させるとチャンができあがる。[3]・[6] マジュプリアによると、その後、チャンを内取り法により蒸留したものがロキシー（チベッタンではアラック、東ネパールではキザンワ）で、やはり稲・大麦を材料とするよりもシコクビエを材料とした方が品質がよいという。[7] ただし、蒸留酒は健康を考えるとよくないというシエルパもいる。

左＝シコクビエ。穂の形から、英語ではフィンガー・ミレット（finger millet）とよばれる。右＝むしろに広げて乾燥中のネワール族の餅麹。

＊――スターターの特性

ネパールでは餅麹をマルチャあるいはモルサ、東ネパールではボプカとよぶ。内村の報告によれば、餅麹のつくり方は地域・部族によってさまざまだが、次に一例を示す。①シコクビエかソバ（タカリブレッド）の粉を用いることが多いが、ネワール族では大麦粉を材料としている。②この粉に水を加えてよく練る。③チトパテという植物をすり潰し、この汁を加えてさらによく練る。④小粒の団子にしてチトパテを敷き詰めた容器、あるいはござの上に並べ、その上にもまたチトパテをかぶせ、さらに毛布をかけて一夜おく。⑤白いカビの菌糸が出た状態で完了となる。⑥これを太陽にさらすか、炉の上の天井に吊して乾燥させる。⑦二回目からは前につくっておいたマルチャを振りかけてチトパテを敷いた容器に入れ、あとは一回目と同様につくる。[4]チトパテ（tite pati）はキク科のヨモギのことである。

吉田は、[5]カビ発酵酒の起源を総合的に考えた結果、〈稲芽・カビ・稲籾〉のステージでスターターと原料が分化しはじめ、さらに同じステージで、加熱米粒への変化がおこり、並行して液体発酵から固体発酵への移行がおこったと推定している。一方で、〈カビ・砕き稲籾〉までは分化をおこさない形で酒づくりがおこなわれていたとも考えている。もし、そうであるなら、〈カビ・加熱米粒〉の成立は、〈カビ・生米粉（団子）〉より新しいともいえず、同時並行的に出現してきたと考えられるが、主流は〈カビ・生粉（団子）〉にある。それは、このスターター（餅麹）が乾燥保存がきき、それによる軽便化、さらにいろいろの混ぜものができるという特性によるものである。

また、餅麹の起源がしとぎにカビが生えたことから発したかどうかについては、いっそうの興味が持たれる。しとぎはアジア起源の穀類を精白し、水に浸したあと、臼《うす》でついて湿式製粉した加工品であるが、インドのアンドラプラデシュからスリランカ、さらにナガランドのアオ・ナガ族、レンマ・ナガ族、タイのシャン族、ビルマ・中国・台湾・日本へ分布している加工技術である。もう一点、たいへん興味深いのは固体発酵の起源がパーボイル加工した穀粒に発したかどうかということである。稲を含めてインド起源の穀物はインドのビハールを中心にパーボイル加工を施す例が多いが、しかしながら、シコクビエのパーボイル加工の事例は今のところない。[2]ただし、マレシュは、シコクビエは種子発芽時のアミラーゼ活性が小麦のそれに匹敵し、雑穀類の中では群を抜いているとしており、[10]稲よりも固体発酵に適しているといえる。チャンに相当するインドの酒ハンディアなどいくつかの発酵食品がビハールから北に出てくることを考慮すると、ビハールを中心とする周辺地域が古い過去にこれらの加工技術を連関させた可能性を推測することはできよう。ちなみに、アフリカではシコクビエからモルト酒、すなわちビールを醸造している。

木俣　美樹男

〈参考文献〉
（1）木俣美樹男　一九八八「雑穀の栽培と調理」佐々木高明・松山利夫編『畑作文化の誕生』一八九〜二一一頁　日本放送出版協会
（2）木俣美樹男　一九九二「インドにおける雑穀の食文化」阪本寧男編『インド亜大陸における雑穀農牧文化』一七三〜二二二頁　学会出版センター
（3）田村真知子　一九八〇「東ネパールのライ族の食生活――チャムリン・ライ族の村に住んで」『第九回ネパール研究学会記録集』五〜一四頁
（4）内村　泰　一九八九「東アジアの酒文化――ネパールの酒、ブータンの酒」『第一七回ネパール研究学会シンポジウム記録集』三七〜四三頁
（5）吉田集而　一九八六「カビ発酵酒の起源――アッサムの酒について」『季刊人類学』第一七巻四号　四五〜一〇四頁
（6）Kimata, M. 1983 Characteristics of some Grain Crops, Garden Crops and Weeds, and Methods of Cooking Grain Crops in Nepal. In I. Fukuda (ed.) *Scientific Research on the Cultivation and Utilization of Major Crops in Nepal.* Tokyo : The Japanese Expedition of Nepalese Agricultural Research.
（7）Majupuria, I. 1981 *Joy of Nepalese Cooking*. India : Lovely Composing House.
（8）Majupuria, I.and D. Lobsong 1980 *Tibetan Cooking*. India : Raj Rattan Press.
（9）マジュプリア、T・C.　一九八八『ネパール・インドの聖なる植物』西岡直樹訳　二六六頁　八坂書房
（10）Malleshi, N. G. 1989 Processing of Small Millets for Food and Industrial Uses. In A. Seetharam, K. W. Riley and G. Harinarayana (ed.) *Small Millets in Global Agriculture* pp.325-339. India : Oxford & IBH Publishing Co. Pvt. Ltd.

壺酒 ——東南アジア大陸部の酒——

*——壺に仕込んで管で飲む酒

壺に入れてつくった酒を壺酒というのではない。ここでいう壺酒は、ラオ語でラオ・ハイと称している酒をいう。ラオは酒、ハイは壺という意味で、直訳して壺酒というわけである。この語を一般化してよいほどに、東南アジア大陸部に広く認められる一群の酒が存在する。その一般的な特徴は、①麴で酒をつくる、②壺で酒をつくる、③飲むときに水あるいは湯を壺に注ぎ込む、④それを先端に穴あるいはスリットのある吸酒管で飲む、の四つからなる。簡単にいえば、壺に管をさし込んで飲む酒をいう。

こうした基本的特徴を持つものの、原料において、つくり方において、飲み方において、さまざまな変異が見られる。

*——黒タイ族の壺酒 —単純詰め込み型—

壺酒の語源になったラオ族の壺酒から述べるのがよさそうであるが、現在ではラオ族はあまりこの酒をつくらない。そこで、ほぼ同じようにしてつくっていると考えられる黒タイ族の壺酒から見てみよう。

原料はモチ米である。蒸したモチ米をマットに広げて少し冷まし、麴を粉にして振りかけ、混ぜ合わせる。少しおいてから、これを壺に詰める。黒タイ族では、この期間が短いが、ふつうは壺に入れる前にバナナの葉を敷いた籠《かご》に二～四日寝かせるものである。こうすることによって、カビが充分に生えるようにしている。さて、飯と麴を混ぜたものがほぼいっぱいになったところで、稲の籾殻《もみがら》をその上に詰め、灰を水で練って、それで密封する。この蓋《ふた》は、乾燥すると通風し、完全な密封というわけではない。一〇日ほどすると飲めるようになる。

ラオス南部のモン・クメール系の少数民族ブラオ族は、長い竹筒で酒を吸う。

飲むときには、この灰の蓋を壊し、籾殻を取り除き、壺の口をきれいにする。それから水を注ぎ込む。発酵した飯がいっぱいに詰まっているため、水はコップに二～三杯くらいしか入らない。竹の先端に樹皮から取った繊維を巻きつけた吸酒管を壺にさし込み、その管で酒を吸う。ふつうは二本の管を同時にさし込み、二人で注いだ水がなくなるまで飲む。液がなくなると水を注ぎ直し、次の二人が飲む。このようにしてアルコールの味がしなくなるまで飲む。蓋を開けた酒は、その日のうちに飲みきってしまう。

この壺酒を実際に飲んでみると、酒の味はけっこう強い。しかし、飯粒が吸酒管の口をふさぐため、吸うのにかなりの力がいる。そして、強く吸っているからであろう、酔うのも速いようだ。

ラオ族や白タイ族は、確認はしていないが、黒タイ族と同様にして壺酒をつくっていると思われる。ただし、吸酒管の先端は、単に穴が開けてあるだけで、黒タイ族のように繊維を巻きつけるというのは特殊な例だと考えられる。また、海南島のカダイ系のリ（黎）族では、竹筒の先端を竹片で編んだものを用いているが、これもめずらしい吸酒管である。

このタイプに属するもので、原料がモチ米でないものがある。ヴェトナム北部に住むタイ系のト族は、米でも酒をつくるが、トウモロコシもよく用いる。そして、この方が飲みやすい。トウモロコシは発酵しても米のように壊れないため粥状にはならず、粒のままなので吸いやすい。なお、ト族では水を注ぐとき、壺の上面に稲わらと葉を敷き詰める。発酵した飯が浮かんでこないようにするためであるという。また、吸酒管で酒を吸うだけでなく、この管をサイフォンのようにして酒を取り出し、コップで酒を飲むこともある。

サイフォンで酒を取り出すのは、吸酒管で酒を飲む方法のヴァリエーションである。吸酒管で酒を飲むとき、ときに飲むのを休む。そのとき、吸酒管の口を指で押さえておく。そうしないとまた、次に飲むとき空気をかなり吸わなければならない。口を押さえた管を壺より下にして、指を放せば酒が出てくる。それだけのことである。吸酒管で吸うか、サイフォンとして使うかは、一度に酒を飲む人数と関係している。つまり、八人以上になると壺を囲めない。これ以上の人が同時に飲むときは、壺の数を増やすかサイフォンで酒を取り出し、コップについで飲むしかない。

さらに、ラオス北部に住むモン・クメール系のクム族では、モチ米以外にハトムギを原料にして壺酒をつくる。モチ米の場合は、あとに述べる籾殻混合型であるが、ハトムギのときはなにも混ぜない。インドのマニプール州との国境に近いミャンマー領に住むチベット・ビルマ系のチン族では、雑穀やトウモロコシを原料にして壺酒をつくっている。ここでも吸酒管だけでなく、サイフォンも用いられている。

*——籾殻混合型の壺酒

先のタイプと異なって、あらかじめ籾殻をモチ米に混ぜておくタイプがある。こうすると蒸気が通りやすく、蒸しやすい。また、この混合物を壺に詰めて発酵させると、すき間が多くできて飲みやすくなる。籾殻が濾紙《ろし》の役目を果たしている。実際に水を注ぎ込むと、壺の大きさはそれほど変わらないのに、バケツに半分の水が充分に入る。そして、竹の先端に穴が開けてあるだけの管だが、この吸酒管でたやすく吸うことができる。

このようにしてはじめから籾殻を混ぜる民族には、タイ系の民族であるタイ族や赤タイ族、タイ・ヌア族、ラオス南部のモン・クメール系少数民族であるブラオ族やタッオイ族、アラック族、ラオス中部に住むクム族、マニプール州とミャンマー国境付近に住むチベット・ビルマ系のラケル族、ブルム族、タド族などがある。

なお、タイ・ヌア族、ブラオ族、クム族などでは、壺に詰めるとき、バナナの葉をその上に敷き、さらに籾殻を詰め、そして練った灰で密封する。バナナの葉を上手にはがすと、蓋が一気に開くという工夫も、広く見られる方法である。また、クム族では二人で黒タイ族のようにして飲んでいたが、ブラオ族では六〜八人が吸酒管をさし込み、同時に飲んでいた。飲み方にもいろいろあるようだ。そして、アラック族では管はサイフォンとして

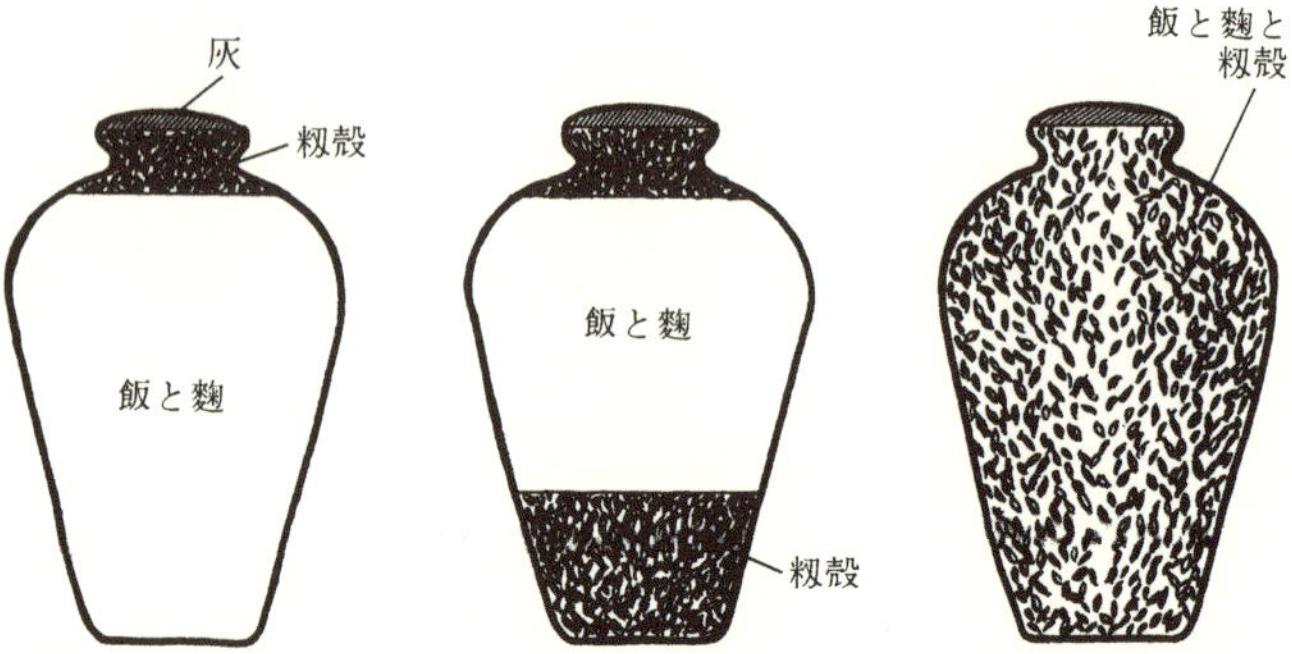

壷酒の３つの発酵の仕方。

だけ使っているし、ラケル族やダド族は吸酒管とサイフォンの両方を使っている。また、タド族では壺の中に目印のための棒を立て、その棒を目盛りにして吸酒管で飲むという方法が取られている。

*——カトゥ族の層状型壺酒

今一つ、これらとは異なった例がある。ラオス南部に住むモン・クメール系の少数民族のカトゥ族では、モチ米はふつうに蒸し、麹を混ぜた後に壺に詰めるのだが、そのときまず壺の底にかなりの量の稲の籾殻を詰め込む。その後に、蒸し米と麹を混ぜたものを入れ、最後にもう一度籾殻を詰める。籾殻でサンドイッチのようにする。こうすると、確かに酒が飲みやすい。すぐ近くに住むモン・クメール系の少数民族のンゲ族では、壺酒のつくり方はカトゥ族と同じだが、アラック族と同様にサイフォンで酒を取り出しているだけである。

この方法はあまり一般的でないのかもしれない。ただし、細かな記述がなされていない場合もあり、あるいはもう少し例が増えるかもしれないが、ほかのタイプよりはめずらしい。

*――筒　酒

目を東南アジア大陸部からほかに移してみよう。あちこちに壺酒あるいはそれと同系統の酒が見られる。オーストロネシア系に属する台湾のアミ族やルカイ族では、アワ飯と麹を混ぜて壺に入れ、酒をつくっている。そして、これを竹の管で飲むことがある。ただし、麹を使ったり吸酒管を使う方法はのちに入ってきたものである。

ボルネオのムルット族は、ウルチ米あるいはマニオクを原料にして壺酒をつくる。竹の管を二本さし込み、一本は神のためのものであるとして、もう一本で人が飲む。そして、ト族のように葉でもろみの上面を抑えることもしているし、タド族のように目印として枝を壺の中に立てている。ボルネオでは、このムルット族だけでなく、ルン・ダィエ族、カダザン族も吸酒管を使っている。また、フィリピンのパラワン島のタグバヌワ族では、ムルット族と同様に神のための吸酒管が用意されている。

中国の少数民族にも壺酒が見られる。チベット・ビルマ系に属する四川省南部のイ（彝）族はモチ米を原料とした壺酒を飲んでいる。西北部のチャン（羌）族は、チンクームギという裸麦の一種を用いて壺酒をつくる。この酒は咂酒《ザージュウ》とよばれ、湯を注ぎ、竹の管で飲んでいる。

雲南省のモン・クメール系に属するワ（佤）族では、赤米を原料にして麹を混ぜてもろみをつくり、これを大きな竹筒に取り、冷水を加える。これに細い竹筒をさし込んで順番に吸う。これを水酒《シュイチュウ》という。

この例は、壺酒とはいいにくく、むしろ竹筒酒であるが、吸酒管を使っており、同じ系譜の酒であることは間違いない。ただし、赤米を使うところがめずらしい。

飲むときに筒を使う例ならほかにもある。よく知られた例はチベット族である。チベット族は大麦やソバを原料にして酒をつくるが、飲むときには竹筒あるいは木製の立派な筒にもろみを取り、これに湯を注いで細い竹筒で吸う。ブータンではシコクビエを原料とし、同様にして飲んでいる。ただし、そのすぐ近くに住むモンパ族はシコクビエ、トウモロコシ、アカザなどを原料として吸酒管で酒を吸うが、筒には移さない。

筒に移して吸うタイプは、どうも個人主義の匂いがする。壺酒は基本的には祭りに際して飲まれるもので、共同体意識を高める道具の一つである。チベット族の例を見ているとそう感じてしまうが、あるいは多くの人が同時に飲むための別の方法だったのかもしれない。

＊——壺酒の由来

壺酒は、東南アジア大陸部を中心に広く認められるものであるが、これはどこで発生したものなのであろうか。六世紀頃に書かれた『斉民要術《せいみんようじゅつ》』の中に、層状の壺酒の記述がある。粟米爐酒という酒で、甕《かめ》の底に小石を敷き詰め、アワ飯に麹を混ぜて詰め、発酵させ、飲むときに冷水を加え、アシの管で吸う。

文献的にはこれがもっとも古い記録であるが、もっと古くからおこなわれていた方法であると考えられる。すなわち、西アジアでビールがつくられはじめたとき、ストローで吸われていた。この方法は、小アジアからバルカン半島の方へ、またアフリカにも伝えられた。前者はもう消えてしまっているが、アフリカでは現在でも管で酒を吸う例はあちこちに見られる。これが東方に伝えられ、麹で酒をつくる地帯でも盛んに用いられているというわけである。

先に三つの壺酒のタイプを示したが、米でつくる酒には吸酒管はふさわしくない。目詰まりを起こして吸いにくい。そのため、籾殻混合型や層状型の壺酒が発明されるようになった。麦類や雑穀なら目詰まりは起こさない。それゆえ、麦類や雑穀の麹でつくる酒が先にでき、それが米の酒に適用されたという説もありうるが、麹で酒をつくる方法は米を原料としないと出てこない。また、これほど広く壺酒が分布していることを考えると、かつては麹でつくられた酒の多くがこうのようにして飲まれていたことを示すのであろう。

吉田　集而

＊――食べる酒

酒は食べ物か飲み物か　―インドネシアのタペとブレン―

インドネシアにはタペとよばれるお菓子がある。黒いモチ米（日本でいう赤米）、あるいはマニオクを発酵させたものでアルコール臭のする甘く湿ったものである。しばしばこの発酵飯や発酵芋を入れた籠《かご》の底に汁がいっぱい溜まっている。買うとその甘い汁をかけてくれる。この汁をブレンという。これはそのままでも食べられるが、ココナッツ・ミルクとデンプンでつくった具とともに混ぜて食べる方が多い。こうしたものが屋台でよく売られている。

最近では、この汁が出ない発酵がおこなわれるようになった。とくに西部ジャワのマニオク芋では、そのための麴（ラギ）がつくられるようになった。麴が分化発展してきたということである。汁が出ないのは、運搬に便利ということもあるが、味により強くかかわっているようである。つまり、汁が出ないマニオク芋では、これまでのものよりやや酸っぱい。この方が好まれるようになったらしい。

ジャワ島ではこのタペだけがつくられることが多い。バリやスラウェシ島などでは、つくり方はほとんど同じだが、タペはお菓子、ブレンは酒として両方をつくっている。とくにバリでは、タペは新年に欠かせないものとなっている。ジャワ島がイスラーム化した一五世紀頃から、酒であるブレンはつくられなくなったのであろう。ジャワもかつては両方をつくっていたに違いない。

ところで、中部ジャワでは、ブレンというお菓子が売られている。ブレンは液状の酒であるはずなのに、ここでは固形のお菓子である。これも酒なのだろうか。

バリの赤いモチ米でつくったタペ。このザルの下からしたたり落ちた液がブレンであり、酒として飲まれる。

＊――中国のアルコール発酵飯

滴り落ちた液が酒なら、タペはもろみということになる。すなわち、酒をしぼるもとであり、それを食べるということになる。

ところが、中国の雲南省にいくと、酒をしぼるためでなく、発酵した飯が最終製品という例が見られる。雲南省の省都、昆明市の街角で、中ぶりの碗に紙をかぶせたものが売られていた。注文すると、いっしょに箸《はし》を渡してくれる。紙をはがすと、中から飯が出てくる。少し汁もある。プーンとアルコール発酵の匂いがする。飯粒はスカスカ

昆明市近郊の村で見られたイ族の甜酒。液（酒）はほとんどなく、まさに発酵飯である。発酵飯は碗に盛られて、客に供される（周達生氏撮影）。

だが、確かに飯である。これを「甜酒《ティエンチュウ》」とよぶ。いわば、飯でありながら酒というものである。

先に紹介したのは漢族の人がウルチ米からつくったものであるが、もともと漢族のものというよりも、雲南省の少数民族のものである。雲南省のペイ（白）族にも甜酒が見られる。彼らは、白いモチ米の飯に市販の「甜《ティエン》酒曲《チュウキュ》」を混ぜて発酵させていた。また雲南省南部の西双版納のタイ（泰）族でもペイ族と同じようにして甜酒をつくっている。

雲南省以外でも、アルコール発酵飯がつくられている。湖南省のトゥチャ（土家）族や湖南省のミャオ（苗）

族でも白いモチ米を発酵させた飯をつくっている。さらに、甘粛省蘭州のフイ（回）族ではオート麦に麹を混ぜて発酵飯をつくっている。これを「甜不子《ティエンピーツー》」という。青海省の西寧ではハダカオオムギを原料にして「甜《ティエ》醅《ンペイ》」というアルコール発酵飯がつくられている。

このように、中国の西南部では白いモチ米から、西北部では麦類からアルコール発酵飯がつくられている。そして、いずれも甜酒、あるいはそれと同様の名前でよばれている。

＊――甜酒の系譜

この中国の甜酒とインドネシアのタペは関係があるのだろうか。この問題はしばらくおいておくことにして、名称の方から少し考察してみよう。

甜酒とは要するに「甘酒」のことである。これなら日本にもある。しかし、日本の甘酒はドロドロしているが液状である。そして似たようなものが韓国にもある。清甘酒《チョンカムジュ》とよばれる酒で、モチ米の飯に麹を加え、さらに酒を加えて発酵させる。するとアルコール発酵が抑えられた甘い酒ができる。中国の漢族では、酒醸《ジュウニャン》とよばれるものがあり、モチ米の粥《かゆ》に麹を加えて発酵させたものである。これが現在のものであるが、文献的には醴《レイ》が原形である。これがどんなものであるかについては諸説あるが、私は麦芽でつくった粉酒であると考えている。そして、麦芽が麹に変わったのが現在の酒醸である。

甘酒はもともと粥状《かゆじょう》の甘い酒で、東方にはその形で伝わり、日本では原料はウルチ米、韓国では白いモチ米でつくるようになった。そして、中国の少数民族のあいだには、白いモチ米あるいは麦類を原料にし、飯状で伝わった。なぜ、粥状の酒が飯状に変わったかについてはとても興味ある点だが、少々長い説明を要するので、ここでは省略しておこう（興味ある方は吉田一九九三『東方アジアの酒の起源』ドメス出版を参照されたい）。

ところで、この系譜につながる酒を探すと、東南アジアの大陸部にも見られる。ラオスのヤオ族ではウルチ米で発酵飯をつくっているし、ミャオ族では赤く染めたウルチ米を用いて発酵飯をつくっている。赤米があれば、赤米を使うということであったが、なければ染めて用いるという。ラオ族やタイ族も白いモチ米から発酵飯をつくっていたらしい。カンボジアにもモチ種の黒米（赤米）でつくったアルコール発酵飯がある。これは新年の祝いの飯とされている。また、ヴェトナムでも新年に赤いモチ米の発酵飯をつくる。

こうしてみると、その地で常用されている穀物が原料になっていると見てよいが、そうではない例があり、それらの例がより重要である。すなわち、漢族の酒醸や韓国の清甘酒はモチ米を用いているし、ミャオ族ではわざわざ赤く染めた米を使っている。カンボジアやヴェトナムでは赤米が使われている。

＊——赤いモチ米の発酵飯

ここでもう一度、インドネシアのタペに戻ろう。タペは赤いモチ米でつくられていた。ふつうはウルチ米を食べているが、タペにはモチ米を用いる。そして、赤い品種が用いられる。

しかし、これは現在のタペで、イスラーム化する以前はもう少し状況が違っていたようである。すなわち、酒には二種類あって、主としてウルチ米からつくられた酒をバダッグといい、モチ米からつくられた酒をブレンといった。そして、バダッグをつくる際に残る発酵飯をタペといった。一方、ブレンは密封した壺に数カ月ほど入れて発酵させる本格的な酒であったらしく、もろみを食べるということはなかった。ただし、赤米が用いられていたかどうかは明らかでない。

これから想像すると、イスラーム化によって酒がつくられなくなった。すなわち、バダッグもブレンもつくられなくなった。しかし、甘いお菓子ならよかったのであろう。そこで、モチ米を用いた。韓国の清甘酒のように、甘くするにはウルチ米ではなく、モチ米の方がよい。すなわち、モチ米のブレンをつくる。しかし、液の方ではなく、飯の方だけをとった。その名称は、バダッグをつくった際の発酵飯のよび方を借用した。これしか名称はなく、タペとよんだ。そして液の方はそのままブレンとよばれていた。

西部インドネシアのボゴールでの麹づくり。「麹室」の中で、ドンゴロスをかけて、カビをつけている。

しかし、赤米はどこから出てきたのか。インドネシア、カンボジア、ヴェトナムで、新年の食べ物として赤い発酵飯が食べられていることを考えると、その先の中国に赤い発酵飯がないかどうか気になる。

唐代には福建省などで、紅麹が用いられるようになっていた。そして、この紅麹と白い飯が混ぜられたものがあったという。おそらく、このあたりで紅麹を使った赤い発酵飯がつくられるようになったのであろう。この地域は紹興酒の産地であり、紹興酒にはモチ米が用いられていた。このあたりで、赤いモチ米の発酵飯が起源し、それがヴェトナムやカンボジアなどを経る海上ルートに乗ってインドネシアに伝わったのではないだろうか。ただし、紅麴そのものは伝わらなかった。これは秘伝であり、長く福建省や浙江省から外には出なかったのである。そこで代わりに赤米が用いられた。ミャオ族は赤く染めた米を用いていたが、それがこれらの地方では赤米に代わったというわけである。そして、これも想像だが、この赤米の発酵飯はイスラーム化以前にすでにインドネシアに到達し、新年だけにつくられていたのであろう。そして、すでにこの発酵飯はタペとよばれていた。インドネシアには、酒の伝播以外に、赤い発酵飯が海上ルートで伝わったという仮説である。

＊——中部ジャワの固形のブレン

それでは、中部ジャワでつくられている固形のブレンとはなにか。

これは、白いモチ米を麹で発酵させ、滴り落ちる液、および発酵した飯を圧搾して液を取る。これはやや茶色のネバネバした液である。これを高速の攪拌機にかける。すると空気が混じり、型に入れるとサクサクとした固形物になる。空気を混ぜたチョコレートがあるが、それと同じようなものだ。口に入れるとすぐに溶ける。アルコールの味と匂いをともなった甘いものである。

これは、ブレンが酒であり、禁止の対象になったとき、お菓子として再生するためにブレンを固形物にしたことから生まれたのであろう。液でなければ酒ではないというわけである。そして、この空気を混ぜる技術は、角形のガンビールをつくる際の技術であり、すでに中国から持ち込まれていたと考えられる。

アルコール発酵飯というものは、麹で酒をつくる技術の中から、かなり早い時期に派生し、新年の食べ物や客のもてなしの食べ物として定着していた、と考えられる。それはアルコールを期待するというよりも、甘さを期待してつくられたものである。かつては甘いものはもっと貴重であった。インドネシアの夕ぺは見かけは少し異なるが、もとをたどると同じものであり、インドネシア的に適応したものである。一方、日本や韓国には甘酒として伝わった。しかし、こちらは飯ではなく、中国のもとの形を保って粥状《かゆじょう》の酒として伝わったのである。

吉田　集而

東南アジアのヤシ酒

サトウヤシからの樹液の採集。雄花軸を切って液を集める。

東南アジア島嶼部では、おそらくヤシ酒がもっとも古い酒であろう。島嶼部におけるヤシ酒の分布の広さや、酒の名前の変異の大きさ、用いられるヤシの種類の多さなどから、穀類からつくる酒よりも古いと考えられる。大陸部の方では、海岸に近い地域ではヤシ酒が盛んにつくられている。内陸部ではヤシ酒は少なく、穀類からつくる酒がふつうである。そして、どちらが古いかはよくわからない。ただし、島嶼部でヤシ酒がつくられるようになった時期と大陸部のそれとはほとんど同じ時期であろう。

＊――サトウヤシからつくるバタック族のトゥアック

ヤシの花序や花軸、先端の生長点などを切り、そこからにじみ出る液を集める。この液は糖分が多く、自然の酵母で発酵して酒になる。これがヤシ酒である。

東南アジア島嶼部では、ヤシ酒の原料としてはサトウヤシがもっとも重要なヤシであろう。サトウヤシの雄花序をたたき、しばらくしてからその雄花軸を切り、そこからにじみ出る液を集める。そして、この液を煮詰めると黒砂糖ができる。ただし、この液には自然酵母がいっぱいついており、とても発酵しやすく、糖からアルコールへ、さらにアルコールから酢へと簡単に変化する。この発酵を抑えるために、往々にして石灰を加えたり、液を集める壺の内側に塗ったりする。インドネシアでは、かつてはサトウキビから砂糖をつくるよりも、このサトウヤシから黒砂糖をつくる方が多かった。実際、ヤシ酒よりもこの黒砂糖をつくる方が需要が大きかった。

バタックのヤシ酒。サトウヤシから、朝に集めた樹液は、夕方には発泡して酒になっている。

この液は、単に放っておくだけで酒になる。むしろ速やかに酒になる。そのため、酵母による発酵をいかにゆっくりと進めさせるかが一つの技術となる。ふつう、酒づくりでは、いかに発酵をスタートさせ、うまく発酵を進めるかが重要な技術となっているが、ヤシ酒では逆に発酵を遅らせることが技術となる。

インドネシアの北スマトラの山中に住むバタック族は、サトウヤシから取った液を壺に入れ、前回につくった酒を少し残しておいて、それを加える。こうして同じ酵母を使いつづける。ふつうは、朝に採集し夕方には泡立った酒をその夜のうちに飲んでしまう。しかし、私には、夕方の酒は甘すぎ、一夜おいた酒の方が少し酸っぱいがアルコールが強く、うまいと思われた。この酒をトゥアックとよぶが、その消費量はかなりのもので、かつて滞在していたバタック族の村ではほぼ毎夜飲んでいた。

ジャカルタでは、町に出てきたバタック族の男などが市場でヤシ酒を売っている。やはりサトウヤシからつくった酒であるが、ここではほとんど発酵していない甘い液の状態で売られている。ムスリムの多いところではアルコールの強い酒は売りにくいのであろう。ただし、ジャワにはもともとヤシ酒があった。サトウヤシからつくられた酒はジャワ語でラハン、スンダ語でトゥアックとよばれる。(3) なお、東部ジャワではウチワヤシ(パルミラヤシ)からも酒がつくられ、それをジャワ語でレゲンとよぶ。しかし、イスラーム教の影響で、ジャワ人自身がヤシ酒をつくることはほとんどなくなった。

*――ココヤシからつくるトゥアック

バリではヤシ酒をトゥアックあるいはサジェンとよぶが、ココヤシからつくる。液の採集の仕方はサトウヤシの場合と少し異なる。ココヤシの場合は雄も雌も用い、花の先端を切って液を集める。すなわち、花が開く前に花を包んでいる大花苞《かほう》を縛っておき、そして、花部を木片などでたたき、さらにその先端部をたたき潰す。一方で、花軸を下方に曲げ、液が出やすいように幹や葉軸などに縛りつけておく、こうして五〜一五日ほどおいておくと、液が出はじめる。虫が多く集まってきたり、鳥が寄ってくるので、液が出はじめたことがわかる。すると、ヤシに登り、その先端部を新たに薄く切り、それに竹筒や壺をぶらさげて液を集める。それに、タンニンを多く含んだ苦い樹皮を加える。また、トウガラシを入れることもある。これは発酵を抑えるためである。飲んだ感じでは、バタック族のトゥアックとほとんど同じ味だった。

このココヤシからヤシ酒をつくるのは、サトウヤシからヤシ酒をつくるよりももっと広くおこなわれている。ミクロネシアの一部から東南アジア、インド、アフリカの東海岸にいたる地域に見られ、ココヤシの方がより一般的なヤシ酒といえるであろう。

バリの町のあちこちに、この酒を売る小さな店があり、仕事を終えた人びとが集まり、飲んでいる。また、ふつうの飲食店にも常にヤシ酒がおいてあり、食事どきの飲み物の一つとなっている。バリでは、この酒からアラックとよばれる蒸留酒をつくっているが、これは密造であり、その現場を見ることはできなかった。

小スンダ列島のフローレス島のリオ族は、サトウヤシをモケ、それからつくる酒をモック・バイ（苦い酒）という。リオ族は酒をつくる際、苦い樹皮を加えるために、できた酒は苦味があり、バイ（苦い）という語がつけられ、同時にサトウヤシとも区別している。蒸留酒も知られており、モック・アラ（蒸留したヤシ酒）とよばれている。(1)

＊――スラウェシ島のトゥアック

スラウェシ島南部のブギス族の地では、ウチワヤシの花から液を取っている。ウチワヤシでは雄の花の方が一般に用いられる。はじめに花を一つ一つ潰し、花部をたたき、布などを巻きつけ、それをまっすぐに立つように縛っておく。数日後に先端を切り、竹筒や壺に液が入りやすいように曲げて固定し、液を集める。この液も発酵しやすく、発酵するとサトウヤシのように泡立ってくる。ただし、私の飲んだウチワヤシの酒はいずれも甘い液でアルコールの弱いものだった。これもトゥアックとよばれている。

スラウェシ島の山中に住むトラジャ族ではサトウヤシから酒をつくり、この酒をトゥアックという。竹筒に入れて発酵させているが、最近ではプラスチックのタンクに変わりつつある。彼らは、前回のヤシ酒を加えるとともに、ウリとよばれる苦い樹液をも加える。この樹液は酸っぱさを軽減させ、一方で、アルコール発酵を促進させると考えられている。ウリがないときはランサットなど、ほかのいろいろの樹皮や材、根が用いられる。とくにウリとよばれる材は、生で用いるといつまでもこの液を甘く保つという。これなどは発酵を阻害するもののようである。

トラジャ族の市では、小さな杓《しゃく》で客に味見をさせ、甘い酒、酸い酒、苦い酒、弱い酒、強い酒など自分の好みにあった酒を選ばせて売っている。実際に飲んでみると、さまざまの味のものがあった。この味をつくり出すために、いろいろの植物が使われていたのであろう。なお、トラジャ族はヤシ酒を蒸留する。これをアラとよぶが、低地のモロ族から学んだものだという。

スラウェシ島北部からモルッカ諸島にいたる地域では、サトウヤシからヤシ酒がつくられ、一般にサグエールとよばれる。ハルマヘラでもサトウヤシから酒をつくるが、場所によってはニッパヤシからも酒をつくる。ニッパヤシは背の低いヤシで、湿地に生えている。この雄花の花軸を切り、液を集めるのだが、何人かで葉軸を持って前後左右にゆすると液がよく出るという。これはかなりの重労働であるが、酒を得るためには労をいとわないらしい。なお、ボルネオのイバン族ではサトウヤシからもヤシ酒（tuak ijok）がつくられるだけでなく、ニッパ

右＝ウチワヤシでは、雄花序から液が集められる。左＝トラジャ族ではいろいろの混ぜものをするし、発酵の異なった段階のものを売っている。そのため、小さな杓で味見をしてから買うことになる。

ヤシからもヤシ酒（tuak apong）をつくっている。[5] また、フィリピンのルソン島北部に住むアッタ族でもニッパヤシから酒をつくっている。[4]

＊――新芽・花食いから酒づくりへ

ヤシ酒はとても広い分布を持つ。かつては西アジアや北アフリカでもつくられていたが、のちに広まったイスラーム教によってほとんど消えてしまった。これらの地域を含めると、アフリカからインド、さらに東南アジア、太平洋と帯状に分布していたことになる。ヤシ酒がどこで、どんな種類のヤシからつくられるようになったのかはよくわかっていない。

それに対する答えのヒントは、花序や花軸を切って樹液を集めるというアイディアがどこから出てきたのかを検討することから得られるかもしれない。

それは、おそらく新芽食いや花食いが起源であると思われる。ほとんどの植物の新芽は食用になる。ヤシ

表1　ヤシ酒をつくるヤシ

ヤシの名称		樹液を採る部分	食用部分		分布地域
学　名	和　名		花	茎	
<東南アジア：後に導入されたものを含む>					
Arenga obtusifolia					東南アジア
A. pinnata	サトウヤシ	雄花軸		+	東南アジア
A. tremula					東南アジア
Borassus flabellifer	ウチワヤシ	幹の先端 花序		+	東南アジア、セイロン インド、ペルシャ湾沿岸
Caryota cumingii				+	東南アジア
C. maxima				+	東南アジア
C. obtusa				+	東南アジア
C. urens	クジャクヤシ	花軸		+	東南アジア、インド
Cocos nucifera	ココヤシ	花序	+	+	東南アジア、ミクロネシア、インド セイロン、アフリカ東海岸
Corypha leavis					東南アジア
C. umbraculifera	コウリバヤシ				東南アジア、南インド、セイロン
C. utan	タラバヤシ				東南アジア、インド
Nypa fruticans	ニッパヤシ	花軸			東南アジア、インド
Phoenix dactylifera	ナツメヤシ	幹の先端			東南アジア、インド 近東、アフリカ
P. sylvestris	サトウナツメヤシ	低い葉の 基部			東南アジア、インド
Scheelea martiana					東南アジア、南アメリカ
<東南アジア以外の地域>					
Acrocomia mexicana			−	−	中央アメリカ
Arenga engleri	クロツグ		+	+	台湾
A. wightii	花序		−	−	インド
Hyphaene coriacea			−	−	インド、熱帯アフリカ マダガスカル
H. crinita			−	−	南アメリカ
H. schantan	花の基部		−	−	マダガスカル
Jubaea chilensis	チリーヤシ	幹の先端	−	−	チリ
Mauritia flexuosa	オオミテングヤシ	幹の先端	−	−	南アメリカ（アマゾン）
M. vinifera	幹の先端		−	−	ブラジル
Pseudophoenix vinifera	幹の先端		−	−	西インド諸島
Raphia gigantea	幹の先端		−	+	コートジボアール、ガーナ
R. hookeri	ラフィアヤシ	花序	−	−	熱帯アフリカ西部
R. pedunculata		幹の先端	−	−	マダガスカル
R. vinifera	花軸				マレーシア、インド 熱帯アフリカ西部
Rhyticocos amara			−		小アンティル諸島
Scheelea butylacea	幹の先端		−	−	南アメリカ

（注）田中ファイルおよび堀田ファイルから作成。食用部分は、ここでは野菜として食べられる部分を示す。

科植物も例外ではない。サゴヤシやトウの新芽を食べる例はニューギニアではふつうのことである。なにもニューギニアを例に出さなくても、ジャワ島でもさまざまなヤシやトウの新芽が食用になっている。ジャワというのはおもしろいところで、古いものがよく残っている。副食として、ジャワでは生の野菜を食べることがよくある。この野菜をララブというが、蒸したり、灰の中に入れて焼いたりしたものも含まれる。ヤシ科植物の新芽はこの範疇《はんちゅう》に入る。たとえば、ココヤシの新芽はエンバルあるいはボンドとよばれ、ララブとして盛んに食べられていた。もちろんココヤシだけでなく、ウチワヤシやサトウヤシ、クジャクヤシ、タラバヤシ、さまざまなトウ、そしてビンロウヤシの新芽さえ食べていた。(3)

また、花を食べるということもよくおこなわれている。バナナの花はその典型的なものであり、東南アジアで広く野菜として利用されている。のちに入ってきたパパイヤも、東南アジアではその花は野菜である。ヤシの花も同様の発想で切られたと想像することはそれほど突飛なことではない。ヤシの花は食べにくそうなものが多いが、ココヤシの若い花はジャワではマンガールとよばれ、やはりララブの一つとして食べられている。

このようにして花序や花軸を切り落とされると、そこから甘い液が出る。多くの言語で「うまい」は「甘い」と同義語であったり、それから派生する言葉であるように、甘いものは好まれた。かつては甘味料は少なく、貴重なものだったろう。それゆえ、はじめは甘い液として飲んでいたのであろう。しかし、その液は放置するとともに簡単に酒になる。なんとか発酵を遅らせたいと考えるほどに簡単に酒になる。ここにヤシ酒が誕生する。

それでは、どのヤシから液が取られはじめたのであろうか。

サトウヤシは東南アジア島嶼部ではよく利用されているヤシであり、ニッパヤシはその低湿地で用いられているヤシではあるが、ともに起源植物とは考えにくい。東南アジアでヤシ酒がはじまったとは思われないし、花軸を切って液を得るヤシであるが、これらの花は食べられることはない。

かなり強い可能性を持つものに、ナツメヤシがある。文献的にはこのヤシ酒がもっとも古い。古代エジプトですでにつくられていた。ただし、ミイラづくりに用いられていたという記述があるだけで[2]、どれほど飲まれていたかは明らかではない。そして、その後は歴史の中から消えてしまった。それは、果実の有用性が高いためであろう。ナツメヤシの場合は、幹の先端を切って、そこから出る液を集めるという方法を取る。それゆえ、液を得るためにはヤシを殺してしまうことになる。液を採集するよりも、果実を採集する方が明らかに合理的である。酒をつくるにしても、その果実からつくればよい。しかし、なおナツメヤシは起源植物の可能性を持つ。それは、液の採集法と、新芽を野菜として採集する方法の近似性を思わせるからである。新芽を得るために幹の頂点を切る。その跡から液が出てきたという想像である。

インドのウチワヤシもその可能性を持つヤシの一つである。ウチワヤシほど多目的に用いられるヤシは少ない。樹液から砂糖やヤシ酒がつくられるだけでなく、新芽や果実(実際には種子についているパルプ質)は食べられるし、葉軸の繊維からロープがつくられ、葉からは団扇《うちわ》だけでなく、帽子やマット、籠《かご》などさまざまなものがつくられている。また、葉を紙として用い、経典などをこの葉に書いていた。さらに、ウチワヤシはヒンドゥー教や仏教では聖なる木と見られていた[6]。このように多目的な植物は、その植物の性質にもよるが一般に人間とのかかわり合いが古いと考えられる。

しかし、こうした新芽食いよりも花食いの方がより可能性があるのではないか。新芽を採集するのはふつうは若いヤシであり、若いヤシからは一般に甘い樹液は少ししか出てこないと思われる。もしそうならば、花を切るヤシの方が可能性が高いというわけである。ヤシ科植物の中で、花を食べてみようと思わせるものは少ないが、ココヤシの花はその例外的なものである。そして、花を切ったあと、そこににじみ出てきた液に虫などがたかることによって、甘い液に気づいたのかもしれない。ココヤシはウチワヤシ同様に多目的なヤシでもあり、分布ももっとも広い。私は旧大陸のヤシ酒の起源植物としてもっとも高い可能性を持つヤシはココヤシではないかと考えている。そして、そうであるならば、それはインドではじまったのではないだろうか。

吉田　集而

〈参考文献〉

(1) 杉島敬志　一九九〇「リオ族における農耕儀礼の記述と解釈」『国立民族学博物館研究報告』一五巻三号
(2) Forbes, R. J. 1965 *Studies of Ancient Technology*, Vol.3. Leiden : E. J. Brill.1965
(3) Ochse, J. J. 1981 (1931) *Vegetables of the Dutch East Indies*. Amsterdam : A. Asher & Co.
(4) Reid, L. A. 1971 *Philippine Minor Languages Word Lists and Phonologies*. Honolulu : Univ. of Hawaii Press.
(5) Richards, A. 1981 *An Iban-English Dictionary*. Oxford : Clarendon Press.
(6) Watt, G. 1972 (1889) *A Dictionary of the Economic Products of India*. Delhi : Cosmo Publications.

＊——東南アジア大陸部の穀類

ハトムギの酒

ハトムギ（*Coix lacryma-jobi* ssp. *ma-yuen*）は、イネ科穀類の一種である。日本では、生薬のヨクイニンとして漢方治療に、あるいは飲料や化粧品の原料として用いられてきた。最近では水田転作作物や健康食品としても注目を集めている。

一方、東南アジア大陸部の人びと、とくにミャンマー（ビルマ）、ラオス、タイ、ヴェトナムの山地の人びとは、ハトムギを食べ物として広く利用している。[1] この地域の人びとにとって、主食としてもっとも重要な穀類は稲である。ハトムギの栽培量は、稲にくらべればごくわずかなものにすぎない。だが、タイ人、シャン人、ラオ人の家を訪ねると、庭畑にバナナやココヤシ、香辛料植物、野菜類、仏壇に供える花などといっしょに、わずか数株ずつでもハトムギが植え込まれていることが多い。山地民の焼畑では、畑と畑の境界に一列に植えたり、陸稲や野菜などと混作されたりする。そして、おもに飯やおこわに加えたり、おやつにしたりして食べている。また、粉粥《こながゆ》にする、炒ってポップコーンのようにはじけさせる、穂ごと茹でる、完全に熟していない穀粒を生で食べるなど、めずらしい食べ方もいろいろある。大量に植えるわけではないけれど、完全に栽培をやめてしまうのでもない。食糧として不可欠ではないけれど、あればよく食べる。ハトムギはこのような形で人びとの生活にとけ込んでいるのである。

さらに、ハトムギは酒づくりにも用いられる。東南アジア大陸部では、ハトムギのほかにも稲、トウモロコシ、モロコシ、アワ、シコクビエといった穀類や、キャッサバでも麹酒や蒸留酒がつくられている。その中にあって、ハトムギの酒はその独特の風味が愛されてきた。たとえばラオス、ルアンパバーン県のカム人は、ハトムギ「ンベ」を使って壺酒「ブイ・ンベ」をつくる。これは、ハトムギの穀粒を蒸して五日間放置したあと、壺「カドン」に入れて麹と混ぜ、灰で蓋をして一カ月置いてから、吸引管「プローン」で吸い上げて飲むものである。ハトムギの壺酒は米の壺酒にくらべて、香りがよくて甘いという。このほかにも、タイではメーホンソン県のカレン、ラオスではウドムサイ県のアカ、シエンクワン県のタイ・ダム、セコン県のカトゥ、ミャンマーではカチン州のジンポー、シャン州のアカやカチンから、ハトムギの酒づくりの例を聞くことができた。つまり、多様な民族集団がそれぞれにハトムギの酒をつくってきたのである。

チンのハトムギ畑。まとめて栽培されている。

その中から、ミャンマー西部に暮らすチンの人びと、ナガの人びとがつくるハトムギの酒を紹介しよう。

*——チンの発酵飯と麹酒

チンの人びとは、ミャンマーのチン州とバングラデシュのミゾラム州、インドのマニプール州が国境を接するチン丘陵に暮らしている。[2] ミャンマー国内では、チンの人口のおよそ九五パーセントがチン州に集中している。[3]

二〇〇五年一二月、チン州南部の二つのタウンシップ、ミンダットとカンペットレットを訪れた。まず旧首都のヤンゴンから仏教遺跡で有名なバガンまで飛行機で移動する。そこで自動車に乗り換え、イラワジ川を西に越えてチン丘陵の裾野にとりつき、標高三〇九四メートルのビクトリア山を目指して山道を登っていく。ビクトリア山周辺は国立公園に指定されていて、ここでトレッキングやバードウォッチングを楽しむ観光客も多い。

ミンダットとカンペットレットは標高一三〇〇メートルを超える山の尾根にあった。早朝には街を雲海が取り囲む。その雲が晴れると、山やまの斜面に焼畑が広がる景観が見えてくる。いくつかの焼畑を回ってみると、畑をめぐる山道に沿って一列、あるいは畑の一部にと、次つぎとハトムギを植えた場所が見つかった。集落の中でも、住居の脇や空き地の一角に栽培されている。一つの街に、ここまでまとまった量のハトムギが栽培されるのは、かなりめずらしい。

チンの人びとにハトムギの食べ方を聞いてみると、食生活に占める重要度がかなり高いことがわかった。飯に炊いて主食にする。客をもてなすために雑炊のような煮込み料理をつくる。儀礼のときには粉から菓子をつくって供える。戦争や狩りで長いあいだ家を空けるときには携帯食にする。ハトムギがさまざまな役割を担ってきたのである。さらに、ハトムギにたいする深い思い入れを語る人もいた。チンの人びととのあいだには、谷川から集落まで巨石を運びあげる儀礼があることがよく知られている。この石運びにたいするハトムギ食の効力について、ある男性は、最近の若い者は米の飯ばかり食べているから石を運べない、昔の人はハトムギを食べていたから骨が強くて力持ちだったと、気合いをこめて説明していた。

チン女性が見せてくれたシコクビエの酒づくり。

では、ハトムギの酒はどのようにつくるのだろう。チンにはいくつかのサブグループがあるが、そのうちインドゥー、ガラ、シム、ダイ、ムンの人びとの話から、餅麴《へいきく》を使ってハトムギを発酵させてつくるものが二つあることがわかった。

一つめはアルコール発酵飯である。発酵飯とは、酒をしぼるのでなく、発酵した飯が最終製品というもので、いわば食べる酒である。中国では「甜酒《ティエンチュウ》」として知られている。[4] 発酵飯は、ビルマ語では「ローサ」、タイ語では「カオ・マー」とよばれている。東北タイのルーイ県で食べた発酵飯はモチ米を原料にしたもので、プラスティックのカップに入って、市場で売られていた。スプーンですくって食べると、アイスクリームのように甘く柔らかいが、かなり酒臭い。酒に弱い人なら酔っぱらいそうな食べもので、菓子の一つとして扱われていることが不思議であった。

発酵飯は、シム語で「ユーハ」、ダイ語で「ユックサー」とよばれている。そのつくり方は、ハトムギの殻をはずして炊いたあと、麹《こうじ》と混ぜて壺に入れ、短くて一週間、長いときで二、三カ月おけばできあがるという。食べるときは水を足す。最初は甘いが、壺の中にあまりに長くおいておくと苦くなる。

そして、二つめが酒である。酒はインドゥー、ガラ、ダイ、ムンの言葉に共通して、「ユー」とよばれていた。あるムンの家を訪れたとき、ちょうど女性がシコクビエの酒をつくっている最中であった。まったく同じ方法でハトムギ、ウルチ米、モチ米、トウモロコシ、モロコシ、アマランサスでも酒をつくるそうである。その方法を紹介しよう。

まず穀粒を飯のように炊き、これをマットに広げて冷ます。そこに餅麹をつぶして混ぜる。これを布袋に入れたあと、その上に炭とかまどのすすとトウガラシの果実をしばらく載せて、おまじないをする。その後、袋の口をしばって二晩寝かせ、さらに壺に入れて一〇日から一カ月ほどおくと、上澄みが酒「ユー」になる。一方、壺の底に残った飯「タイ」は人が食べることもあるし、あるいはブタの飼料にすることもある。餅麹「ソウ」は、ウルチ米、モチ米、ショウガをつぶし、水を加え、練って円形にまとめ、籠に入れて日向におき、三日間乾燥させてつくる。米といっしょに、ムン語で「バーヨーイエ」や「オウンパン」という植物の葉を入れておくと、酒の味がさらによくなるという。

この女性は、客が来たときのためにいつも用意しておきたいのだと、酒をつくる理由を語った。ビルマ人であれば、「ラッペイエ（噛み茶）」をかならず客に勧める。それとおなじように、チンの人びとならば、酒でもてなすのがきまりごとなのだそうだ。

＊――ナガの発酵飯、麹酒、稲芽酒

ナガの人びとといえば、インド、ナガランド州周辺に住んでいる人たちがよく知られているが、ナガランド州、マニプール州と国境を接したミャンマー、サガイン管区の山地にもナガの人びとが暮らしている。(5) 二〇〇一年からサガイン管区の二つの街、レシーとラヘで一年おきに「新年の祭り」が催され、近隣のナガの人びとが集まるとともに、観光客にも公開されるようになった。二〇〇六年一月、そのうちの一つ、レシーの祭りに参加した。上ビルマの中心都市マンダレーから飛行機でサガイン管区中央部に位置するホマリンへ移動、そこからチンドウィン川を船で二時間半さかのぼってタマンティへ、さらに自動車に乗り換えて山道を六時間ほど登ると、標高一三五〇メートルのレシーに到着する。

レシーの街には、続ぞくとナガの人びとが集まってきていた。数日以上かけ、米などの食料を持参して歩いてきたという人もいる。ナガの人びとにはいくつものサブグループがあるが、レシーの祭りにはタンクル、コキ、ロンブリ、パラ、マクリが参加していた。三日間の祭りのあいだに、政府要人を出迎える式典、祭りの開始を宣言する式典、伝統の舞踊を披露する式典、運動会、キャンプファイヤーと、次つぎと行事がつづく。人びとは、サブグループごとに独特の帽子やブランケットで盛装していた。

行事の合間に聞いてみると、ナガの人びとがハトムギを焼畑で栽培し、食べ物として利用していることがわかった。飯に炊いて主食にするほか、ぜんざい、ちまき、あるいはパンケーキのような菓子にして食べている。

ナガの稲芽酒。少し濁っている。

ハトムギの酒については、まずチンの人びとと同様に、発酵飯と麹酒がつくられていることがわかった。

パラの男性は発酵飯「シカ」と麹酒「シー」をつくるという。その方法は、まずハトムギの穀粒を飯のように炊いて、冷ました後、餅麹と混ぜる。これを植物の葉を敷き詰めた籠に入れて二、三日おくと発酵飯になる。さらに、発酵飯に水を加えて一晩おくと酒になる。一方、ロンブリの男性は、麹酒「クー」を、発酵させた壺に竹の吸引管を差し込んで、吸い上げて飲むという。その道具がレシー博物館に展示されていた。

さらに麹酒、発酵飯に加えて、もうひとつ別の酒、稲芽酒がつくられていることがわかった。

伝統の舞踏を披露する式典のとき、観光客に振舞われた酒が稲の稲芽酒であった。係員は、英語で「ライス・ビール」と説明している。ヒョウタンのサーバーから竹筒のジョッキに注がれた稲芽酒は、薄く濁った白色の液体であった。飲んでみると少し酸味があるが、口当たりがよくてうまい。アルコール度数はかなり低そうである。後味もすっきりしていて、つまみに出された鹿肉の燻製、豚肉の燻製とよくあう。タンクル語では、稲の稲芽酒は「イゴー」、稲の麹酒は「アスイイエー」とよばれ、それぞれ区別されているそうだ。また、祭り会場の一角に設けられた露店でも、稲芽酒が販売されている。稲芽酒が、新年の祭りの名物の一つになっていることがわかる。

インド、ナガランドの稲芽酒については、吉田集而がくわしく報告している。(6) その中から、アンガミ族のつくり方を例として引用してみよう。

ナガの人びとの新年の祭り、竹筒のカップで稲芽酒をふるまう。

モチ米の稲籾《いなもみ》をまず水に浸ける。三日ほど浸け、水を切り、夏で三〜四日、冬で一週間、壺などに入れて発芽させる。その後、一旦乾燥させ、籾のまま保存する。二カ月位は十分に保存できるという。この稲芽をクレイという。酒をつくるとき、この稲芽を籾ごと臼で搗《つ》きくずしておく。一方で、糯米を水に浸けて水分を含ませ、そののちに横杵で搗いて粉にする。これに沸騰した湯を少しずつ注いで、柔らかな粥状にする。糯米粉三リットルに湯五リットルほどの割合で混ぜる。湯の温度が低いときは火にかけて煮ることもある。この粥を冷やしたあと、先の稲芽の粉をひと握り振り掛け、よく混ぜる。冬には発酵が遅いのでもうひと握り加えることもあるという。これを大きなくりぬきの桶あるいはタールで目を塞いだ大きな籠に入れ発酵させる。数日おくと盛んに泡立ち、酒になる。夏なら二〜三日、冬ならば一週間で飲めるようになる。アルコールの強いものを飲み

ナガの新年の祭りで見つけた「ライス・ビール」の店。

たいときはそのまま飲む。すなわち、醪《もろみ》そのものを飲む。ふつうは竹製のざるに取り、水を加えて漉す。その酒をズトーといい、竹筒のカップに入れて飲む。祭礼などではミトゥン牛の角製のカップで飲む。

　稲芽酒の最大の特徴は、発芽させた稲籾をスターターにすることで、稲芽によってデンプンを糖に、さらに糖をアルコールに変えている。これは大麦の芽、つまりモルトをスターターにするビールのつくり方とまったく同じである。しかし、稲芽酒は、世界中でナガランド周辺でしかつくられていない、たいへんめずらしい酒である。吉田はナガランドの北部に麹でつくる酒が、南部に稲芽酒が集中していることを指摘し、稲芽酒がナガランドからさらに南のマニプール州方面にむかって分布しているのではないかと推測している。(6) その推測を裏づけるかのように、マニプール州に接するミャンマー、サガイン管区でも稲芽酒がつくられていたのである。

　ところがさらに驚いたことに、ミャンマーのナガの人びとの中には、ハトムギで稲芽酒をつくる例があることがわかった。その情報は、ひとりのコキ女性によってもたらされた。彼女はハトムギを焼畑で栽培していたことがあり、飯に炊いたり、おやつをつくったりするほか、稲芽酒「ズケ」にして飲むのだという。その方法は次のようである。

まず、稲籾を発芽させたのち、乾かして潰しておく。これを「テピレ」という。ハトムギは殻をはずして殻粒を取り出し、炊いた後、冷ましておく。一方で、モチ米を水につけておく。この三つを混ぜておいておくとしだいに甘くなって、二、三日たつと酒になる。飲むときは水と混ぜて飲む。

この女性によれば、ハトムギでつくる酒はもっぱらこの稲芽酒であり、麴酒はつくらないという。麴は、もっぱら発酵飯「エトー」をつくるときにのみ使用するということである。

*――インド北東部の「ビール」

インド北東部のガローヒル、メガラヤ、ナガランドでハトムギの酒がつくられ、ナガランドでは「ズー(zhu, dzu)」とよばれていることが、インドの民族植物学者アローラによって報告されている。(7) アローラはその酒を「ビール」という言葉で表現しているが、そのつくり方を読むかぎりでは、これが稲芽酒であるかどうか、はっきりしない。

つまり、ハトムギを米と同じように炊き、マットの上に広げて、米のペーストを粉状にしてシダ植物の葉でくるんだものと混ぜる。一方で、竹で編んだ筒状の籠を中央に入れた壺を用意し、その壺の内側で竹の籠の外側の部分に炊いたハトムギを入れ、壺にバナナの葉でふたをして一週間から一〇日ほどおくと、発酵する。ふたを取って発酵したハトムギに水を注ぐと、水分だけが編み目のすき間を通って、竹の籠の内側にしみ出してくる。この水分が酒であり、これをヒョウタンで作った容器で取り出し、ちびちびと飲むというのである。

発酵したハトムギの飯と酒を分離するために、竹で編んだ籠を使う工夫がされているところがおもしろいが、「米のペーストを粉状にしたもの」が、麹なのか稲籾なのか判別できないのが残念である。

いずれにせよ、ハトムギの酒にはまだまだわからないことが多い。とくに稲芽酒について、その謎を解く鍵は、ミャンマー、インド、バングラデシュの国境付近にあるのではないだろうか。

落合　雪野

〈参考文献〉
（1）落合雪野　二〇〇三「ハトムギ―焼畑と庭畑の穀類」『イモとヒト―人類の生存を支えた根栽農耕』平凡社
（2）David W. and Barbara G. Fraser. 2005. *Mantles of Merit: Chin Textiles from Myanmar, India and Bangladesh. Bangkok*: River Books.
（3）伊藤利勝　一九九四「風土と地理」『もっと知りたいミャンマー第2版』弘文堂
（4）吉田集而　一九九五「酒は食べ物か飲み物か―インドネシアのタペとブレン」『酒づくりの民族誌』八坂書房
（5）Saul, Jamie. 2005. *The Naga of Burma: The Festivals, Customs and Way of Life. Bangkok*: Orchid Press.
（6）吉田集而　一九九八「ナガランド―稲芽酒と納豆」『季刊民族学』八三号
（7）Arora R. K. 1977. Job's-tears (*Coix lacryma-jobi*)- a minor food and fodder crop of northeastern India. *Economic Botany*. 31:258-366.

農民色豊かなサトウキビの酒　―フィリピンを中心に―

砂糖をつくるためにまずサトウキビを圧搾するが、これから七五～八〇パーセントの割で糖液が取れ、そのしぼりたての液には約一二～二二パーセントの蔗糖《しょとう》と一パーセントに満たない還元糖（ブドウ糖や果糖）が含まれている。搾汁の糖分含有はブドウ果実に匹敵するから、ブドウ酒に近い八～一二パーセントくらいのアルコール濃度の酒がサトウキビからできる。またサトウキビには酵母のアルコール発酵を妨げる成分はないので、サトウキビの植生するところでは、どこでもこの酒がつくられていても少しも不思議ではない。

このサトウキビはニューギニアおよび南太平洋の島々を原産地とし、太古から熱帯・亜熱帯に広く分布していたといわれ、また紀元前四〇〇年頃には、シャカ一族の家紋にサトウキビが使用されていたから(1)、インドではすでに栽培されていたと考えられる。したがって、自然に発酵したサトウキビ酒はその頃からすでに飲まれていたに違いない。

本格的なサトウキビ酒（甘蔗酒）は、図1に示したように、フィリピン、ルソン島北西部のバシ、インドシナ半島を南北に走るアンナン山脈中部のアビエタ・タウおよびケニヤ内陸部キクユスのムラチナが今までに知られ

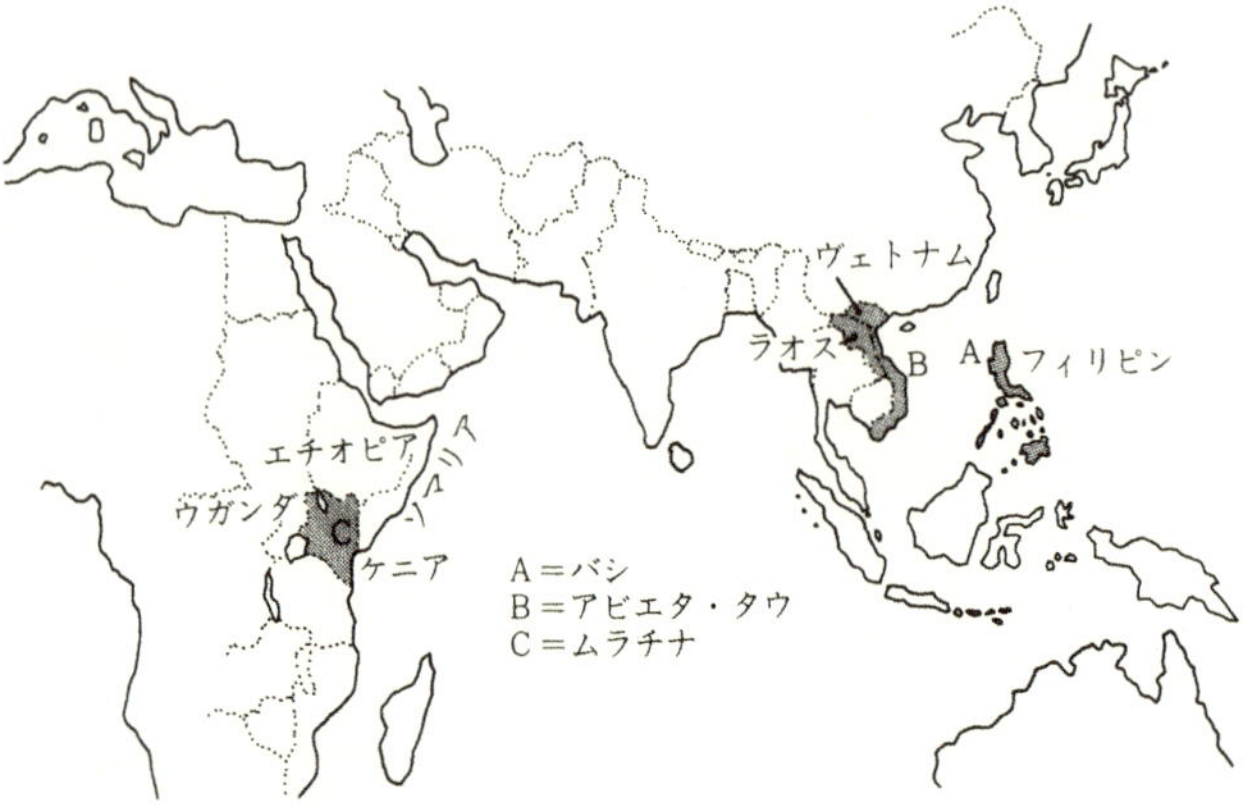

図1　サトウキビ酒の醸造地域。

ているにすぎない。[2〜7] ただ、アビエタ・タウとバシは南シナ海をへだてているが製法に共通するところがあり、またムラチナは簡易な手順でつくられている。このように、製造地の領域も広がりがあるようだし、簡単につくれるようだから未知のサトウキビ酒が世界のどこかで伝承されていると考えてもよさそうだ。

　ここでいう本格的なサトウキビ酒とは、サトウキビからしぼった液をそのまま、または濃縮して発酵させたものである。蔗糖製造で副生する廃糖蜜や搾汁を発酵蒸留した、いわゆる中南米に多いラム（rum）とピンガ（pinga）は別のジャンルの酒である。ともかく、この本格的な酒は、その製法だけをみても、発酵種に果実を使用したり、麹（餅麹《へいきく》）を加えるなど、土地によって違っている。また、発酵や熟成のやり方も、搾汁を濃縮発酵させ、さらに長期間熟成をほどこして清澄な酒とするものから、簡単に発酵させただけの濁り酒まで、それぞれ異なった製法が取られているから、それだけに三カ所の地域の酒にも少しずつ違った種類があるのではないだろうか。

＊――フィリピンの国民酒、バシ

フィリピンのサトウキビ酒バシの発祥は明らかでないが、一七世紀にはすでにイロコス地方で盛んに生産されていたという(8)。ところが、政府がこの酒を専売としたため一八〇七年に有名な「バシ一揆」が北イロコス州で暴発した。ピディグ村（図2）の弓取りが付近の農民とともに蜂起し、すぐに南イロコスの人びともこれに呼応して闘争が拡大した。困惑した政府はこの反乱を契機に圧政をやめ、恣意的な政策もしだいに弱体化した。それほどバシは当時の農民にとって身近な酒であり、かけがえのない有力な財源だったらしい。

一九五〇年代の大統領マグサイサイは、輸入酒にもないバシ特有の香味をたいへんに愛で、マニラ在住の外国高官に紹介したり、政府公式の宴にも積極的に提供した(9)。以来バシは国際的にも名声を博し、フィリピンの国民酒となった。また、マニラ郊外のフィリピン文化村、ナヨンフィリピノのバシの説明にあるようにイロコス一帯の冠婚葬祭や集会に欠かせない酒となっている(注1)。

ともかく、フィリピンではルソン島だけにかぎらず、サトウキビのプランテーションは各島で見られるが、不思議にサトウキビ酒はルソン島北西部だけ（イロコスおよびラ・ユニオン、図2）でつくられている。周知のようにルソン島の北はコルディレラ・セントラル山脈の山々が南北に連なっていて、その西側は緩急の斜面が南シナ海に迫っている。海岸近くはニッパヤシやココヤシが繁っているから、農民はヤシ酒やヤシ酢をつくっている。海から離れた平坦な耕地では野菜やサトウキビ畑が広がっていて、そこにはサトウキビ酒用の小屋があちこちに建っている。さらに山側に登ると米酒やヒエ酒を醸している。まさに標高差による作物の違いに対応した酒類の

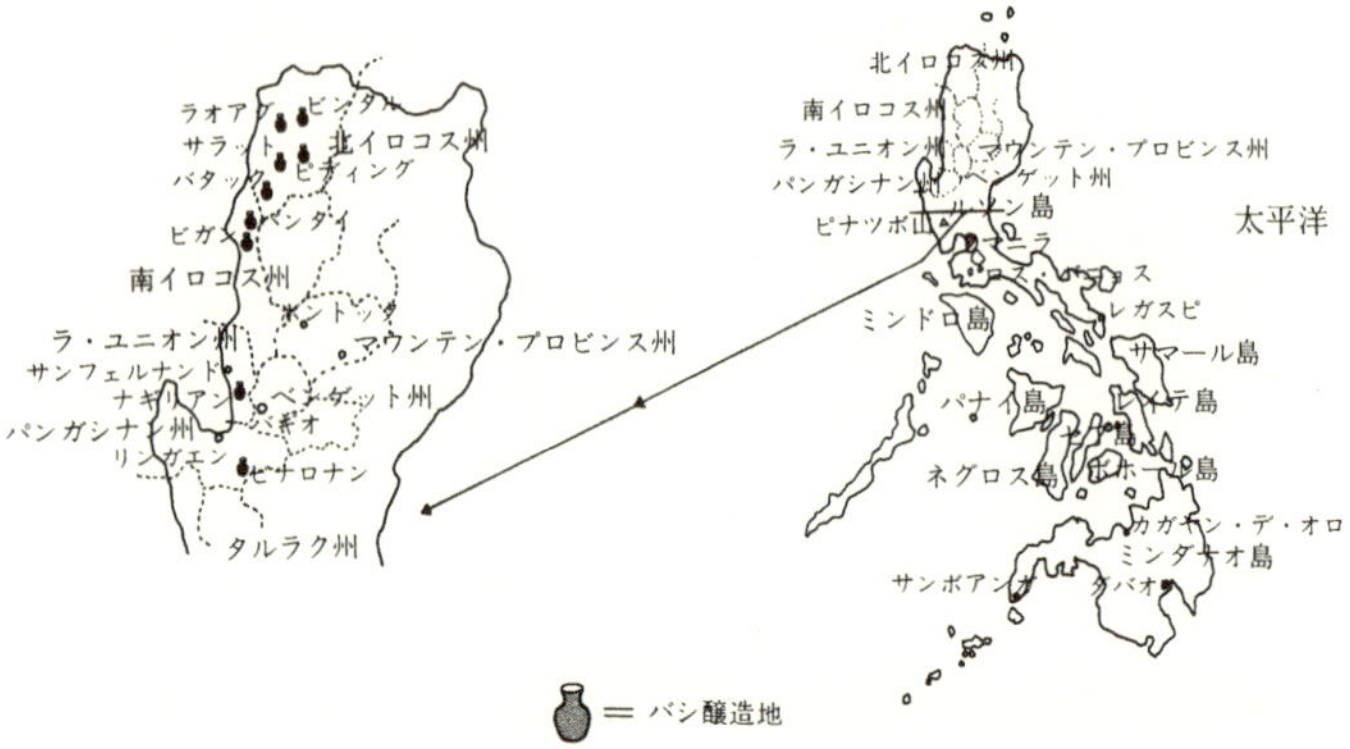

図2　フィリピンのバシ醸造地。ルソン島北西部は北イロコス州からパンガシナン州にいたるコルディレラ・セントラル山脈の西側にバシ醸造地域が並ぶ。

垂直分布がここにある。この分布の中でバシ酒は中程の環境のところにあり、しかも狭隘《きょうあい》な土地を使って、数百年来農村レベルでつくられてきた。もし、広大なサトウキビ畑があれば、企業的な製糖工場地域となって、本格的なサトウキビ酒は出現しなかったのではなかろうか。

＊――バシのつくり方はさまざま

バシの製法にはその地方の名を冠したラ・ユニオン法、イロコス法およびパンガシナン法の特徴を持った三つの方法がある。さらにそのバシは共通した二つのタイプに分かれる。一つは女性用の甘味の強いバシ・ババエ（ババエはタガログ語の女性の意、糖度二五～二八）であり、一つは男性向けのドライなバシ・ララケ（ララケは男性の意、糖度二〇～二五）である。この違いは、サトウキビ搾汁の煮沸濃縮の割合を加減して調節される。

＊——ラ・ユニオン地方の複雑なつくり方

ラ・ユニオン法はおもにナギリアン町（図2）付近でおこなわれているつくり方であるが、ほかの二つの方法といちじるしく違っているのは、発酵種に固づくり甘酒（ビヌブダン binubudang）と餅麹（ブボッド bubod、地方名ルソッド rusod）を併用することであろう。そのつくり方の手順は以下に記すとおりである。

まず、一年間完熟させたサトウキビを水牛に牽かせたロール型の圧搾機でしぼる。この搾汁は糖度一六～二二の甘味の強い液である。すばやく鉄の平鍋（土地のよび名でサアン）に入れ、約二〇パーセントの量の水を加える。サトウキビのしぼりかすを干したバガスを燃料として煮沸し「あく」を取り、煮沸搾汁の約一〇パーセントを取り分けておく。吹きこぼれ防止に竹編み筒を鉄鍋にかぶせ、つづいて香味つけと防腐を目的として、一～二年乾燥させたドハットの樹皮[注2]、タンガル（マングローブ）の樹皮および生のグアバ[注3]の葉を入れた小さな竹籠《かご》を泡立っている液に浸す（写真で、真ん中に垂れ下がる糸は小籠を吊している）。樹皮や葉の混合割合は一〇〇対一・五対二五で、全量は搾汁の一パーセントくらいである。ただ、バシ・ララケではマングローブの樹皮を干したタンガル樹皮をバシ・ババエの二倍添加し、苦渋味を増す。

サトウキビ酒の原料。収穫したサトウキビは径5cmほどあり、そのままマーケットで売られることも多い（ナギリアンの市場で）。

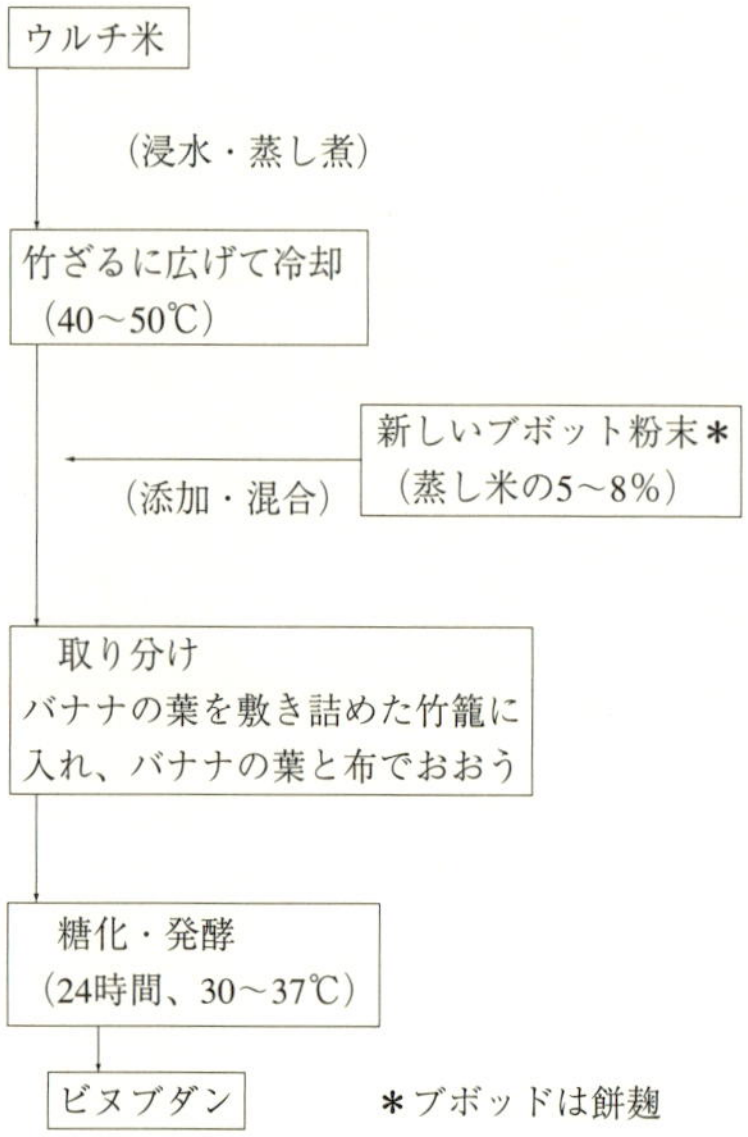

図3　ビヌブダンの製法。

ほぼ三〇分煮沸をつづけたあと、小さな竹籠を引き上げ、先に取り分けておいた搾汁を加える。二〇分ほど煮沸したあと、発酵小屋の外にある土壺へ布で濾しながら注ぎ入れる。バナナの葉と布でおおい、発酵小屋に引き込んで一日おく（口絵）。翌日四〇～四五度に冷えたらビヌブダンを加え、ふたたび蓋《ふた》をして一週間静置する。ビヌブダンは図3のようにしてつくられるが、製品の米粒の集まりはやや柔らかく、いわゆる固づくり甘酒よりさらに硬い程度で酸臭を持ち、活性の高い酵母や乳酸菌が育成されている。したがって清酒の醸造になぞらえれば若い酛《もと》ともいえる。バシ醸造では発酵促進の役割を果たすが、インドネシアのブレン・ケーキ（米飴板または固形酒）の糖化工程とまったく類似のものである。

一週間後の壺の搾汁はすでに泡立って発酵しはじめているが、発酵を順調に進めるため、これに餅麹（ブボッド）を粉にして濃縮搾汁の約五パーセントを加え、紙で蓋をし、静置する。約一カ月後発酵は終了し、澱《おり》もさが

グアバの実と葉。

搾汁の濃縮。吹き出る泡は竹で編んだ筒をのぼり、溢れることはない。垂れている糸は、グアバやドハット、タンガルなどを入れた小籠を吊したもの。

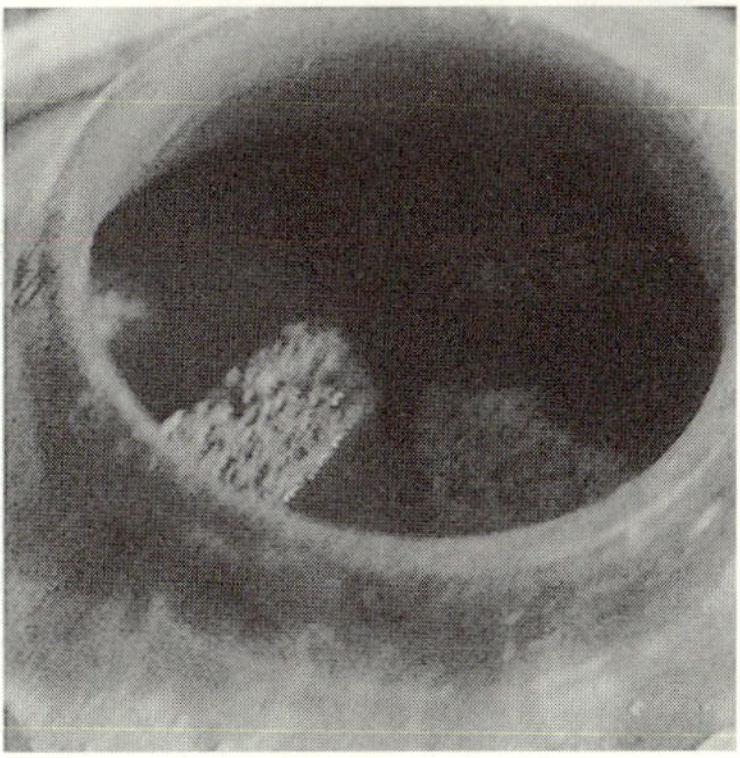

壺の中のビヌブダン。発酵促進のために入れて、3日後。まだ形を保っている。

バシの熟成。発酵の終わったバシは蓋をしてそのまわりを灰でしっかりと塗り潰してある。

ってくるから土蓋をかぶせ、バガス灰や木灰、それに水牛糞で密封し、六カ月から一年間熟成貯蔵させる。長く貯えたものほど品質はすぐれているという。市販する場合は充分に澱を取ったあと、濾過、瓶《びん》詰めされる。

＊——ラ・ユニオン法の発酵種、ブボッド

ラ・ユニオン法では二種の発酵種（スターター）が加えられる。ビヌブダンとブボッドである。前者は発酵促進、後者が主役と報告されている。[10] しかし、ビヌブダンはブボッド末を撒布して丸一日おき、充分に微生物を育成し、サトウキビ搾汁に加えられる。醸造技術からみると有用な微生物を前培養した酛であるから、これが主動的なスターターであろう。ブボッドはこのビヌブダンで育成された酵母の働きにさらに力を与え、バシ発酵を確実にするものと考えてよい。

この発酵種のブボッドは製造してから三カ月もおけば、活性が落ち、虫害もはじまるから、三カ月ごとに専用の小屋で更新される。小屋に入れば一切の会話は禁じられるなど、きびしい戒制が守られ、製造が進められる。

つくり方は、ウルチ米とショウガを四対一の割合でつき混ぜ、三カ月たったブボッドを微生物源として原料の五パーセント加え、さらに水を加えてボールまたは円板形に固める。これをブボッド末にまぶし、稲わらと交互に竹籠に入れて布をかぶせ、小屋に（三〇～三五度くらい）二日間おく。次に用意された平たい竹ざるに移し並べ、早朝と夕暮れを避け、五日間、九時から日に干し、午後三時には小屋に取り込む作業をくり返す。その後ふたたび小屋の中に五日間、布をかけた状態でおいておく。できたブボッドは布に包み竹籠で保管し、適宜使用する。

このようにラ・ユニオンの製法はもっとも複雑な手数を取ってつくられる。

サマックの葉と花、果実（北イロコス州にて）。

＊――イロコス地方のバシ製造
――サマックを種とした草麹法のバシ――

バシ発祥地のイロコス地方は北と南の二州に分かれるが（図2）、とくに北のラオアグ市、ビンタル、サラット、ピディング、バタックの町まちを中心に南イロコスのバンタイ、ビガンなどの生産地が図2のように北イロコスに片寄って集まっている。この地域のバシのつくり方はラ・ユニオン法と違って、酒酛の働きをするビヌブダンや種《たね》のブボッドをスターターとして使わず、サマック（注4）の葉、果実および樹皮を発酵種にして製造する。いわゆる一種の草麹法を用いるのが特徴である。

その製法は以下のとおりである。

煮沸濃縮したサトウキビ搾汁（バシ・ババエでは糖度二八前後、バシ・ララケは糖度二三くらい）を土壺に注ぎ、丸一日冷却したのち、発酵種の乾燥細片したサマックの葉、果実、樹皮（一〇対二対一の比率、バシ・ララケは五対二対一の比率、また添加割合は搾汁液に対して約一・五パーセント）を加え、サマックの葉数枚を重ねて土壺の口を包む。七日間発酵させた後に添加したサマックの半分を取り出し、新たにサマック葉、果実、樹皮および米を加え、ふたたびサマックの葉でシールし、発酵を継続する。一カ月後には発酵は終了し、澱は沈むから熟成貯蔵に移るが、これには次のような二つの方法がある。一つは地下に穴を掘り、稲わらやバガスを敷き詰めた上に土壺をおき、平たい重石を蓋の上にのせて土をかぶせ三カ月から一年間おき、バシを熟成させる。またもう一つの方法である地上におく場合は、ラ・ユニオン法と同じく木灰や水牛糞で口を塗り固めて密封し熟成させる。ラ・ユニオンのバシにくらべ、イロコスの酒は黄褐色の色合いも味覚も薄いバシだが、外観はそれほど変わらず、見分けはつかない。

バシ熟成中の壺（北イロコス州にて）。

＊――パンガシナン法 ―イロコス・バシの亜流―

セントラル山脈の南端、これから広い平野になるパンガシナン地方のバシは、ラ・ユニオンやイロコスのバシほどポピュラーではない。製法はイロコス法を簡単にした亜流であり、しかもビナロナン（図2）町だけでつくられているにすぎない。つくり方は、発酵種としてサマックの果実を用いるだけで、餅麹はもちろん、いろいろな草根木皮を加えることもあるし、また熟成でも土壺の蓋を灰でしっかり密封せず、紙をかぶせてひもで縛り、土間に放置しておくだけ。ラ・ユニオンやイロコス法にくらべ、すこぶる簡単である。したがって酢酸発酵し、食酢のようになったら、これは酢として売られる。この村には酢の製造を目的としてつくっている農家もあった。また、この酢をつくっている家は戦前からここに住んでいる広島出身の日本人であった。

いずれにしろパンガシナンのバシは、ケニアのムラチナと種《たね》は違うが安直につくるところはよく似ている。ともかく微妙な味を酒に求めなければ、いちおう酒になるという一例である。味がさっぱりしているから土地によっては米や果実などを加え、複雑さを求めるのであろう。

＊――バシの成分

酒は嗜好性の飲料である。人の官能に密接な関係を持っている。したがって通常の食品の化学成分だけで良否の優劣を判定できるものではない。しかしアルコール濃度、pH、糖含量は目安として重要である。それぞれの製法でつくられたバシの成分値を、バシ・ババエとバシ・ララケに分けて表1に示した[10]。製法によってそれほど成分に相異はない。ただ残糖は白ブドウ酒より少ないものが多い。pHはブドウ酒よりやや高く、またアルコール濃度もブドウ酒に近い。また、バシ・ババエは女性用であるため明らかにバシ・ララケにくらべて二倍近い還元糖が認められた。

表1　バシの化学成分

市町村名(州名)		還元糖	全糖	pH	アルコール
ナギリアン	1	6.5	8.3	4.1	11.0
(ラ・ユニオン)	2	3.3	5.4	3.9	13.4
ピディング	1	8.1	10.2	4.0	10.6
(北イロコス)	2	3.6	5.8	3.8	12.3
バンタイ	1	6.8	8.8	3.8	9.7
(南イロコス)	2	5.2	6.7	3.9	12.2
ビナロナン	1	8.6	12.4	4.2	9.4
(パンガシナン)	2	5.6	6.2	4.1	11.5
平均	1	7~8	9.0~10.0		10.2
	2	4.4	6.0		12.4

1. バシ・ババエ（女性用）　2. バシ・ララケ（男性用）

表2　サマックの微生物[10]（×10^2/g）

	酵母	乳酸菌	全細菌	カビ
果実	3.3	6.0	100	160
葉	57.0	18.0	43	84
樹皮	7.0	17.0	26	93

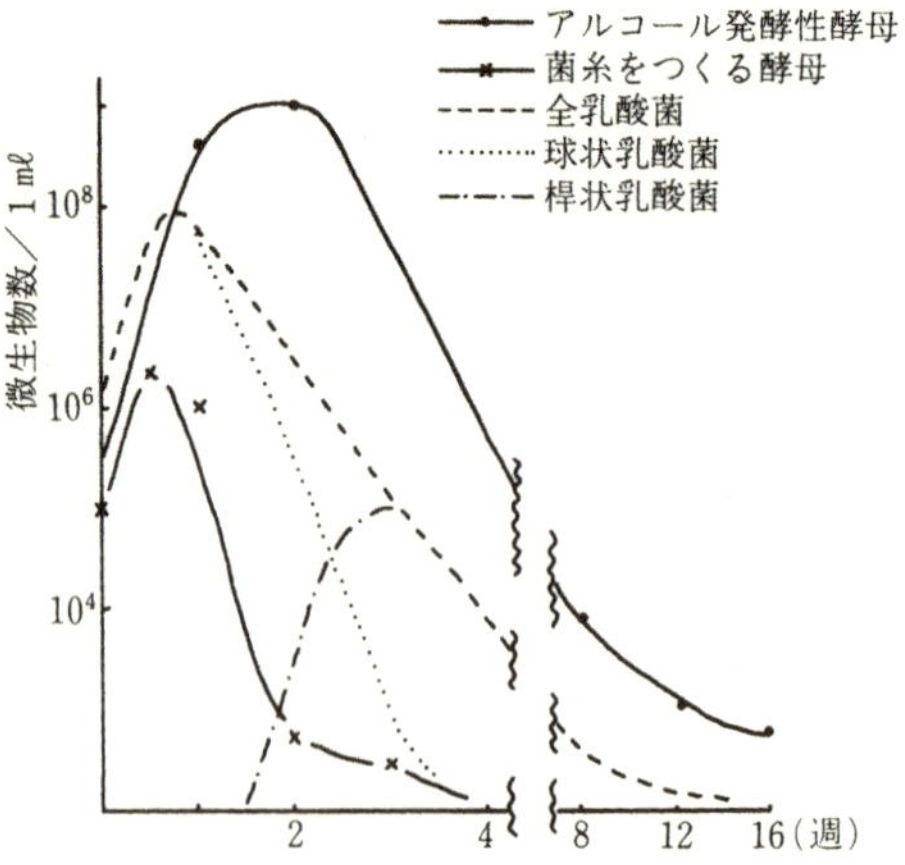

図4　バシ製造における微生物の移り変わり。

＊――バシをつくる種《たね》はまた微生物

ラ・ユニオンのバシをつくる微生物給源はビヌブダンとブボッドであるが、ビヌブダンをつくる種《たね》はまたブボッドである。したがって、ブボッドの微生物がバシづくりの主役であろう。バシはサトウキビ搾汁を原料とするから、アルコール発酵のための酵母と味と香りに関係する乳酸菌がバシ用ブボッドに含まれていればよい。しかしラ・ユニオンでは搾汁にウルチ米、ブボッドおよびビヌブダンが製造中に加えられ、米の添加量として一〇～一二パーセントになっている。したがって、米デンプンの糖化分解が必要である。この作業に関係する糸状性酵母やカビは一グラムのブボッド中に数千万（$2\times10^{2}\sim9\times10^{7}$）あり、またアルコール発酵にかかわる酵母は一グラム中に数百万から数千万といわれる。しかしバシ発酵熟成中の微生物の移り変わりは図4に描かれているように、糖化に働く酵母は土壺に引き込んだバシから二週間もすれば姿を消していた。代わってアルコール発酵を進める真正酵母が三週間まで活性高く活躍していた。また乳酸菌は一週目を最高にして以後徐々に減少するが、三週目でもなお一〇万細胞を数える。ただ、二〇週（四カ月から五カ月）になると、酵母も乳酸菌もほとんど計測できないくらい、少なくなっていた。この減少は米を使用しないイロコスやパンガシナンの試料でも類似した傾向を示していた。さらに乳酸菌は清酒の山廃酛における乳酸菌の遷移と似て、はじめに乳酸球菌が増殖し、途中から乳酸桿菌《かんきん》に交替していた。

イロコスやパンガシナンでは、種《たね》にサマックを用いるが、表2に示すようにそれほど多くのバシ発酵に必要な微生物はいない。むしろ、一般のカビや細菌が多い。しかし、サトウキビ搾汁によく生育するから、種《たね》として有用な給源になっているのであろう。ともかくローカルなバシを、香味がよく世界に通用するように微生物管理と製造改良をおこなったら、フィリピンの誇る酒に成長するのは間違いない。

＊——ケニアの男性だけのサトウキビ酒、ムラチナ

ムラチナはケニアのキクユス町（図1）付近でつくられる本格的なサトウキビ酒である。キクユス町はアフリカ最大の湖ビクトリア湖の西北内陸部にある。

この酒はカスロコ（kathroko）、ジョヒ（njohi）またはネオオビ（neoobi）などいくつかの別名を持っているから、それだけこの地方ではよく知れわたった酒であろう。バシのように黄褐色をした固有の甘味と酸味を持った酒で、濁っている。高価なビールの代替酒として熟成も澱下げもせずそのまま祭りや集会で盛んに飲まれているが、ただこの酒は男性だけの酒であって、女性や子どもは掟によって飲むことは許されていない。またサトウキビ栽培労働者に支払われている賃金の一部にもなっているから、人びとの生活の営みには欠かせない重要な酒であろう[6]。

その製法では、ソーセージノキの実が発酵種となっていることに特徴がある。

ムラチナの製法の手順は、まず温かい場所（三〇～三五度）においた大きな木の樽《たる》の底に乾燥したムラチナ（ソーセージノキ）[注5]の実を小枝で抑えるように沈め、サトウキビの搾汁を木樽いっぱいに注ぎ込む。搾汁の糖度を調節するために水を加えたり、逆に蜂蜜や砂糖を添加することもある。ムラチナの実が発酵種《スターター》となり、数時間で発酵ははじまり、樽の上部はあふれるように泡立ってくる。二～三日で発酵は収まるからそのまま飲用とする。酒のよび名はムラチナで、発酵種もまた種となる果実の木もムラチナであるから、名は、原料の木に由来するの

であろう。

ともかくムラチナの生《なま》の果実は皮膚病薬にするが食用にはならず、かえって下痢をするから、木に着生している果実は種《たね》として使用せず、落ちた果実を拾って用いる。拾った実は天日で充分に乾燥したのち、縦に二つに割り、種子を捨て、二～三回水を取り替えながら煮沸する。煮た実はもう一度日干しをおこなうと褐色となるが、この色の濃くなった実をわずかの量のサトウキビの搾汁に漬け一～二日間暖かい部屋で自然発酵させる。この発酵液は捨て、果実はふたたび天日乾燥する。これで発酵種のムラチナが完成するが、ムラチナ酒の発酵のたびに日に干して使用する。したがって、発酵に関与した酵母は、使用したムラチナ種に付着していて、それがふたたび次の発酵の種になっているのではなかろうか。

ともかくこれまでムラチナ酒やムラチナ果実についての体系的な研究調査はまったくされていないが、発酵に酵母が関与していることは間違いない。

＊――カトゥ族のサトウキビ酒、アビエタ・タウ

インドシナ半島を南北に走るアンナン山脈の中ほどに住むカトゥ族もまた、本格的なサトウキビ酒、アビエタ・タウをつくっている。吉田集而氏によれば、カトゥ族はこのほかにもいくつかの酒をつくっているとのことであるから、アビエタ・タウはその中の一種の酒にすぎないようで、ケニアのムラチナのような地酒であろう。ただ餅麹で発酵させる製法はフィリピンのラ・ユニオン法と似ている。ともかくヤシ酒やバナナ酒と似た香味のある酒といわれている。

その製法は、以下のとおりである。(5)

まず、サトウキビを粗く切り、水で煮る湯取りの法で糖質を集め、煮取り液は冷却後餅麹を加えて二～三日間発酵させ酒とする。餅麹は発酵種であり、またサトウキビ搾汁だけの発酵では得られない香味をつける役目を持っている。この餅麹は等量のモチ米とウルチ米を米粉とし、植物から取った浸出液で練り、直径五～六センチの中央を指先でへこませた円板形をつくる。稲の籾殻を敷いた大きい箕の上に並べて布をかぶせ二～三日おく。カビは自然に着生してくるから、よい時期に布を取り、蒸留酒を吹きかけ天日で乾燥させる。この吹きかけ操作の目的はアルコールによる殺菌よりむしろ呪《まじない》らしいという。(5) 中央に穴を開けトウのひもで数珠状につなぎ、炉火の上で燻蒸しながら保存する。ややこれより大型で楕円形だが、フィリピンのイフガオ族も囲炉裏でスモークするという、これと似たつくり方の甘酒用餅麹を持っている。

餅麹に練り込む植物浸出液は吉田氏の著書によれば、トウガラシ、サトウキビの葉、タバコ、ケトゥンとよぶ苦い果実、つる性植物のチャックなどをついて粉とし、水に浸し、こし取ってつくる。ただ村によりココヤシの樹皮やマックニョ果実、ジョックの根など適当に変えられるという。(5) 餅麹の使用量は不明だが、中国や東南アジア各国の餅麹使用量は、原料に対し一五～二〇パーセントくらいであるから、カトゥ族のアビエタ・タウも相当量の米からの味覚のある酒と考えられる。

以上のようにフィリピン、ヴェトナムおよびケニアのサトウキビ酒について製法を中心に紹介したが、ケニアのムラチナは炭酸ガス入りの濁り酒、カトゥ族のアビエタ・タウも二～三日発酵させただけの餅麹や微生物菌体を含んだ酒であった。しかしフィリピンのバシは長期間熟成させた透明な酒である。共通することは甘酸味のまさった黄褐色の酒であり、村人の集合には不可欠の生活から切り離せない酒であるという点であろう。

注1　ナヨン　Nayon＝タガログ語で村のこと。

注2　ドハット（duhatまたはlomboi, *Syzygium cumini*）和名はジャバプラム、ムラサキフトモモ。インド、セイロン付近を原産地とするが、古くから東南アジアに広く分布し、街路樹、境界樹としてよく植栽されている。また、ヒンドゥー教ではクリシュナ神の樹として寺院によく植えられ、仏教でも重視されている。樹は、白灰色の小枝を持ち、八〜一五メートルくらいになる常緑の中高木で、葉は切れ込みがなく、皮のように硬く、六〜一五センチくらいの長さである。サトウキビの酒には葉も実も使用する。果実はこれも、サクランボくらいの二〜二・五センチの楕円か卵円形で、果皮は艶のある黒紫色。熟した果実は甘酸っぱくわずかに渋みがある。あまり渋みが強いときには、果皮を少し切り塩もみすると、渋みが抜ける。潰すとテレピン臭がある。したがって、果実だけでもグアバと同様にうまい酒や果汁または酢ができる。大きな実は生食する。樹皮にはタンニンが多いから、皮なめしや染料とし、また酒づくりのとき混入する雑菌の増殖を防ぐ働きをする。種子は赤痢などの特効薬といわれる。

注3　グアバ（*guava, Psidium guajava*）南アメリカの熱帯地方が原産地で、スペイン人によって伝播された。アジアにはマニラへ最初に伝わり、周辺に広がった。普遍的な果実である。細い幹で高さは二〜四メートルの枝分かれの多いサルスベリのような滑らかな樹皮をして、強靭である。熱帯に広く分布する。グアバはハイチのよび名グアヤバスをスペイン人がグアバとよんだからといわれる。果実は三〜六センチくらいの丸、楕円、洋梨形で、緑から淡緑色の皮を持つ。熟すと黄色になる。果肉は白か黄色でビタミン、とくにビタミンCに富み、甘く、やや酸味を持ち芳香がある。ゴマより少し大きな種子が中心部に数多く円形に集まっている。香りの主体はオイゲノールである。果実はそのままかじるか、果汁飲料をつくる。ペクチンの含量も高いからゼリーの原料としても好まれる。ブラジルにはゴイアバーダ（Goiabada）という羊かん状の食品もあるという。葉と

樹皮のタンニン含量が高く、薬用染料として用いられるほか、樹形が美しいので観賞用としても植栽されている。

注4　サマック（samac, *Macaranga tanarius*）トウダイグサ科の小さな木。南中国から台湾、フィリピン、マレーシアなど東南アジアに分布する。果実は一〇〜一二ミリの球形または楕円形で、二〜三個集まってついている。またわずかに黄色で粘りのある一五〜二〇ミリくらいの長い毛がついている。樹皮にはタンニンが多く、網の染料に用いる。果実や葉は乾燥後サトウキビ酒の発酵の調節材料や民間薬として使用する。

注5　ムラチナ（muratina, *Kigelia pinnata*）観賞用のアフリカ原産の小木で、果実は広がった枝からひも状の長い柄を垂らしてその先につくのが特徴である。果実は灰褐色で長さは二〇センチくらい。形はソーセージに似ているところから「ソーセージノキ」という名がある。皮膚病の薬とするが、食用にするには、毒抜きが面倒である。サトウキビ酒の種（発酵のための微生物給源）に用いられているが、すべては不明。ともかくサトウキビの搾汁を発酵によって酒にするには酵母（イースト）を必要とする。しかし、拾った種を乾燥、煮沸するからムラチナの実に付着していた酵母は死滅している。したがって、次の工程のサトウキビ搾汁に漬けておき、天日乾燥後、種《たね》として使用するから、おそらくサトウキビ搾汁中の酵母が種となっているのではなかろうか。

小崎　道雄

〈参考文献〉
（1）農林省熱帯農業研究センター編　一九七五『熱帯の有用作物』（財）農林統計協会
（2）Kozaki M.1976 Fermented Food and Related Microorganisms in Southeast Asia. *Mycotoxicology* 2 : 1-10, Pro. Jap. Asso.
（3）Tanimura W. P. C. Sanchez & M. Kozaki 1977 Fermented Food in the Philippines. *J. Agric.Sci. TAU* 22 : 135.
（4）小崎道雄　一九七四「フィリピンの発酵食品」『食品と容器』一五巻二号六六頁
（5）吉田集而　一九九三『東方アジアの酒の起源』ドメス出版

(6) Steinkraus, K. H. 1983 *Kenyan Muratina. Handobook of Indigenous Fermented Foods*. Marcel Dekker Inc.
(7) Campbell-Platt, G.1987 *Fermented Foods of The World, A dictionary and Guide*. 14 & 135 Butterworths
(8) Arquero, D. A. 1963 Agric.Ind. Philippines, *Life* 25(Basi making) 627.
(9) 小崎道雄　一九九一「米酒と甘蔗酒の製法と環境」『New Food Industry』三三巻七号三五頁
(10) Sanchez, P. C. 1977 *Symp. on Indigenous Fermented Foods*. Bangkok Thailand.
(11) 小崎道雄　一九九一「フィリピンの伝統発酵食品に関する微生物学的研究」『食工誌』三八巻七号六五一頁

サルナシ酒とレイシ酒

―中国の代表的な果実酒―

＊――サルナシの酒、蜀の兵を助ける

中国には昔から「猿猴造酒《えんこうぞうしゅ》」の説話がある。それは華南地方の山中では春夏になると、サルが百花の果を取って石窟《せっくつ》や巣穴の中で酒をつくりはじめると地理誌にのっている話である。山に入った樵《きこり》が、数百歩も先からふんぷんと漂ってくる酒の香りに誘われて、これを見つけ出し飲んでみると、ふつうの酒とはひと味違った美味なる味わいであったという。これは野生の実が熟して落下し、くぼ地や岩穴の中に堆積したものが自然発酵して酒になることと、サルの酒好きを結びつけたつくり話であるが、それほど中国には野生の実でつくった酒の種類が多く、また、商品としても販売されている。たとえば、サーチ（沙棘酒）、イザヨイバラ（刺梨酒）、チョウセンゴミシ（五味子酒）、クロスグリ（黒加侖酒）、ザクロ（石榴酒）、コケモモ（紅豆酒）、キイチゴ（野刺梅酒）、イヌホウズキ（龍葵酒）、ナニワイバラ（金桜子酒）、サネブトナツメ（酸棗酒）、サンザシ（山査酒）、クワ（桑椹酒）、ヤマモモ（楊梅酒）、カキ（柿子酒）、キンカン（金桔酒）、ナツメ（金糸棗酒）、ボケ（木瓜酒）、カンラン（橄欖酒）などなど数えあげればきりがない。だが、中でも昔から有名なのがレイシ（茘枝）とサルナシ

（猕猴桃）の酒であろう。とくにサルナシ酒は『三国志』の諸葛孔明の故事に出てくるほど昔から有名である。

魏・蜀・呉の三国が鼎立《ていりつ》していた三世紀頃、蜀国の知将・孔明が魏国の将軍・司馬仲達の大軍を迎えて、今の陝西省大巴《たいは》山麓の城口県一帯に布陣していたときのことである。成都の平原からきた兵士たちにとって山岳の気候は耐えがたいほどきびしく、彼らの多くは瘴疫《しょうえき》という病気にかかって喉が腫れ、歯茎から失血して動くこともできないほど衰弱しきっていた。これを見た農民が深山に入り、木の実を取ってきて兵士に食べさせたところ、たちまち元気を取りもどしたのであった。孔明はたいへんに喜び、村の古老に治ったわけをたずねたところ、「農民たちはいつもこの実を食べているので、瘴疫にかかることはありません」との答えであった。そこで実の名前をたずねると、「実の形がサルに似ているところからサルナシといいますが、さわやかな香りと酸味を帯びた甘い味わいはどんな果物にもまさっていることから《果中の王》ともよんでいます」とのことであった。さらに古老がいうには、「ちょうど今がサルナシの実のなる季節で、全山が鈴なりになっています。どうして丞相《じょうしょう》は兵士たちに実を取りにいくことを命じないのですか」といった。これを聞いた孔明は、早速、兵士に実を取りにいくように命令した。

山に入った兵士たちは、満山の木々に絡みついたサルナシのつるに実が鈴なりになっているのを見て競いあって取りはじめた。兵士たちが摘み取った実は何十籠《かご》にもなった。それは毎日、毎日食べても、食べきれないほどの量であった。それを見た孔明は、実のなる季節には食べきれぬほどであるが、季節がすぎて実がなくなれば、兵士たちはふたたび病になるのではないかと心配になって、実のできない季節になっても村人たちはなぜ病にならないのかと故老にたずねた。故老のいうには、彼らはサルナシで酒をつくり、実のない季節にはそれを飲んでいるので病になりませんとのことであった。

そこで故老に習って酒をつくることにした。まず、サルナシの実を洗って陰干しし、皮を取ってから大きな桶《おけ》に入れてつき砕き、それに蜂蜜を加えて蓋をしたまま一〇日もおくと、芳香を放ちはじめて酒になっていた。兵士たちはそれを飲むとますます意気軒昂となった。そこで孔明は、兵を渭水《いすい》の南の五丈原に進めて布陣したが、瘴疫にかかる者はいなかった。ところが蜀軍に対峙していた魏軍は孔明の期待していたようには攻撃をしかけてこなかった。『三国志』によれば、仲達は孔明の謀略を警戒して守備を固めて、蜀軍に乗ずるすきを与えないようにとの明帝の命令にしたがって攻撃に出なかったのである。この対陣中のある日のこと、仲達のもとに孔明の軍使がやってきた。仲達は戦のことにはふれずに孔明の日常のことを問うたところ、使者は問われていることの真意がわからぬまま、丞相は朝早くから夜遅くまで激務にあたられ、食事もわずかしかいただいていません、と答えるのを聞いて、仲達は、孔明がとても長生きはできぬであろうと察し、決戦の時期をねらっていた。その年の秋、大きな星が赤い尾を引きながら蜀軍の上に落ちるのが見えた。仲達は孔明が没した占星とみて、追撃の兵を進めた。主将を失った蜀軍は、孔明の棺を守って退却の途についたが、追撃をかわすため、かねてつくらせておいた等身大の孔明の座像を車にのせて、陣頭指揮をしているかのごとくに見せかけ、旗幟《きし》を翻し戦鼓を鳴らして反撃の姿勢を示したので、驚いた仲達は孔明が死んだと称して、なお生きているのではないかと疑い、追撃の手をゆるめた。こうして蜀軍は兵を失うことなく引き上げることができたという。

これが、奇謀の軍師とまでいわれる孔明の奇才が「死せる孔明、生ける仲達を走らす」の名言となって今日まで残る故事である。しかし、ほんとうのところは魏軍の兵士たちはサルナシが瘴疫の予防に効くことを知らなかったため、病で動くことができなかったのであると、この地方では「獼猴桃酒蜀兵を助ける」の故事として言い伝えられている。もしこのとき、サルナシのことを知っていたならば知謀の軍師とまでいわれた仲達のもと、圧倒的な数の兵力であったから蜀軍は壊滅的な打撃を受け、蜀の滅亡は孔明の死後二十数年という歳月を待つことなく早まっていたであろう。そうであれば、仲達が魏の王権簒奪《さんだつ》をもくろんだクーデターも、死ぬ二年前というような晩年ではなく、油の乗った壮年に起こしていたであろうから、臆病者の汚名を残した仲達こそ『三国志』の幕引の英雄となって、中国の歴史を書きかえていたことだろう。

チュウゴクサルナシ。オニマタタビともいう（『中国名産聚珍』より）。

さて、サルナシは『詩経』という前一一～前六世紀頃の生活をうたった最古の詩集に出てくるほど古くから知られている植物だが、唐代には詩人の岑参《しんじん》が「中庭の井闌《せいらん》の上、一架の獼猴桃」とうたっているところをみると、この当時からすでに庭木として植えられていたのであろう。また、唐代の『本草拾遺』や明代の『本草綱目』など漢方薬の書物には、その形状や薬用などが記されているように、果実はおもに薬として利用されていた。ところが、二〇世紀のはじめ欧米諸国は中国からサルナシを観賞用に移入していたが、中でもニュージーランドでは、美味で、しかもビタミンCの豊富な栄養価に富む果実に目をつけ、一九四〇年代頃から果樹としての育種をはじめ、その果実はキウイという名でわが国にも輸入され、世界最大の生産国になった。けだし、キウイとはニュージーランドの国鳥であるキウイの姿を思わせるところから名づけられたものである。

今日ではキウイがほんとうの名称であると思い込まれ、中国が原産地であることがすっかり忘れ去られているが、中国には野生種を含め品種は五二種にものぼる。もっとも知られているのが中華獼猴桃（チュウゴクサルナシ、またはオニマタタビ）とよばれるものである。果実は大きいものになると一五〇グラムに達するものがある。中国では生食よりも缶詰とかジャムなどに加工される方が多く、中でも有名なのが中華獼猴桃酒である。

＊——楊貴妃とレイシの酒

次に、歴史を書きかえたもう一つの果実にレイシ（茘枝）がある。しかも、レイシほど中国人に好まれてきた果実はないであろう。宋代の詩人で罪を得て嶺南の恵州（今の華南地方）に配流されていた蘇東坡《そとうば》は、「ここは一年中春のような気候だ。毎日毎日、レイシを三百顆《か》も食べることができる。このまま死ぬまで嶺南の住民になり終わってもかまわない」とうたうほどの入れ込みようである。

レイシは中国南方原産の常緑の喬木《きょうぼく》で、高さが一〇～二〇メートルに達し、四月に緑白ないし淡黄色の花をつけ、六月に実を結ぶ。果実はおもに生食するが、紅熟した果実は球形ないし倒卵形をした二～三センチの大きさで、外皮は六角形の小鱗片におおわれて破れやすく、芳香のある果肉は多汁の乳白色をしたゼリー状で酸味があって甘い。詩人の白居易が『茘枝図序』で「果肉は瑩白《えいはく》なること氷雪の如く、漿液《しょうえき》は甘酸なること醴酪《れいらく》のごとしといわれているが実際はそれ以上に美味である。だが、本枝を離るれば一日にして色を変じ、二日にして香りが失せ、三日で味が落ちて、四、五日も過ぎればすっかり品落ちしてしまう」と述べているほど変わりやすい。

ところで、唐の玄宗が息子の嫁を奪って寵愛した楊貴妃が、レイシをこよなく好んだことはあまりにも有名である。玄宗は楊貴妃の歓心をつなぎ機嫌を損じないようにと、レイシを七～八〇〇〇里も離れた嶺南の地から、早馬をかけてわずか七日七晩で長安まで運ばせたのであった。そのさまを、蘇東坡は『茘枝嘆』で「一〇里に一つの宿場を設け、五里に一里塚を築き、その間を進貢の使者が砂塵を飛ばして馬を馳せるようすは、まるで兵火の急を告げるような騒ぎである。使者どもは穴に転げ込み、谷間に馬と折り重なって倒れている。だが、宮中に届いたレイシの枝にはなお南の風を帯び、露にぬれた葉は取ったときのままの新鮮さである。宮中の美人は、これを見て思わず微笑んで顔を開いたが、そのためどれだけ駅路に驚きの

レイシ。果肉は酸味があって、甘く、おいしい。

砂を巻き上げ、鮮血を流したことだろう」と詠嘆したのである。

明君といわれた玄宗はすっかり楊貴妃に溺れて政治から逃れ、西安の郊外にある華清池で悦楽の時をすごすようになった。池に浮かべた船の上では、玄宗は『霓裳羽衣曲《げいしょうういのきょく》』を自ら奏で、酔って頬を赤く染めた楊貴妃は曲にあわせて歌い艶やかに舞う。玻璢《はり》七宝杯につがれた酒は、はるばる西域から到来のブドウ酒であり、李白が「茘枝の酯酒《ジーチュウ》は甜《あま》くして芬《かんば》し」と歌うレイシ酒であった。それこそ歓楽の贅《ぜい》をつくしたものであったが、痴愛の宴は安禄山の反乱によって終焉《しゅうえん》をつげ、楊貴妃は近衛兵の強要によって縊殺《いさつ》された。開元の英主とまでいわれた玄宗を狂わせたものは、溺愛のあまり多くの人びとの命を失ってまでしてレイシを運ぶような愚行にあった。レイシは唐朝の崩壊をもたらしたものの一つであったといえよう。

そのレイシ酒であるが『嶺南茘支（枝）譜』によると、この地方の人びとがつくったのは実を潰してカメに投げ込んでおくと一晩で発酵してできる酒であったが、長安の上流社会が好んで飲んでいたのは、レイシの果汁に麴と飯米を入れ、三日間寝かしてつくった甘酒のような酒であったという。だが、もっとも珍貴な酒は白居易が「茘枝新たに熟す鶏冠の色、焼酒はじめて開く琥珀春」とうたった、果汁に焼酒を入れたリキュールタイプのレイシ酒であった。楊貴妃は興のおもむくままにこれらの酒を飲みながら酔舞したことであろう。

中国四〇〇〇年の歴史をひもとくと、意外と野生の果実でつくった酒が登場して舞台まわしの役割を演ずる場面の多いことである。これも果実酒が中国人の食生活の中にしっかりと組み込まれているためではないかと思うのである。

花井　四郎

〈参考文献〉
高橋栄治　一九八九『キウイ』日本放送出版協会
松山利夫・山本紀夫編著　一九九二『木の実の文化誌』朝日新聞社
岩佐俊吉　一九八八『熱帯の果物誌』古今書院
中国国際広播電台国内新聞部編写　一九八二『中国名産聚珍』河南科学技術出版社
王一奇編　一九八六『中国食品傳説』光明日報出版社

＊――中国の多彩な黄酒

山東省のキビの酒、即墨老酒

わが国の清酒に相当する中国の醸造酒を黄酒《ホワンチュウ》という。有史以前から漢民族の手でつくられてきた民族の酒である。この酒の名は、文字どおり黄色であるところからきている。黄酒は主原料と製法の違いによって大きくは三つに分けることができる。その中でもっとも生産量の多いのが揚子江下流の江南から浙江地方にかけて、モチ米を主原料に麦麹でつくる黄酒であって、その代表がよく知られている紹興酒である。その次に福建省を中心に、モチ米を主原料に紅麹でつくる南方型黄酒の紅酒がある。そして山東省から華北の一帯にかけて、黄色の卵円形をした小粒のキビを主原料に麦麹で醸造する北方型の黄酒がある。

黄酒は米でつくるのが一般的であるが、山東、河北、山西などの北部地方では気候風土が稲の栽培には適さず、その上黄河下流域の山東地方は塩分の多い土質のためキビの栽培しかできず、そのため、山東の黄酒はキビでつくられているのである。このように北方型の黄酒と江南から南方にかけての黄酒とは、主原料のほか、麹の種類や製法が異なっているので、風味の点でも際立った相違をみせている。そして紹興酒や南方型黄酒の製法はわが国の清酒と同じオーソドックスなものであるのに対して、北方型は一風変わった製法の酒である。中でも際立っているのが山東省の即墨県でつくられている即墨老酒《チーモーラオチュウ》であろう。それは、まるで泡のない黒ビールのような酒なのである。黄酒を代表する紹興酒の味を知っている人にとって、これが同じ種類の黄酒であるとはとうてい考えられないほどの違いがある。

即墨老酒の色調は、紫紅を帯びた濃褐色であるが、その香味たるやカラメルの焦げたような特有の芳香と、口の中にあとあとまで残る苦味を含んだ、やや酸味のある甘い酒であって、昔から「その色は黒褐に輝き、液は盃に充ちて溢れず、味は醇にして和らぎ、香気は馥郁《ふくいく》として馨《かぐわ》しい」と称賛されてきたのである。山東地方の人びとのあいだでは、毎日、即墨老酒の適量を飲みつづけるならば、風邪をひくことがなく血の循環をよくして胃の働きを助け、脾《ひ》を健やかにすると伝えられている。このような即墨老酒の効果は、キビの珍貴なる漿液《しょうえき》にあるとして、この地方の人びとは昔からこのキビ酒を珍漿とよんでいた。

*——会盟の固めの酒、キビ酒

さて、キビは学名をパニクム・ミリアケウム（*Panicum miliaceum*）というが、黄色なので黄米ともよばれている。孔子が「黍は酒を為るべし、ゆえに禾、入、水に従うなり（黍の字は穀物に水を入れる意味の会意文字）。おおよそ黍の属は、皆黍に従う」といっているように酒をつくるための穀物として栽培されたものである。そしてキビは中国でももっとも古い詩集の『詩経』にいちばん多く出てくる穀物であって、詩の中での黍はモチキビ、稗はウルキビ、秬はクロキビ、穈はアカキビをさしているのをみると、古くからさまざまな品種のあったことがわかる。

ところで、山東地方のキビ酒の歴史は、紀元前一一世紀頃から春秋・戦国時代にまでさかのぼることができる。周王朝の成立に功績のあった軍師であり、太公望のよび名で名高い呂尚《りょしょう》は、山東の地に封建されて斉国を名のった。ところが、長くつづいた周王朝は衰退しはじめ、代わって各地に封建されていた諸侯が天下の覇権をめざしてしのぎを削る戦乱の時代となった。そして最初の覇者となったのが太公望の子孫である斉の桓公であった。天下の諸公を号令する立場に立った桓公は、覇者たるを認めさせるために諸侯を集めての会盟の儀式をおこなった。儀式ではしつらえた壇上に盟主の桓公と諸侯が居並ぶ中を、引き出された犠牲の牛は殺されて耳を切り取られる。その耳を玉盤に盛り、血は鐓《とん》という器に入れられる。祭司者が盟約書を読み上げて神に告げたあと、盟主以下が犠牲の血を次々にすすり盟約に嘘偽りのないことを誓うのである。その後、盟主に対する臣従の証《あかし》の酒宴がおこなわれる。盟主から鬯酒《ちょうしゅ》を盛った爵《しゃく》とよぶ銅の杯を賜る儀式である。鬯酒はキビ酒にウコン（鬱金）と称するショウガ科の多年生植物（カレー粉などに使う黄色い香辛料）の煮汁を加えてつくった黄金色の香りの高い薬酒である。殷《いん》代の王が祭祀のときに、この香りの高い鬯酒を地に注いで霊を招くのに用いたといわれている酒である。

酒器の爵とは、写真のような深いコップ状の器である。その口縁の一方にとゆ状の「流」がつき、その反対側が伸びた「尖尾」となり、下に先のとがった三角柱状の三本の足がついている。流のつけねの左右には二本の柱が立っているが、キノコの形状をしているので「菌形柱」とよばれている。この菌形柱のついた奇妙な形の爵がなぜ酒器として用いられたのか、その由来については定かでないが、漢代の『説文解字』という字典には「爵は

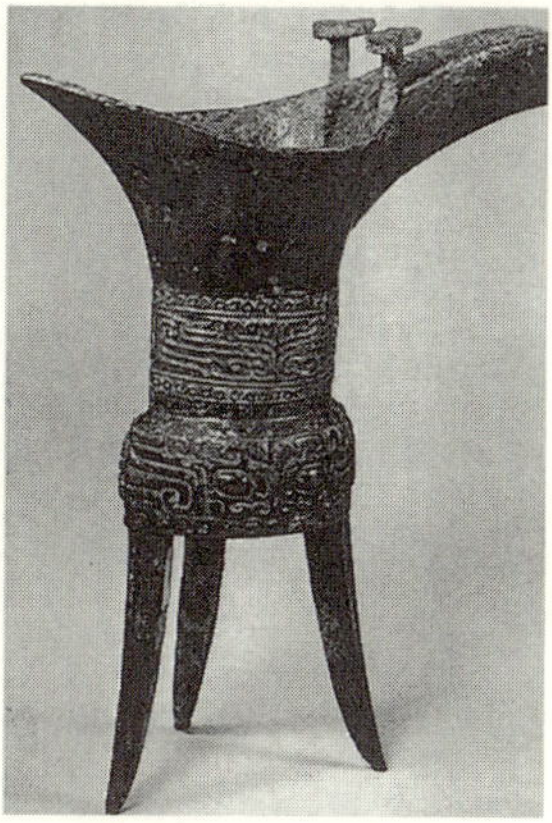

右＝爵（酒器）。周代から春秋戦国時代に王公・諸侯がこれで酒を飲んだ（上海市博物館にて）。左＝「干杯」といって、一気に飲んだ後、相手に杯の底が見えるように前に突き出して、全部飲みましたと示すのが、中国風の飲酒儀礼。

礼器なり」とあるように、はじめは神や先祖を祭るときに鬯酒を入れる儀式用の容器であった。そして初期のものには菌形柱はついていなかったが、周代になると菌形柱のついたものが多くなって飲酒器としても用いられるようになった。得体のしれない菌形柱がなぜついたのかはいろいろな説があるが、一説によると、君主が臣下に爵を賜ったとき、再拝稽首《けいしゅ》してこれを受け、席に上がってこれを供えたのち爵の鬯酒を一気に飲み干したのを見てから、君主が爵を干したと『礼記』にあるところから、菌形柱の先が頰についたならば飲み干した証にしたのであろうという。今日でも中国の酒宴では「干杯《カンペイ》」と叫んでから一気に杯をあけ、おたがいに杯の底を見せ合うように突き出すしぐさをするのは、古い時代の献酬の仕方が受けつがれて今の乾杯の飲み方になったのかもしれない。

さて、山東のキビ酒は会盟を誓う固めの杯としての役割を果たしたが、桓公は覇者になると途端に無類の女好きから政治を疎んじたため、彼の死後の後継争いがもとの内紛

キビ。

を招き貴族の田氏によって滅ぼされ、代わって田氏の新しい斉国となった。この新興の斉国に攻め込んできたのが燕国の昭王であった。彼は将軍・樂毅《がくき》に兵を与えて軍を進め、七〇あまりの城を攻め落とし、その勢いで即墨県城を包囲した。五年にわたる対峙のあと、籠《ろう》城《じょう》中の大将・田単は牛の角に剣を括《く》りつけ、尾に結びつけた松明に火をつけて、敵陣に強襲をかける機略で、進攻中の燕軍をいっきょに敗退させた。長い戦いのあとの勝利を導いた将兵に、民衆はキビでつくった地酒のもろみ酒を贈って慰労し、勝利を祝ったという。

＊――泰山の封禅の儀に用いられたキビ酒

下って、紀元前二二一年のこと、天下を統一した秦王政は始皇帝の位についた。その翌年、皇帝は神仙の神々を祭る八神霊場巡りをするため、東に向かって巡行の旅についた。行列は山東半島の北岸の之罘《シーフ》（今の烟台市）を経て南下し、即墨の南からはるか東海を望む琅邪《ろうや》の仙境にいたり、屏風のようにそそり立つ岸壁の上に立って東西南北の神を祭り、泰山では封禅の儀式をおこなった。

祭儀は天神を降ろし、地霊を招く降興の儀礼からはじまる。地霊をおこすには鬯酒を地に注いで迎えるのが殷代からのならわしである。ところが長いあいだの世の衰えと乱れから礼が失われて、鬯酒のつくり方がわからなくなってしまった。そのため、この地方のキビ酒を濾過して用いたという。唐の李白が山東南部の蘭陵の地酒を

「蘭陵の美酒、鬱金の香」とうたっているところをみると、昔から山東のキビ酒は醪酒に似た風味のものだったので、その代わりに用いられたのかもしれない。とすれば、すでにその当時から山東の地酒は今の即墨老酒のようにキビを焦がしてつくっていたのではないだろうか。封禅の儀式は漢の武帝や唐の玄宗も泰山でおこなっているが、同じように地酒を濾過して用いたという。やがて、住民たちも地酒を濾過して飲むようになったので、いつの間にかそれを仙酒とよぶようになった。さらに一一世紀の宋代になると地酒づくりはいっそう盛んとなって、色が濃いところから今のよび名の老酒に変わった。

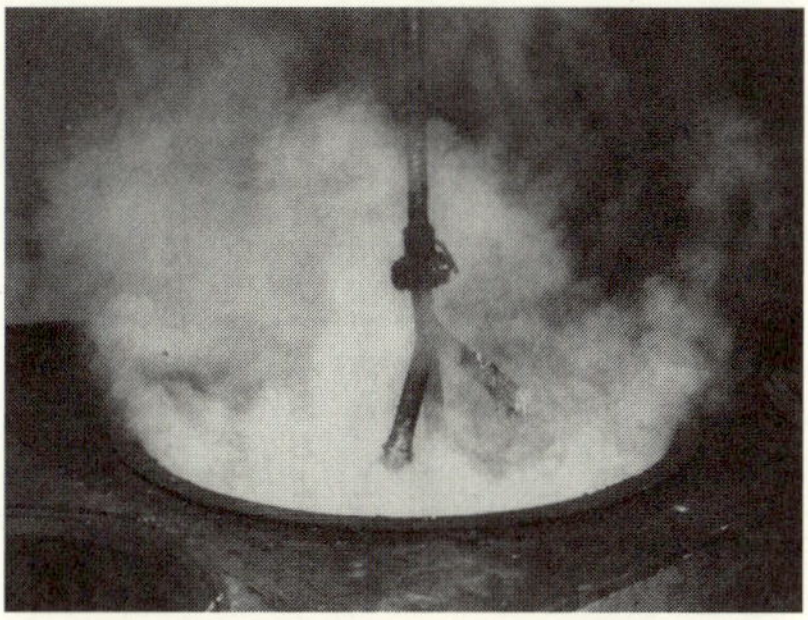

即墨老酒の製造工程。キビを大鍋で炊焦しているところ。

この即墨老酒のつくり方であるが、キビを熱湯に約二〇分浸漬したのち、ただちに冷水の中に入れると殻がはじけて除かれる。次にこれを写真にあるような天津甘栗を炒るのと同じ形の大鍋で、粥《かゆ》を煮つめるようにかき混ぜながら濃いきつね色にこげるまで、おおよそ二時間かけて炊く。こげ臭と苦味を持った即墨老酒の風味をつくる独特の原料処理法である。こげた粥状のキビに風を送って冷やしたのち、発酵タンクに移し、水と麦麹を加えて糖化する。麦麹も五〇度くらいまで熱を加えて炒ったものを用いるところなどは、黒ビールが麦芽を焙焦してつくられるのとよく似ている。濃いカラメル色と苦味のある風味が黒ビールに似ているのも、このように熱を加えてこがしているためである。糖化したキビの醪《もろみ》に酵母を添加して約九日間発酵させる。発酵が終わった醪は濾過してから殺菌して甕《かめ》に入れ、一年間熟成させてはじめて製品になる。

山東のキビ酒は中国の古代文明が起こった頃からの製法と風味を受けついできたが、今では即墨老酒として青島を中心にした山東省の一部でしかお目にかかることができなくなった。観光などでこの地方を訪れる機会があったときには、話の種にトウガラシのきいた山東料理とともに一度は味わうことをおすすめしたい。

花井　四郎

〈参考文献〉
花井四郎　一九九二『黄土に生まれた酒』東方書店
李松凌・張永泰　一九八八『神州美酒譜』貴州人民出版社
万国光編著　一九八六『中国的酒』軽工業出版社

台湾原住民の酒

日本人には「高砂族」として知られてきた台湾原住民は、一七世紀に大陸から漢族が移住してくるはるか前から台湾を占拠していた人びとである。日本統治期には言語や文化の異なる九民族の人びとが、中央山脈の山麓地帯や東部平原、太平洋上に浮かぶ小さな島（蘭嶼《ランユイ》）に居住していた。その人口は約三五万人（一九九三年）、台湾の全人口の一・七パーセントにすぎない少数民族である。その後、三つの民族集団が台湾政府によって認証され、現在は一二民族となっている。総人口には大きな変動がない。

私がパイワンの村でフィールド・ワークをはじめたのは一九七一年であるが、その頃すでに家庭での酒の醸造が禁止されていて、山地の村でも専売局の米酒が販売されていた。しかし、祭儀や特別な来客を迎えるときには、こっそりと伝統的な酒がつくられていたし、また、伝統的な酒のつくり方を知っている老人も多かった。ここでは、日本統治期の調査資料をも参考にしながら、台湾原住民の伝統的な酒づくりを記述していこう。

*――儀礼的作物としてのアワと酒づくり

台湾原住民九種族は、それぞれに相異なる社会制度や慣習、祭儀生活を築き上げていた。同時に、いくつかの文化特性を共有しており、その中でももっとも重要な文化特性としてアワの儀礼的優越をあげることができる。台湾原住民は、焼畑耕作によってアワのほか、モロコシ、ヒエ、稲、また芋類を栽培する農耕民であった。主食用作物は中部山岳地帯のブヌンはアワ、南部のパイワンや蘭嶼のヤミ（現在はタオ）は芋類というように違いがあるが、アワ、とくにモチアワはどの民族にとっても儀礼にはなくてはならない作物であり、アワ酒やアワ餅をつくって神々に供えられた。また、アワの神霊はもっとも重要な神霊で、その豊穣を祈願して、播種から収穫までの諸段階にさまざまな儀礼がおこなわれた。そして、それが彼らの暦の中核となり、アワの収穫祭は一年の終わりであり、はじまりであった。さらに、あらゆる祭儀のときには、アワ酒やアワ餅は欠かすことのできない食物であった。パイワンは、今も重要な祭儀のときには、祭司を勤める人びとは、アワの神霊の怒りにふれないために、米食を断つのである。蘭嶼に居住するヤミだけは海洋民族であり、水田で栽培するサトイモを主食としているが、わずかながらアワを栽培し、それを神聖視していた。ただ、ヤミは、飲酒の慣習を持たず、アワを栽培しながら、酒をつくらなかったのはなぜか不思議である。

台湾原住民の伝統的な酒の材料はモチアワである。大正時代に調査をおこなった総督府の資料(3・4・5・6・7)によると、タイヤル、サイシャット、ツォウの一部では、モチ米も利用していた。たぶん漢族との接触によって、水稲耕作がおこなわれるようになり、モチ米を利用するようになったと考えられる。このほかにも、アミや南部のパイワン、プユマでもかなり早くからモチ米の酒がつくられていたようである(1・2)。都市への出稼ぎが一般的となった一九七〇年代、アワはどの民族でもほんのわずかしか栽培されていない。それでも、アワの農耕儀礼や祖霊祭のときなど、重要な祭儀にはせめて神霊に供える酒だけはアワでなければならないという信仰は、今もあちこちで伝えられている。

台湾原住民の酒のもととなるものはなんであったのか。吉田集而は、すでに入手できる文献情報を網羅して、原住民の酒のつくり方を分析し、まとめている。[11] そこで、吉田（一九九三）は酒の発酵をおこさせるものを「スターター」とよび、カビや麴以外のものも含める広い概念として提示している。詳しくは、吉田を参照していただきたい。しかし、ここではとりあえず読者のために、私なりに原住民のスターターについて要約しておこうと思う。

台湾原住民のあいだで、もっとも広く用いられていたのは、アカザやアワを嚙《か》み砕いて、唾液が混じったものを、酒の材料に混ぜて発酵させるという方法であった。たとえば、ツォウでは、アワを粉にして煮て硬めの粥状《かゆじょう》のものをつくり、その一部を数人の男女が口に取り、嚙んだものを混ぜて、酒甕《がめ》に入れ、鹿皮かバショウの葉で蓋《ふた》をして、暗所に一日おいておくと酒になる。[6] これを嚙む人は口をすすぎ、清めてからでなければならない（ツォウ）

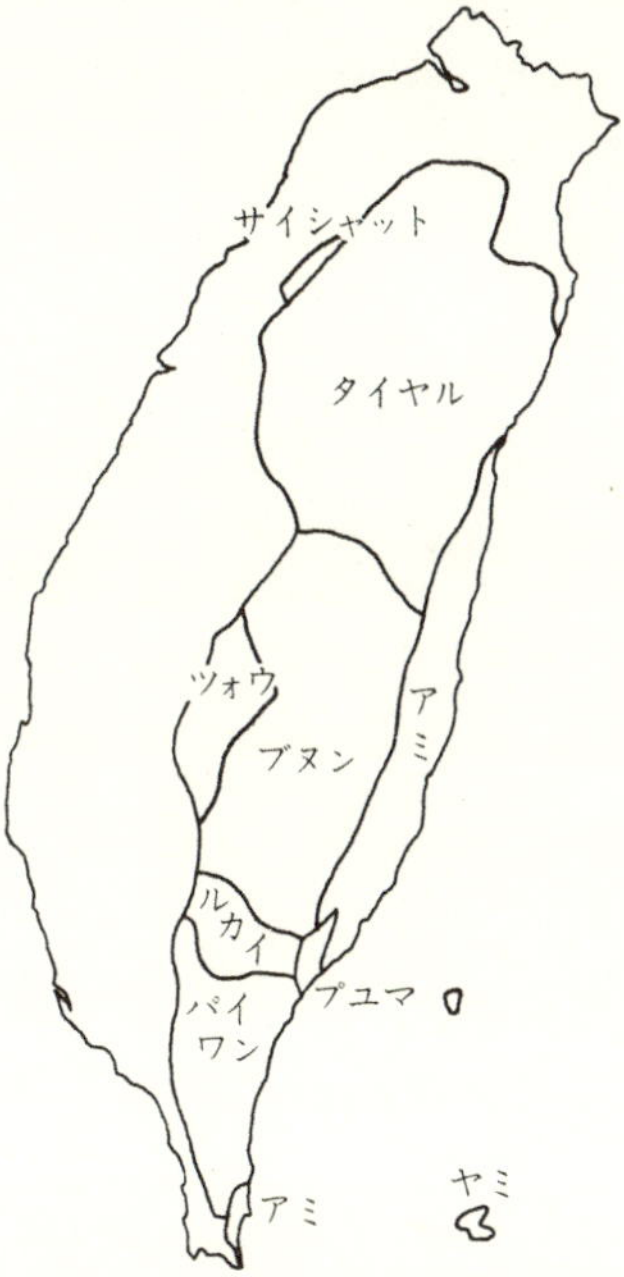

台湾原住民の居住地域（日本統治期）。

パイワン族の酒づくり。
上＝アワをついて蒸す。下＝スターターを入れてよくかき混ぜ、準備した壷に入れて密封する（上・下とも瀬川孝吉氏撮影）。

とか、処女の娘の噛んだものがおいしい酒になる（タイヤル）、巫女《みこ》が噛む（パイワン）などと伝えられている。それはともかく、北部のタイヤルでは蒸したアワ、中部のブヌンや南部のパイワンではアカザの実を粉にしたものを噛んだものがスターターとして用いられていたという情報は、総督府の資料でも、また一九七〇年代には長老たちから聞くことができた。こうしてみると、吉田が指摘しているように、台湾では「口噛み酒」が古い酒づくりの方法であったといえよう。

ただ、ここで一つ疑問が残るのは、アカザ、またその実を粉にしたものを噛まずにそのまま蒸したアワに混ぜて酒をつくるという情報が決して少なくないことである。吉田はアカザの実がそのままスターターになる可能性を認めているが、元来それは噛まれていたのであろうと指摘している。(11) 私は酵母に関してはまったくの素人であるが、パイワンはアワの収穫祭や五年に一度おこなう祖霊祭には、古式にのっとってアカザの実の粉末をアワ飯の上に振りかけてつくった酒を用いるという記述や(8) 口述がある。パイワンは、今も大きな祭儀のときには古式を守る傾向があるが、酒についてはアワ酒でさえあればスターターにはこだわらず、市販の麹で間に合わせているので、今となってはこの点については確かめようがない。

そのほか、桂はパイワンやアミでは特殊な草木の液を用いたことを報告している。[10] それぞれの民俗植物名が記されているが、それらを今すぐ同定することはむずかしい。その葉の煮汁をモチアワに混ぜ、よく練り合わせたものを団子にして天日で乾燥させたものをスターターとした。これは数年間貯蔵しても変質しないそうである。また、酒粕を保存して、次の酒づくりにこれをスターターとして用いたのはタイヤルである。その保存の仕方には地域差もある[3・4・5]。さらに、変わった酵母づくりも報告されている。米またはアワを蒸して、バショウの葉に包み、それをさらに布で包んで足で踏む。それをかまどの上にのせておくと、一週間で白毛を生じ、酵母が生じる。[3]

私がしばしば原住民の村でご馳走になったのは、どれも市販されている麹を使ったものであった。麹はかなり早くから漢族から入手して使われていたようであるが、台湾原住民の酒の興味深さは、そのスターターの種類の豊かさではなかろうか。

醸酒の方法も細部をみれば、民族により、また地域によりかなり差異がある。しかし、一般にはあらかじめ水に漬けておいたアワをこしきに入れて蒸す。どの民族にもこしきがあり、丸太をくりぬいて、底にすのこがつけてある。アミには土器のこしきがあり、底には小さな穴があけてある。蒸したアワが冷えてから、スターターを混ぜ合わせ、甕《かめ》に入れて水を加え、サトイモの葉で口をふさぎ密封する。そしてかまどの近くのように暖かくて暗いところにおいておくと、早くて一〜二日、ときには四〜五日で酒ができる。酒の甕は日本統治期にはすでに漢族から入手したものが多く用いられていたが、ツォウやアミでは土器づくりが盛んで、手づくりの土器を用いていた。できあがった酒は、竹やトウで編んだこし器や布でこしたり、さじで上澄みをすくってから飲んだのである。

*——神霊、祖霊とともに

台湾原住民はみな酒好きである。タイヤルでは女性の飲酒を禁じているが、そのほかの民族では男女ともに酒を飲んだ。かつて村を訪れた多くの人が、彼らほど酒を愛する民族はいないと書いているほどである。しかし、原住民は日常に酒を飲むことはなかった。酒は祭儀のおこなわれるときのみに、これをつくることができた。一年の三分の一をアワに関する祭儀で費やしたといわれるブヌンでは、酒宴を催すことが儀礼そのものだったのである。また、どの民族にとっても、最大の祭りであったアワの収穫祭は一〇日から二週間ほどつづいたが、この期間に消費される酒を準備するのはたいへんな仕事であったと伝えられている。原住民にとって、祭日とは神霊や祖霊とともに酒を飲み、食事をして過ごす日であった。酒を飲みはじめるときには、必ず酒杯の中に指を浸し、その滴を地面に振り落とし、祖霊に酒をふるまうのであるが、これは今日なお怠ってはならない作法としてつづけられている。

最後に、原住民の合い飲みについて記しておきたい。酒杯には竹、土器、ヒョウタンを縦割りにしたものなどが用いられたが、一つの酒杯から二人が同時に合い飲みする慣習があった。パイワンやルカイ、プユマでは、この合い飲み用の木製の杯があり、これを連杯という。首長家の者が使用する連杯には、蛇や人像など美しい彫刻が施されている。

一九七〇年代からはじまった台湾の急速な経済発展にともなって、原住民の人びとの生活に経済的な余裕が生れ、容易に市販の酒を手に入れることができるようになった。その結果、日常的に酒を飲むようになり、酒はさまざまな社会問題を引き起こす原因ともなっていたのである。

松澤　員子

〈参考文献〉

（1）臨時台湾旧慣調査会第一部　一九一三『蕃族調査報告書―阿ア眉ミ族卑ヒ南ナン族』
（2）――――　一九一四『蕃族調査報告書―阿眉族』
（3）――――　一九一七『蕃族調査報告書―沙績《セデック》族』
（4）――――　一九一八『蕃族調査報告書―大么《タイヤル》族前編』
（5）――――　一九二〇『蕃族調査報告書―大 么族後編』
（6）――――　一九二一『蕃族調査報告書―曹《ツォウ》族』
（7）――――　一九一七『蕃族慣習調査報告書第三巻』
（8）――――　一九二二『蕃族慣習調査報告書第五巻ノ三』
（9）台湾総督府警務局理蕃課　一九三一『ブヌン族誌』（宮澤矢作氏による手書き原稿）
（10）桂　長平　一九三四「高砂族―固有の酒素」『理蕃の友』　二―九：六―七
（11）吉田集而　一九九三『東方アジアの酒の起源』ドメス出版

「砂漠の舟」ラクダの乳酒

内陸アジアでは、遊牧民が馬の乳から馬乳酒をつくることが知られている。さらにモンゴルには牛の乳の乳酒、牛の乳に羊、山羊の乳を混ぜてつくる乳酒がある。ラクダも飼われているので、モンゴルの知人にラクダの乳酒について尋ねると「知らない」、「あることは知っているが、飲んだことはない」という。「飲んだことがある」と答えた人も、知り合いからもらって飲んだ程度で市販品も皆無だ。ラクダの乳酒の形態には、「ドブロク状の酒」とそれを「蒸留した酒」の二つがある。味わうにはつくられている場所に出かけるしかない、稀少な酒だ。

＊――砂漠に適応したラクダ

モンゴルでは、遊牧民が飼育している羊、山羊、牛、馬、ラクダを「モンゴル五畜」とよんでいる。それらの飼育頭数が人口の十倍といわれるモンゴルでも、ラクダの飼育は少ない。砂漠地帯のゴビ地方でも、一九九九年から二年連続した干害で胎生期の長いラクダの子畜が生まれなかったことや、ラクダは扱いがむずかしい性質ゆえ、干害時に食用となり、以後減少の一途をたどっている。

日本人がイメージするラクダは、コブが二つあるフタコブラクダであることが多い。しかし世界的に見るとコブが一つのヒトコブラクダが主だ。アラビアのロレンスが率いたラクダ部隊も、ヒトコブラクダで構成されていた。ヒトコブラクダは、アフリカからアジアにいたる広い地域で生息し、中国新疆《しんきょう》ウイグル自治区、カザフ共和国周辺が、ヒトコブラクダとフタコブラクダの混在地だ。モンゴルのラクダはフタコブラクダである。ゴビには野生のフタコブラクダもいるが、目にする機会は少ない。

この「ゴビ」とはモンゴル語で「砂漠」を意味する。乾燥が強く降水量も少ないきびしい自然環境で、夏は暑く、冬も寒い。羊や山羊が食べる草も豊富ではなく、刺《とげ》が多くて羊などが食べられない草を食べるラクダが家畜の中心だった。ラクダは数日間、水を飲まずに過ごすことができ、「砂漠の舟」ともよばれている。ゴビではラクダは物資の運搬のほか、人を乗せてきた。遊牧民は乳をしぼり、肉を食べ、皮、毛皮とすべてを利用してきた。ゴビの遊牧民は、異口同音に「ラクダがいたから、我々はここで生きてこられた」という。

＊――砂漠に生きる遊牧民

ゴビの砂の色は、クリーム色から赤色まで多彩で、砂粒のサイズもさまざまだ。ごつごつとした岩が地中から生えたような迫力を持って連なっている地域、砂と小石が混ざった地域など多様な表情を持つ。そんな砂漠は、窓を閉めて車を走らせても、どこからか細かい砂が入り込み、全身「きな粉もち」状態になる。

二〇〇〇年八月、私はウランバートルから南に約五〇〇キロ、南ゴビ県マンダルオボウのセンジトで、ラク

ラクダの乳をしぼる。

ダを飼っている遊牧民の女性ツェデンさんのゲルに五日間滞在させていただいた。ここでは、その聞き取りを下敷きに、ラクダの乳酒を紹介する。

ツェデンさんは昔のことをよく覚えていて、詳しく乳加工の話をしてくれた。民族学では「民族における古い習慣は、辺境地域によく残っている」とされるが、首都から離れた地であるゴビでは、今日も「モンゴル五畜」が揃って飼われている。話をうかがううちにモンゴルの乳加工の古い形態がこのゴビに残っているのではないかと考えるようになった。ゲルにはツェデンさん八〇歳、三三歳になる孫娘ツェツェグさんとその子ども二人、ツェツェグさんのいとこの男性の五人がいた。ツェデンさんのゲルは一年のうち、夏を過ごす夏営地と越冬のための冬営地とを移動していた。夏営地は飲み水の確保から、ほぼ毎年同じ場所だという。

飼育家畜は羊と山羊で八〇頭、牛四頭、馬二頭、ラクダ一四頭で、搾乳している羊、山羊は一三頭、ラクダは四頭だった。ツェデンさんは「乳をしぼるラクダが四頭いると、ゴビでは生きていける」、「ゴビは自給自足だったから、現金がなくても生きてこられた」という。

その年に生まれた子ラクダは、馬乳酒を製造しているゲルで、日中、子馬を「馬つなぎの柵」につないでいるのと同様に、地面に張った「ラクダつなぎの柵」につないでいた。メスラクダが子どもを産むのは二年に一回で、ラクダの寿命は一五年くらいとのことだ。体重は成獣オスでは六〇〇キロにもなる。

搾乳は女性の仕事で、ラクダは毎日朝晩の二回、ツェツェグさんが搾乳していた。搾乳量は一日一頭当たり約二リットル、四頭で一日約八リットルだった。搾乳に用いる容器はがっしりとした木桶で、外見よりはるかに重かった。子ラクダに少し飲ませてから搾乳をはじめる。搾乳者は母ラクダの左後ろに片足で立ち、もう一方の足を曲げその太腿の上に木桶を置いてバランスを取りながら、搾乳をする。気性の荒いラクダは後ろ脚を縛ってから搾乳していた。

ラクダの乳は牛の乳に比べて脂肪、タンパク質が多く濃厚でビタミンCが多い特徴がある。その乳からウルムなど、脂肪を集めた乳製品はつくられてはいなかった。そして酸味の少ないエイズギー、ビヤスラクなどのチーズはつくられず、酸っぱいチーズであるアロールのみがつくられていた。

＊――ドブロク状のラクダ乳酒

搾乳したラクダの乳を冷却後、専用の発酵容器内で発酵させたものを、インゲニオンダー（「メスラクダ

ドブロク状の発酵乳「ホルモグ」。

からの飲み物」の意味)、またはホルモグとよんでいた。ツェデンさんはホルモグとよんでいたので、以後ホルモグと記す。飲み方は発酵容器からすくってそのまま飲むか、少量の水で割って飲んでいた。

発酵容器はモドンガンという木製のバターチャーンを縦型にした木桶で、毎日搾乳後、冷却したラクダ乳のみが加えられ、中には常時攪拌棒《かくはんぼう》が入っていた。容量は五〇リットルで、中を洗うことはない。搾乳した乳が加熱されることは一切ない。日本で同様のことを試みると、乳は腐敗してしまう。標高が約一六〇〇メートルに位置するゴビでは、乾燥しているため雑菌が少なく、発酵に適した環境なのだ。無論、乳中のビタミンCなども破壊されない。

暑いときはゲルのフェルトをめくって、風を通すようにするなど、発酵容器の状態に常に注意を払っていた。発酵容器中の温度は常時二五〜二七℃であった。滞在中は、連日暑かったため、夕方にまとめて乳を投入した後に攪拌をおこない、その回数は一〇〇〇回程度だった。発酵を進行させるときは攪拌回数を増やすという。発酵には、複数の種類の乳酸菌と乳糖を発酵する乳糖発酵性酵母がスターターとして関与し、アルコール度数は約三%だった。

日本の酒税法で、酒の定義を「アルコール度一%以上」としているのを援用すると、ホルモグは酒だ。遊牧民にとっては飲むものであるとともに、チーズのアロールをつくる素

表　モンゴルの乳酒の一般成分分析(%)

種類	水分	固形分	タンパク質	脂質	灰分	乳糖
ラクダのホルモグ	85.2	14.8	4.3	5.3	0.9	4.3
馬乳酒	94.0	6.0	1.3	1.9	0.3	2.5

*;分析は石井による

でもある。私たちはものを何気なく「これは酒」、「これはヨーグルト」と区別し、完成品として見ている。モンゴルでは、発酵容器中に入っている場合はオンダー、それを碗に入れるとホルモグとよぶなど、自分がどのようにその乳製品をとらえるかによって、同一のものでも異なったよび方をしている。それは私たちとは異なった「乳加工の概念」を持っているからにほかならない。

モンゴルのゲルでは入り口を背にして、右側は台所を含めた女性のスペース、左側を男性のスペースと明確に分けている。左側の男性のスペースに、馬にかかわる鞍《くら》、鞭《むち》などをはじめ馬乳酒の発酵容器が置かれている。ラクダの乳の発酵容器は羊、山羊の発酵容器と同様に、右側の女性のスペースに置かれていて、これは、ラクダはモンゴルでの家畜における序列が馬よりも下位であることを示している。

モンゴルの遊牧民は家畜の乳を飲む習慣を持たないため、ホルモグを飲むことは、モンゴロイドの持つ遺伝形質である乳糖不耐症の症状緩和という点で合理的だ。さらには発酵によって、常温のままでは保存ができない乳を保存可能にしたことも、食糧の確保における知恵だったといえよう。

軽い発泡性を持つドブロク状のホルモグは、コクがあり酸っぱいが、慣れると癖になりそうな魅力がある。甘くはないが甘酒を連想させ、暑く乾燥した昼下がりの栄養補給に最適だ。一碗のホルモグを飲むとほろ酔い気分になる。ゲルによって、その味は異なっていた。発酵に関与する微生物由来の代謝産物が関与しているのであろう。ツェレンさんはホルモグを一日に三杯、六〇〇ミリリットル程度飲んでいた。一般成分分析の値を表に示したが、馬乳酒に比べタンパク質と脂質が多く、エネルギー量は馬乳酒よりも高い。ゆえに馬乳酒ほど大量には飲まれてこなかったのではないかと考えた。

血圧を下げる効果のあるというゴーヨを運ぶラクダと少年。

ホルモグの飲用には「足のむくみを解消する」、「妊娠中毒症によい」、「内臓の病気によい」などの効能があるという。さらに「利尿効果が高い」ことも挙げられよう。そして血圧の高い人は、ホルモグといっしょに砂漠にあるゴーヨとよばれる芋の一種を食べると、「高血圧が下がる」といっていた。ラクダ乳酒にこのような効能があることはすごいことだ。偶然砂漠で移動中にラクダに荷車を引かせた人に行き会った。積荷はゴーヨで、ゴビでも入手する機会はめずらしいそうで、居合わせた人はみな早速購入した。「生で食べる」というので試みると、とてもにがく舌に残る辛さだった。こうした伝承は、年齢の高い人のあいだでは共有されていたが、若い人には知られていないようである。

*——その蒸留と酒

搾乳が順調に進み、発酵容器中にホルモグが多量にあるときには、自家消費用の蒸留酒をつくる。蒸留作業は夜にしてはいけないという。この蒸留も女性の仕事だ。

ホルモグを蒸留した酒を、インゲニアルヒ（「メスラクダの蒸留酒」の意味）とよんでいた。一回蒸留はアルヒ、二回蒸留はアルズ、三回蒸留はホルズという。これらの呼称は牛の乳酒の蒸留と同じだった。通常の蒸留

右=ツェデンさんのゲルで使っていた蒸留器。中吊りの鍋には小石が入っている。左=蒸留器の使用法。上に水を満たした大鍋を載せて塞いでいる。

は一回のみで、三回することは稀、四回は毒だという。アルコール度数が高いほどよい酒ではないのだ。

ツェデンさんのゲルの蒸留器は、二〇年前に牛乳の集乳缶トルホからつくり、上と底がない円筒形だった。蒸留時の燃料は、ザクとよばれる枯れ木と羊の糞を乾燥したアルガリ、ラクダの糞を乾燥したアルガルだった。ストーブの上にホルモグを一〇リットル程度入れた鉄鍋をかけ、次に蒸留器を載せる。そして上部を水で満たした大鍋で塞ぐ。鍋に腹巻状に分厚い布をまきつけ、水蒸気が漏れないようにしていた。円筒が上下二つの鍋にはさまれている形だ。蒸留器の中にはアルコールを集める小型の鍋が吊られている。ホルモグから気化したアルコールが、上部の鍋の水で冷やされて中空にかけた鍋に溜まる仕掛けだ。このほか蒸留器の中でアルコールを受け、外に出す樋をつけた蒸留器もあった。

中吊りした鍋には、直径二センチほどの小石が数個入っていた。理由は「アルヒがおいしくなるから」とのことで、どの石でもよいわけではないそうだ。こうした一見何気ない中に、民族の知恵が隠されているのかもしれない。

蒸留酒を飲む人びと。

一〇リットルのホルモグを一時間蒸留すると、約一リットルのアルヒができた。透明な中に少し黄色味を帯びていた。コクがあり、飲むと乳の香りが鼻腔を抜けてゆく。まさに砂漠の甘露。牛の乳のアルヒより数段上等な味わいだ。ゴビでは「インゲニアルヒがアルヒの中でいちばんおいしい」という。アルコール度数は五％で、できたてをすぐに飲むことも多い。数日間は保存可能だ。来客があると昼間でも居合わせた全員で飲むが、酩酊《めいてい》する前になくなってしまう。

私は、行く先々のゲルで格好の飲酒をする機会の提供者となっていた。そうした飲酒時、モンゴルのほかの地域と同様に、用いる酒器は一つだけだ。ゲルの主人によって、福をよび込む目的で酒器にアルヒがなみなみと注がれ客へ渡される。客は右手の肘に左手を添えて恭しくいただく。そして一口飲んで酒器を主人に戻す。全部飲んではいけないのだ。飲んだ分が主人の手で継ぎ足され、居合わせた人に順番に振舞われていく。そのとき、子どもも嬉しそうに飲酒の機会に与るのだ。「一人で酒を飲む」という、いわゆる独酌の習慣はない。このことから、酒がかつて仲間とともに飲まれるものだったという飲酒の古い形態が、モンゴルには今日も残っているといえよう。大切な来客には、家に伝わる銀製の碗にアルヒを注いで供される。この銀器に注がれたアルヒの味は、一段と上等に感じられる。

ゴビでは、ラクダ乳に羊、山羊など異種の乳を混合して発酵させ蒸留することもおこなわれているそうで、それをビセレグアルヒとよんでいた。これはラクダ乳のアルヒよりも味が強く、酸っぱいということだった。

ラクダのホルモグと馬乳酒を両方つくっているゲルでは、ホルモグをおもに飲むため、馬乳酒を蒸留していた。馬乳酒のアルヒは草原地域でもつくられることが少ない。贅沢な飲用形態である。ゴビで馬乳酒とラクダのホルモグの両方をつくっている遊牧民に、どちらを好むかと問うと、「ホルモグだ」と答えた人が多かった。

酒を好む人にとって酒は、「何をおいても飲みたいもの」とされているが、モンゴルでは、酒も自前で調達しなければならない。食料として乳製品が確保されるメドがあったうえで蒸留器の出番となる。酒づくりの采配は、一家の主婦が担っている。自家製蒸留器は、細かな後味を問わなければゲルでの酒づくりを可能にした。この蒸留の技術がいつ頃、モンゴルに入ってきたのかはわからないが、自家の家畜の乳から裁量して酒をつくり、それを皆で味わう姿を見ると、「豊かな生活」とは何かを考えさせられた。

別れのとき、ツェデンさんはラクダ乳をモンゴルの儀式どおり天に振り、帰路の安全を祈ってくださった。いただいたアルヒには、ラクダの乳でつくったばかりのチーズで栓がされていた。「アルヒの栓は、同じ家畜の乳でつくった乳製品でしなければいけない」という。飲んでしまうのが惜しいほど、ゴビの香りがたくさん詰まった酒だった。

この後、二〇〇三年、〇四年、〇六年と、バヤンウンジュールなどラクダを飼っているモンゴルのベルト状の砂漠地帯を訪ねてまわったが、搾乳しているラクダが少なく、ホルモグの飲用、蒸留ともにおこなわれていなかった。ラクダの乳酒はゴビ地方独自の酒で、そのアルヒの飲用が今後国内でも広がっていく可能性は少ないと思われる。

ラクダ乳にはビタミンCや各種ミネラルが多く、近年ウランバートルの病院の婦人科では、「ラクダ乳の飲用が身体によい」として生乳の飲用療法がおこなわれるようになった。ゴビからラクダ乳が鉄道によって運ばれるようにもなってきた。今後ラクダの乳に対する関心が高まり、ホルモグの発酵に関与する微生物の効用が明らかになると、馬乳酒の次なる乳酒として注目されるかもしれない。

石井　智美

東ユーラシアの蒸留酒

―蒸留器を求めて―

＊――チッタゴン丘陵

一九八四年の一二月、私は英国人のケネス・ラドル博士とバングラデシュのチッタゴン丘陵の山のなかで魚の発酵食品の調査をしていた。

チッタゴン丘陵は、インド世界と東南アジア世界の境界線にあたる地域である。この地帯に住む山の民は、人種的にはモンゴロイドに属し、ミャンマー（ビルマ）やインドのアッサム方面と深い関係をもつ人びとである。丘陵地帯を降りると、広大なベンガル平野が広がり、この国の人口の九九パーセントを占めるベンガル人が住んでいる。ベンガル人はインド文明をになってきたコーカソイド系の人種である。ベンガル人の宗教であるイスラーム教がバングラデシュの国教になっているのにたいして、山の民は東南アジア仏教の信徒が多く、ほかにアニミズムを信じる人びともいる。

そこで、東南アジア系の少数民族と国家の民であるベンガル人との紛争が絶えない。私たちが訪れたころに、ベンガル人がチッタゴン丘陵につくったイスラーム教徒の開拓村を少数民族が襲って住民を殺し、その報復として、ベンガル人が少数民族の村を襲撃する事件がおこった。

そんな地域に英国と日本のパスポートをもつ奇妙な二人連れの外国人がやってきたのだ。少数民族の独立運動を支援するスパイか、紛争を取材するジャーナリストが、調査を名目に入域したと思われたらしい。宿舎には毎日警官がやってきては不審尋問をするのであった。どうやら尾行がついて、私たちの行動は、いつも監視されているようであった。

そんな物騒な場所にやってくる観光客はいない。ホテルの宿泊客は私たちだけだった。ホテルのレストランでできる料理は、魚のカレー、チキンカレー、野菜カレーの三種類だけである。昨日は朝が野菜で、昼が魚、晩がチキンだったので、今日はその順序を変えてみるか、といったくらいしか選択の余地がない。

料理よりもこたえたのは酒の問題であった。ラドルさんも私も飲み助である。ところが、イスラーム国家であるバングラデシュは禁酒国である。それでも、大都市の外国人専用ホテルでボーイにチップをはずんだら輸入品のビールやウイスキーを手に入れてくれ、部屋で飲むことができる。ジンをコップに入れてホテルのレストランにもちこみ、水を飲むふりをして、料理を食べながら酒を楽しむことも可能であった。だが、田舎町のホテルでは、そんな手は通用しない。私たちは何日も禁酒を強いられていた。

飲みたい一心で、酒の入手方法を考えついた。物資の流通に不便な東南アジアの山岳民族は、今でも家庭で酒造をする。東南アジア系の文化圏であるバングラデシュの山の民も酒づくりをしているにちがいない。ひそかに通訳に地酒の入手ルートを探らせてみたところ、自家製の酒を売ってくれそうな家がみつかった。

少数民族であるチャクマ族の村のなかの一軒に案内された。土間の台所に入ると、酒を醸す香りがする。酒を醸造する土器のなかは醪《もろみ》で満ちており、かまどのうえには蒸留器がしかけられていた。

米を炊いたものに、チャクマ語でムリ（muli）とよぶ発酵スターターを加える。ムリは、中国で酒薬、東南アジアではラギーとよばれたりする草麹《くさこうじ》である。穀物の粉末――多くの場合米の粉――に植物の葉や樹皮を混ぜて、小さな団子状や円盤状に成形し、カビを生やしたものが草麹である。植物の葉や樹皮はカビの繁殖を助けるために混ぜられる。草麹は中国南部、東南アジア、ヒマラヤ地帯での酒造に利用される。ムリのつくりかたを詳しく聞こうと思ったのだが、のちに述べるような事情で実現しなかった。

ムリを細かく砕いて米飯に混ぜ、素焼きの土器の壺に入れて、三日間ほど台所に置く。四日目に水を加えて一日置き、五日目に蒸留したのが、チャクマ語でカンジ（kanji）という蒸留酒である。三日間の固体発酵ののちに水を加えて液体状の醪にするのは、水にアルコールを溶けださせ、また、蒸留の際に焦げつきを防ぐ効果をもつと解釈される。

蒸留直前の醪の壺には、米粒が浮きあがり、ドブロク状である。指をつっこんでなめると、アルコールを含む液体であることはわかるが、うまみやコクがない。

蒸留器は、醪を入れる金属製の鍋と、そのうえにかぶせた素焼きの土器のカメ、竹筒、水冷装置から構成されている（写真1、図1）。鍋はそろばん玉の形をしたインド鍋で、日常の料理にも使用されている。そのうえに大きなゴブレット形の土器を逆さにしてかぶせてある。土器の底には穴がうがたれ、たぶん細いパイプで竹筒に連結しているはずだ。蒸気がもれないように、土器の底の部分に詰め物がされているが、私のノートには、詰め物の材料についての記載がない。竹筒は小形の壺状の土器に連結され、壺の口の内部に詰め物をして蒸気

写真1　チッタゴン丘陵の蒸留器。

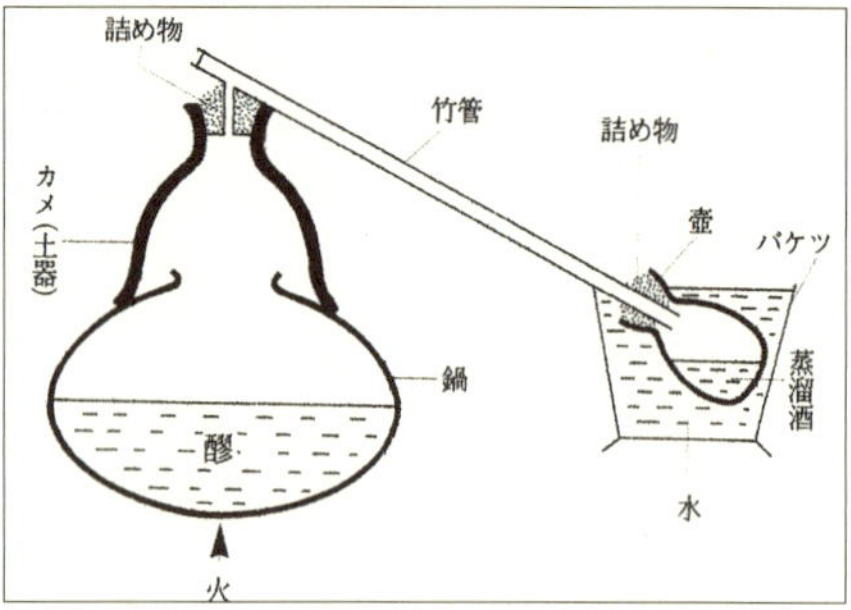

図1　チッタゴン丘陵の蒸留器模式図。

を逃さないようにしている。この壺は冷却用の水をはった金属製のバケツ状の容器のなかに置かれ、壺が浮き上がらないようにレンガ状の重石を載せてある。

　鍋をかまどにしかけ、薪の弱火で加熱する。すると醪から発生するアルコール分を含んだ蒸気が、逆さに置いたカメの空冷効果でいくぶん冷やされて、竹筒を通って、壺に導かれ、水冷されて液体化する。

金属の鍋、バケツ状の容器、素焼きのカメ、壺のいずれもが、日常の台所仕事で使用されているものを転用している。台所用品を組みあわせてつくった蒸留器である。

　蒸留器の名称を聞いたり、ノートにスケッチをして、本格的な聞き取り調査をはじめようとしたときである。屋外の気配をうかがっていた通訳が、急いでこの家を辞去しようという。さっきから、尾行の憲兵か警官らしい人物がうろうろしているそうだ。長居をしていると、この酒づくりの家に迷惑をかける事態になりかねない。手早く写真を撮り、できあがった蒸留酒をガラス瓶に入れてもらい、代金を支払って出た。そんなことで、チヤクマ族の蒸留酒については不完全な調査にとどまっている。

ホテルへ帰って、さっそく飲んでみた。私たちが求めたのは、蒸留作業のはじめにでる蒸気を集めた液体なのだろう。アルコール度数はかなり高いようだ。試みにグラスに火を近づけたら燃えだした。味は荒々しく、熟成されていない泡盛《あわもり》のようであった。

*――モンゴル

〈馬乳酒〉 一九九六年七月、私はモンゴル国と中国の内蒙古自治区での乳製品の調査をしていた。遊牧民のゲルに泊まりこんで、主婦がさまざまな乳製品をつくる作業を観察したのである。モンゴル遊牧民はフェルト製のテントをゲルとよぶ。中国語では、このテントをパオ（包）というが、それは住居を意味する満州語に起源することばであるという。

モンゴルの夏は馬乳酒の季節である。ゲルを訪れると、かならず馬乳酒をふるまわれる。木椀になみなみと注いだ馬乳酒を一座で飲みまわすのである。まわってきた椀の酒を全部飲み干さず、少量残したうえに注ぎたして、次の人に椀を渡さなければならない。受け渡しのさいには、かならず両手で椀をもつ、年輩の者が注いでくれたときには、立って椀を受け取るなど、馬乳酒の飲み方の作法がある。

馬乳酒は白色で、さらさらした感じのするカルピス状の液体である。乳臭さと、けだものの毛皮の臭いがし、つよい酸味がする。アルコール分は一～二・五パーセントしかない。一リットルくらい飲むと、胃袋が温まった感じがするので、かろうじてアルコールが含まれていることがわかる。大量に飲まないとアルコールが効いてこない。飲み助の私は、酔う前に腹がいっぱいになってしまう。酒というよりは、少量のアルコールを含んだ酸乳といった方がよい飲み物である。

私が泊まった六人家族のゲルでは、四〇頭の馬を持っているが、子馬は一〇頭で、その母馬から乳をしぼる。馬の乳は一度にしぼれる量が少ないので、一日に六回馬の乳しぼりをする。馬の乳しぼりが可能な夏には、毎日二〇～三〇リットルの馬乳酒を消費する。来客にふるまったりするのは一割程度で、つくった馬乳酒のほとんどが自家消費にあてられる。成人の男性では一日に一〇リットルくらい飲むのはめずらしくない。致酔飲料というよりは、夏の栄養源として馬乳酒を飲むのである。哺乳瓶に馬乳酒を入れて、赤ん坊にも飲ませていた。馬乳酒には数かずの薬効があるといわれ、健康飲料としても消費される。

馬乳酒の製造法は簡単である、馬乳をしぼって、前回つくった馬乳酒の残っている容器に入れる。前回の液体が発酵スターターとなって、馬乳のなかの乳糖が分解して、アルコールになるわけだ。伝統的には皮袋の容器が使用されたが、現在ではロシア製のプラスチックの桶を使うことが多い。ヨーロッパでの伝統的なバターづくりに用いられたものと同じ形態をした攪拌棒《かくはんぼう》で一五〇〇回くらい攪拌して空気を送りこみ、一～二日したら馬乳酒ができる。

秋になって馬の乳しぼりができなくなるころ、最後の馬乳酒を屋外に放置し凍結させておく。これが、次のシーズンの発酵スターターに利用される。

馬乳酒をモンゴル国ではアイラグ（airag）、内蒙古自治区ではチゲー（čegee）とよぶ。古代ギリシアの歴史家であるヘロドトスは、スキタイ人が奴隷に馬乳をしぼらせて、酒づくりをしていたと述べている。馬乳酒はカフカス（コーカサス）からモンゴルにいたる、ユーラシア大陸の草原地帯の牧畜民のあいだでつくられてきた。モンゴルの西に位置する中央アジアでは馬乳酒をクミス（kumiss）とよぶことが多い。

〈アルヒ〉　馬乳酒は、酒というよりは乳酸飲料としての性格がつよい。モンゴルの人びとが酔いを求めて飲むのはモンゴル国でアルヒ（arki）とよぶ蒸留酒である。アルヒはのちに述べる蒸留酒の一般名称であるアラキに起源することばであろう。

蒸留酒の原料には牛乳、羊や山羊の乳が用いられる。馬乳酒の蒸留は普通おこなわない。

馬乳とちがって、これらの乳には脂肪分が多く、脂肪球が大きいので、そのまま攪拌したり、熱を加えながら攪拌する、静置して脂肪分の浮きあがるのをまつ、などの操作によって、乳のなかの脂肪分を取りだすことが容易である。こうして、クリーム、バター、バターオイルなどの乳製品をつくり、残った脱脂乳を原料として蒸留酒がつくられる。さまざまな方法があるが、原理的には馬乳酒づくりと同じ方法で、乳糖をアルコールに変え、乳酸発酵をした酸乳をつくる。馬にくらべると、ほかの家畜の乳に含まれる乳糖の量は少ない。モンゴルの場合、牛乳の乳糖含有量が四・三パーセントであるのにたいして、馬乳は六・六パーセントである。(1) したがって馬乳酒よりもアルコール分が低い酸乳となる。

蒸留器は原料を熱する下鍋の部分、上部がつぼまる円筒形をした木製や金属製のコシキの部分、コシキのなかに吊り下げた壺や小形の深鍋、木桶などの蒸留酒を集める部分、冷却水を入れる上鍋部分——上鍋、下鍋ともに丸底の炊事用の鍋を使用する——から構成されている。コシキと下鍋、上鍋が接するところにはボロ布や

写真2　アルヒの蒸留器（モンゴル型）。コシキの上に冷却水を入れた鍋を置く。

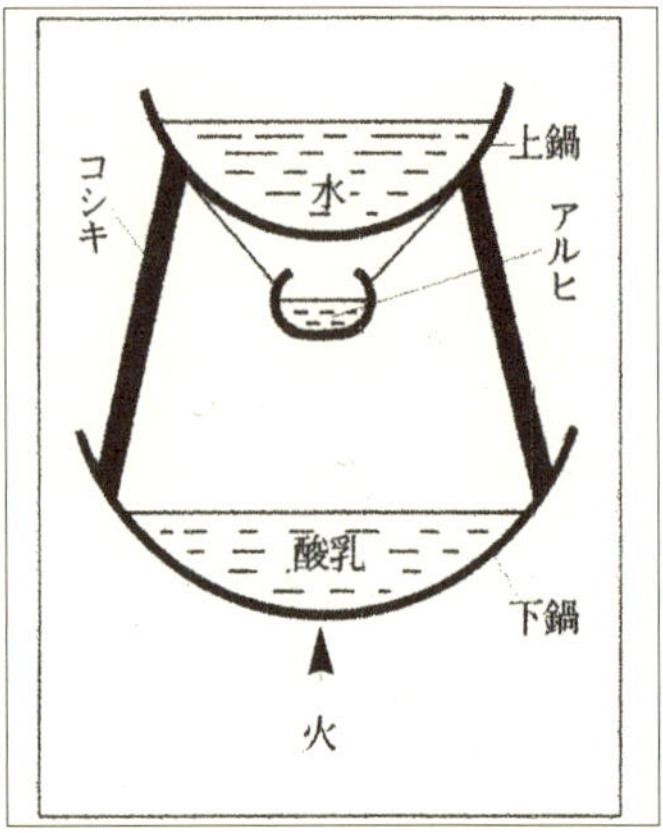

図2　アルヒの蒸留器模式図（モンゴル型）。

フェルトをすき間に詰め、蒸気が逃げないようにする（図2、写真2、3、4）。

原料の酸乳を鍋に入れ、乾燥させた牛糞を燃料としてゆっくり加熱する。アルコールを含む蒸気がコシキのなかを通り、冷却水を入れた上鍋にあたって、液化する。液化した滴《しずく》は冷却用の丸底鍋の外壁を伝わって、鍋底の中央部に集められ、したたり落ちて、吊り下げた壺や深鍋、木桶に蒸留酒がたまるのである。蒸留しながら上鍋の冷却水をひんぱんに替える必要がある。そこで、蒸留器をつくるときには、水をくみに水源まで何度も行かなければならない。

アルコール分を蒸留した後、下鍋には水分とタンパク質を含む酸乳が残っている。これを袋に入れて水分を除去し、重石をかけて加圧脱水する。これを天日で乾燥するとアーロールという乾燥チーズになる。コシキの内壁には、白い粕状《かすじょう》のものが付着している。主成分はタンパク質なので、この酒粕チーズも食用にされ、乳をあますことなく利用する加工技術体系の一環に、蒸留が組みこまれているのである。

写真3　アルヒの蒸留器（モンゴル型）。下の鍋に蒸留用の酸乳が満たされている。

写真4　蒸留酒を集める鍋。コシキの内部に吊り下げる。

別のタイプの蒸留器も使用されている。コシキに穴をあけ、そこにパイプや、木製の樋《とい》を通した蒸留器である。パイプや樋の先端には液体を受けるジョウゴの役割をする装置がとりつけられている（図3、写真5）。冷却水を入れた鍋底からしたたり落ちた液体は、ジョウゴに集められ、パイプや樋を伝わってコシキの外に導かれ、容器に流れ落ちるのである。のちに述べるニーダム博士は、コシキ内に蒸留酒を集める容器を吊り下げた前者の形式をモンゴル型、コシキの外に蒸留酒を導く後者の蒸留器を中国型と命名している。現在のモンゴルでは、モンゴル型を使用するか、中国型を使用するかは、家庭によって異なっている。

モンゴル語で蒸留器をトゴー・ネレフ（togoo nerek）という。国立民族学博物館教授で、モンゴル文化の研究者である小長谷有紀さんの教示によると、トゴーは「鍋」、ネレフは「通す」という意味なので、トゴー・ネレフの逐《ちく》語《ご》訳《やく》は「鍋を通す」ということになる。ニーダムのいうモンゴル型と中国型をあえて区別するときには、「閉じる」

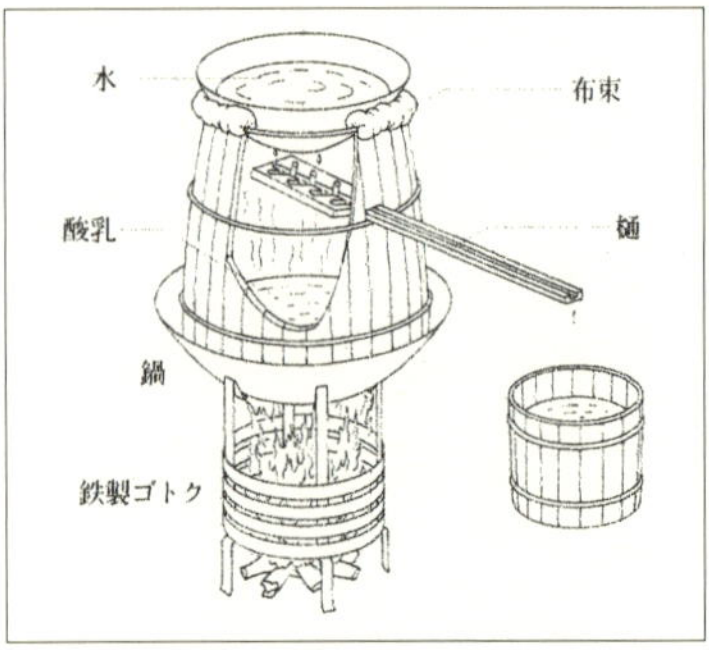

図3　アルヒの蒸留器模式図（中国型）（国立民族学博物館蔵　展示番号TK197より作成）。

写真5　アルヒの蒸留器（中国型）。

という意味を表すビトゥー（bitüü）、あるいは「開かれた」という意味のザドガイ（zadgai）を修飾語としてつけ、モンゴル型をビトゥー・トゴー・ネレフ、中国型をザドガイ・トゴー・ネレフとよぶ。

一五リットル程度の酸乳から、アルコール分七パーセント程度の蒸留酒であるアルヒが三リットルくらい得られる。蒸留の最初にでる蒸気には高いアルコール分が含まれるので、最初の〇・五リットル程度は別に取って賞味することもある。

アルヒの原料となる酸乳のつくりかたによって、少し白濁した液体になる場合と、無色透明のものがある。[2]

ほのかに乳臭さが感じられる酒である。来客があって宴会をもよおすときなどに、アルヒを蒸留することが多いので、そのときには蒸留したてのものが供される。まだ冷えていないアルヒを飲むと、日本の乙類焼酎のお湯割りが思い出される。

できあがったアルヒをふたたび下鍋に入れて、再蒸留することもある。再蒸留した酒はアルコール度数が高く、不純物が少ないので、一回蒸留のものよりも上等の酒とされる。

内蒙古自治区の赤峰市克什克騰《ケシュクテン》旗で、アルヒを生産する企業化された工場を見学した。ここでは周辺の牧畜民と契約して、一度蒸留しただけの自家製のアルヒを集荷し、それを原料として工場で再蒸留をおこない、ボトリングし、「一代天驕奶酒」という商品名をつけたレッテルを貼って、発売している。売り先はモンゴル人ではなく、東北地区の大連などの都市民であるという。アルコール分が一〇パーセントのものと四〇パーセントのものの二種類を発売している。

写真6　赤峰市郊外の乳酒工場で使われていたアルヒの蒸留器。

この工場の金属製の蒸留器を写真6にあげておく。タイル張りのかまど状の装置の中に、第一次蒸留をした原料を入れる容器がしかけられ、それが円形のコシキ部分、そのうえにかぶせた円錐形のキャップの部分と一体化している。金属製の冷却器は、キャップの上部からのびるパイプに連続している。聞きもらしたので確認はできないが、冷却器は水道管と連結され、いつも冷たい水が循環するしかけになっているのだろう。

タイル張りの部分をボイラーで加熱すると、熱せられたアルコール蒸気がキャップの部分にあたっていくぶん冷え、冷却水の中に通したパイプの中で液化し、冷却器の底部からのびる細いパイプから流れだす装置であろう。大型で近代的な外観をしているが、原理的にはチッタゴン丘陵でみた冷却器と同じ構造のものである。

＊——国立民族学博物館展示場から

〈フランスの蒸留器〉　国立民族学博物館のヨーロッパ展示場に、フランス中部ベリー地方で使用していた蒸留器が展示してある（展示番号Y00125、写真7）。

この蒸留器は、鉄製の円筒形のかまど（図4-1）、そのうえにしかける釜（図4-2）、釜の上にかぶせたキャップからつながるパイプ（図4-3）、冷却装置（図4-4）から構成されている。円筒形の冷却装置には水が入れられ、その中をらせん状にパイプが通っている。釜とパイプの部分は銅製である。この蒸留器をアランビック（alambic）という名称でよぶ。

この装置を使ってつくる蒸留酒の原料にはブドウのしぼり粕を用いる。ワインづくりのためにジュースをしぼったあとの果皮などを木の樽《たる》に入れて約一年間おいて発酵させる。ドロドロになった、アルコール分を含むワイン果汁のしぼり粕を釜に入れて加熱する。かまどの下部には火を燃やすための焚き口が設けられ、側壁には煙突をつけるためのしかけがある。釜から立ち上る蒸気はキャップの部分でいくぶん冷却されて、冷却装置の中をくぐるとき液化し、床に置いた容器に集められる。こうしてブドウのしぼり粕からつくるマールというブランデーができあがる。

この蒸留器は一八世紀に製作されたもので、長いあいだ農家で自家製のブランデーをつくるのに用いられ、最後に使用したのは一九五八年のことであるという。

この形式の蒸留器はシャラント型といわれ、連続式蒸留装置が出現する以前のヨーロッパで用いられた単式蒸留器であるポット・スティルの主流であった。

*——朝鮮半島の蒸留器

国立民族学博物館の朝鮮半島の文化の展示場に、忠《チュン》清《チョム》南《ナン》道《ド》で使用された蒸留器が置かれている（展示番号HI10089、写真8）。現地名称はソチュコリ（焼酎古里）という。ソチュ（焼酎）は蒸留酒、コリ（古里）は蒸留器をしめすことばである。展示品は陶器製なのでトコリ（土古里）ともよばれるが、蒸留器の主体部分であるコシキの材質は地方によって異なり、セコリ（鉄古里）、トンコリ（銅古里）を使用する地域もある。

蒸留酒の飲用が伝統的に盛んであったのは朝鮮半島の西側と北側の寒さのきびしい地帯であるが、夏には全土で飲まれた

写真7　フランス、ベリー地方のシャトラン型蒸留器（国立民族学博物館蔵）。

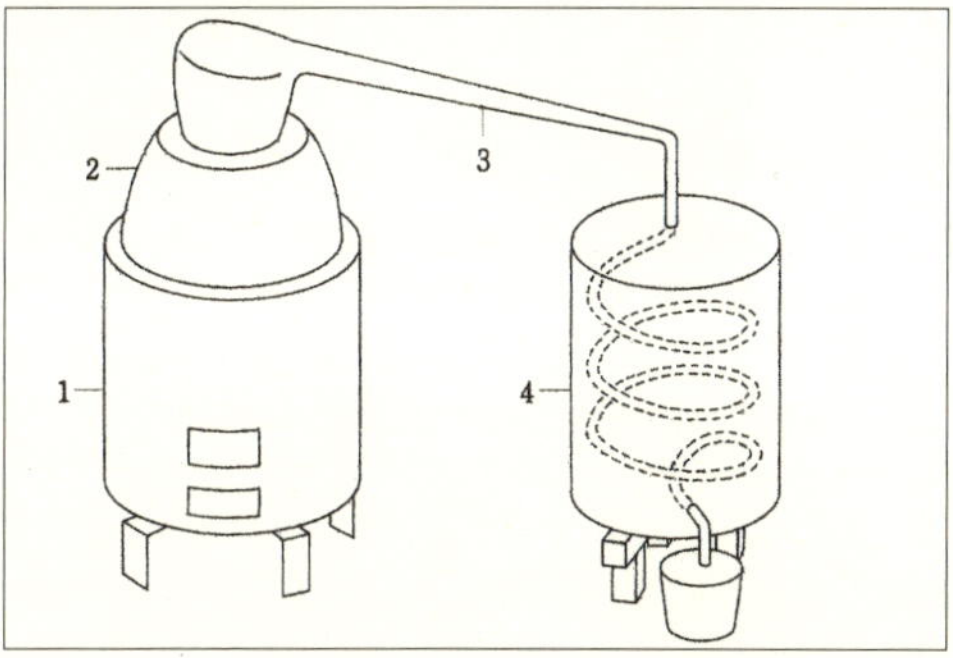

図4　フランス、ベリー地方のシャトラン型蒸留器。

写真8　朝鮮半島忠清南道の焼酎蒸留器（国立民族学博物館蔵）。

という。蒸留酒の原料には、米、小麦麹、水を原料としてつくる濁り酒であるマッコルリのほか、さまざまな醸造酒の醪、酒粕などが用いられた。

国立民族学博物館所蔵のトコリは、鉄の平釜の上に砂時計形の陶製のコシキであるコリが載せられている。この展示品には冷却水を入れる装置が欠けている。図5に示した断面図のように、コシキのうえに、底面が凹レンズ状の陶製の冷却水を入れる容器がはめ込まれて使用されたはずであるが、その容器は収集されていない。展示品のほかに、収蔵庫には冷却容器とコシキを一体成形したトコリが保存されている。

断面図に見るように、胴部が砂時計形にせばまった部分の内壁にそって、環状の溝のような設備が設けられ、そこからコシキの外部に蒸留酒を導く垂れ口がでている。この溝のあることと、冷却水容器の形状が、先に述べたモンゴル型や中国型とは異なっている。モンゴル型・中国型では冷却水の容器がコシキにたいして突出している凸レンズ形の底を持つのにたいして、凹レンズ形をしているのである。

それは液体を溝に集めるための工夫である。冷却されて液化した露が、凹レンズ形をした冷却器の底面を伝

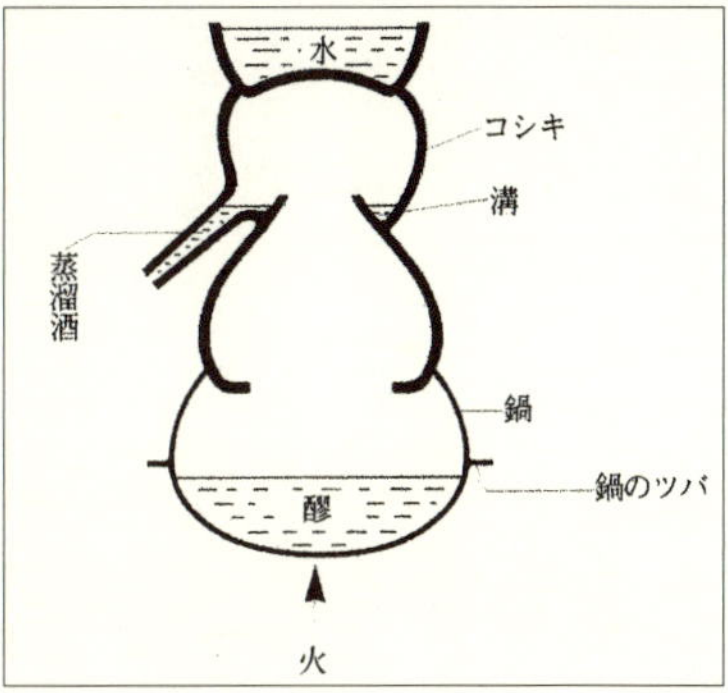

図5　朝鮮半島のトコリ模式図。

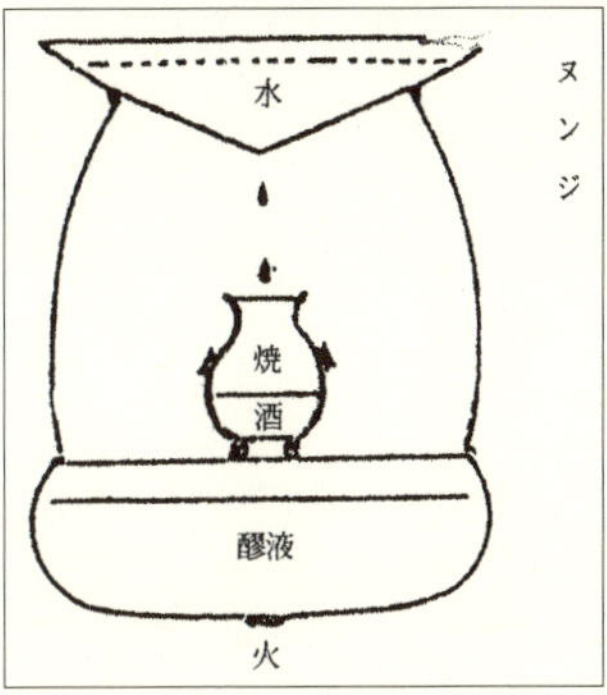

図6　朝鮮半島のヌンジ模式図（参考資料(4)から転載）。

わってコシキの内壁に導かれ、内壁の縁にそって設けられた溝にたまり、垂れ口から落下するのである。ニーダムのいうヘレニズム型の蒸留器の頭部に水冷装置であるムーアズ・ヘッド（後述）がもうけられた形式である。

済州島のコリには、コシキにたして凸レンズ形に突出した底をした水冷装置と、底の中央部分から液体を集めて外部に取りだすしかけのものがある。したがって、朝鮮半島にも中国型の蒸留器が存在するのである。(3)

一九三五年刊の『朝鮮酒造史』によると、北の咸《ハム》鏡北道《ギョンブックド》は、コリではなく、ヌンジという蒸留器が一般的に使用される地帯とされている。図6に見るように、ヌンジはニーダムのいうモンゴル型に相当する。ヌンジでつくる酒はアルコール分が低く一五パーセント前後であり、品質もあまりよくないと記録されている。(4)

高麗王朝の時代である一三世紀に、朝鮮半島は、モンゴル人の王朝である元の侵略を受けた。このときに蒸留酒が伝えられたという。そこで、焼酎をアラギ（阿刺吉）ともいい、地方によってはアレギ、アラツチャ、アランジュともよばれるのは、元における蒸留酒を示すことばに由来する。[5]

一九三〇年代の河北省唐山《タンシャン》市の焼酎製造工場の蒸留器の図面によると、コリと同じ原理をした形式の装置が用いられており、近代の中国でもこの形式の蒸留器があったことがわかる。[6]

＊――ニーダムの研究

これで、私の見たことのある酒づくり用の蒸留器の主要なものについての解説がすんだ。これらを、ニーダムの分類にしたがって整理を試みてみよう。

ジョセブ・ニーダム（一九〇〇～一九九五）は英国に生まれ、生化学者としての数かずの業績をあげたが、のちに中国の科学史の研究をはじめ、この分野での世界最高の大家となった。一九七六年にケンブリッジ大学を引退してからは、ケンブリッジにニーダム研究所ともよばれる東アジア科学史図書館を設立した。彼のライフワークは『中国の科学と文明』という巨大なシリーズの論考集を編纂することであり、その作業はニーダムの死後も継続している。

『中国の科学と文明』の第五巻には、ニーダムが書いたヨーロッパとアジアの蒸留技術についての長編の論文が収録されている。[7]その要約を紹介してみよう。

ニーダムが原初的な蒸留器と考えているのは、図7に示した北部メソポタミアの紀元前三五〇〇年頃の遺跡から出土した土器である。カメ形の素焼きの土器の開口部の縁にそって鍔型《つばがた》の張り出しが設けられ、土器本体の外壁と張り出し部分の内壁のあいだが溝状になっている。

この土器に蒸留すべき材料を入れ（たぶん水とともに）、その上に半球状の別の土器をかぶせ、二つの土器の接合部から蒸気がもれないように詰め物をしておく。これを火にかけて熱すると、カメ状の土器から発生した蒸気が、表面積の大きい半球状の土器の内壁にあたって空冷されて液体になる。その滴が半球状の土器の内壁を伝わって溝状の部分に集められる。溝に液体を集める装置を設けることは、先に述べた朝鮮半島のコリと同じであるが、水冷装置、液体を外部にだす垂れ口を欠いている。

この蒸留器は香水づくりに用いられたのではないかと考えられている。

ニーダムは単式蒸留器の進化を示す模式図を作成している（図8）。この図の(a)では、鍋で液体を温めると蓋《ふた》に滴がつくことが蒸留の原理の発見につながることを示している。(b)は加熱容器に土器を逆さにしてかぶせ、その下に液体を受ける容器を置いたもの。(c)が、北部メソポタミアの蒸留器である。(c')は、上にかぶせる容器に溝の部分を取りつけたもので、これがヨーロッパの蒸留器であるアランビックに発展するという。

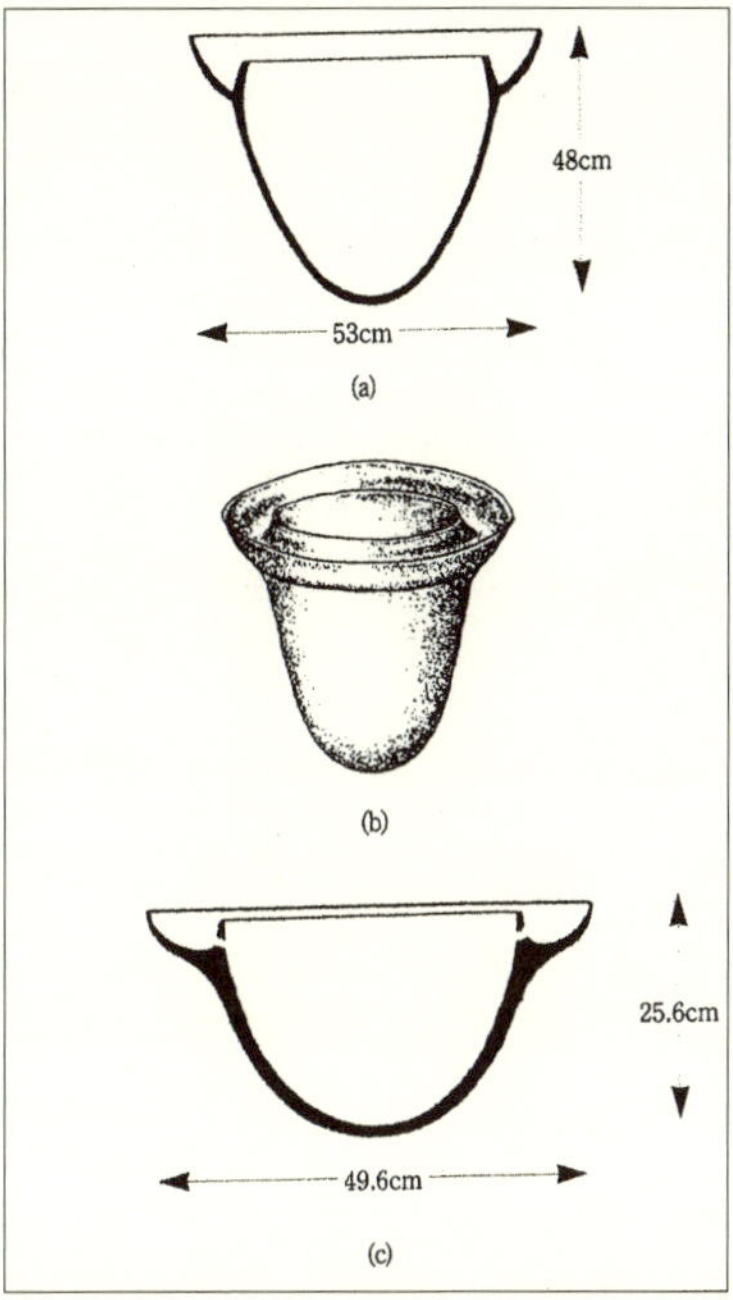

図7　北部メソポタミアの土器、蒸留器と推定される（参考資料(7)から転載）。

(a')、(b')は原初的な蒸留のもう一つのタイプを示すものである。鍋に厚手のフェルトなどで蓋をすると、蒸留された蒸気が繊維のあいだを通りぬけるとき冷却され、液体がフェルトに含まれる。この濡れたフェルトをしぼって、蒸留物質を集めるのである。

ニーダムは伝統的な蒸留器を次の四類型に分類している。

（1）ヘレニズム型
（2）ガンダーラ型
（3）モンゴル型
（4）中国型

〈ヘレニズム型〉　ヨーロッパの蒸留器の祖先に位置するものである。紀元前三三一年にアレキサンダー大王がエジプトを征服してナイル川河口に都市を建設して以来、アレクサンドリアは、古代ギリシアの文明を受け継ぐヘレニズム文明の中心地になった。七世紀にイスラームの侵攻を受ける以前のアレクサンドリアには、当時の先端科学である錬金術がさかえていた。錬金術とは鉄、銅などの卑金属を材料として金、銀などの貴金属をつくろうという試みである。そのための実験道具として蒸留器が利用された。錬金術で蒸留されたのは水銀、硫黄、亜砒酸、硫化砒素など沸点の高い無機物である。アルコールのような沸点の低い物質の蒸留は困難なので、ヘレニズム型の蒸留器では蒸留酒ができないという。

図8(d)は最も簡単なヘレニズム型の蒸留器の図を示している。丸底をした首長のフラスコに空冷用のキャップ

からのびる長いパイプで液体を導く装置である。この蒸気を凝固させ、排出するためのキャップと、それに一体化した導管をアランビックという。ヘレニズムのアランビックはキャップの部分に液体をためるための溝が設けられ、溝から液体を排出するための導管がでているのが特徴である。

ヘレニズム文明を受け継ぎ、ギリシアの科学をヨーロッパ全体に伝え、インド、ペルシア、中国の科学を西方に引き継いだのは、イスラーム文明の担い手であるアラビア人である。アラビア人は蒸留技術を花の香気成分の抽出に応用した。花に少量の水を加えて蒸留して香水をつくったし、一〇世紀頃から、蒸留によって石油をつくる、薬剤の調整用に蒸留水を製造する、脱色のために酢を蒸留するなどといったことがおこなわれた。ブドウ酒を蒸留すると脱色されることを述べた記録もある。とりわけ香水の製

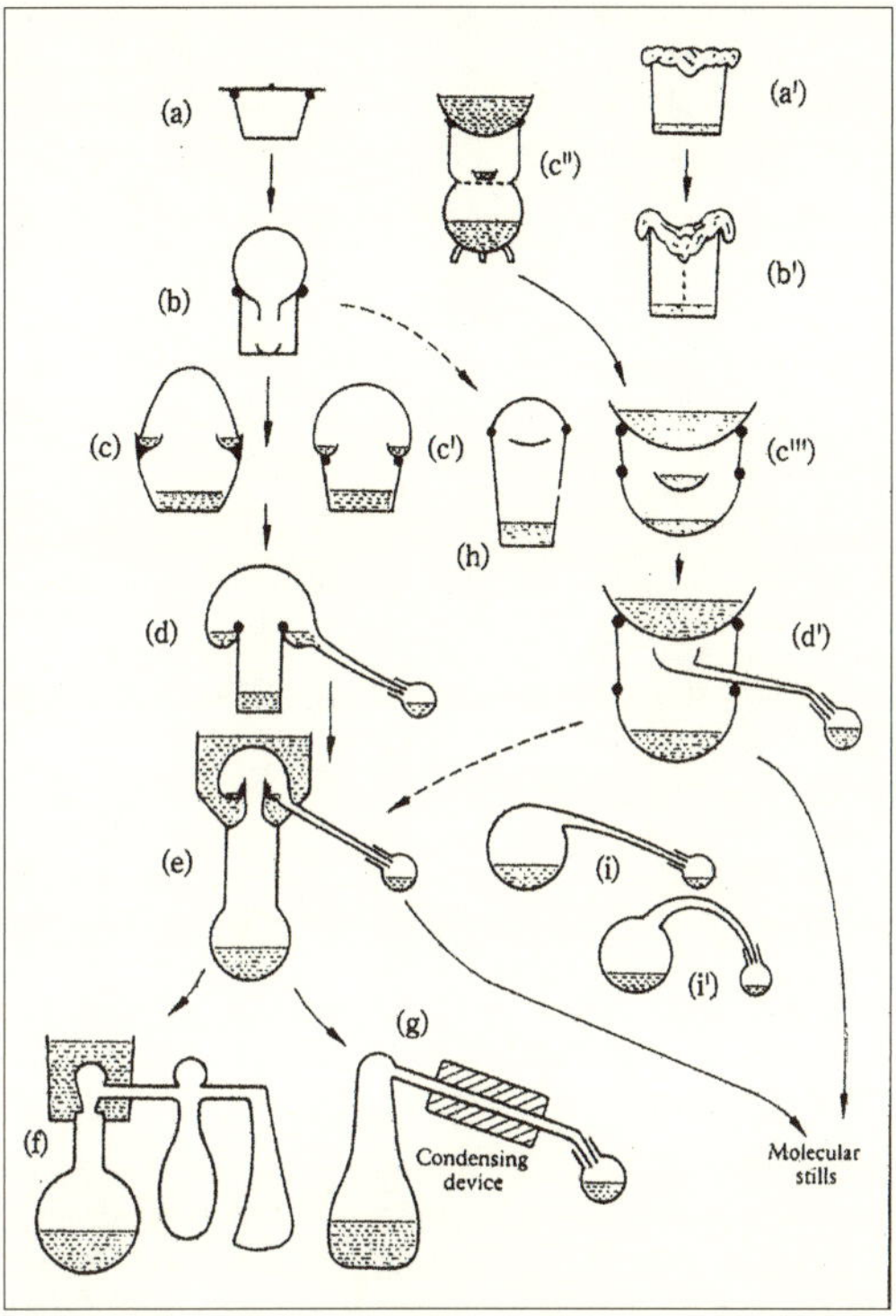

写真8　ニーダムによる単式蒸留器の進化を示す模式図（参考資料(7)から転載）。

造が盛んで、バラ水はスペイン、北アフリカ沿岸のイスラーム文明の影響下にあった地帯だけでなく、一〇世紀中頃には中国まで輸出された。現在のベトナム中部にあった占城《チャンパ》の国王がアラビア人の使節を中国に派遣し、西域から得たバラ水と猛火油（石油）を贈ったという記録がある。

このようなイスラーム文化の影響を受けて、ヨーロッパではアランビック型の蒸留器が発達した。アランビックの頭部を水を吸収させた布や海綿で冷却することはアレクサンドリアの錬金術師がおこなっていたという。一六世紀になると、ヘレニズム型が進化し、アランビックの頭部に水冷装置を備えた蒸留器（図8(e)）が出現する。この装置のキャップの部分は、アジア・アフリカのイスラーム教徒であるムーア人が頭にターバンを巻きつけた姿を連想させるからか、ムーアズ・ヘッド（Moor's Head）とよばれている。頭部を水で冷却する中国型の蒸留器がムーア人によってヨーロッパに伝えられたので、ムーアズ・ヘッドという名称になったのであろうというのが、ニーダムの仮説である。

図8(f)は中世ヨーロッパの分縮可能な蒸留器である。蒸留原料の沸点のちがいを利用し、先に液体に凝縮する揮発性の低い成分と、そうでない成分を分離して採取するための装置である。この段階になるとアランビック内部の溝はつけられなくなる。一方、図8(g)の模式図のように、アランビックの頭部を水冷するのではなく、導管を水冷する蒸留器も現れた。一四世紀以降、らせん状の導管が冷却水容器の中に組みこまれたシャトラン型の蒸留器が、ヨーロッパにおける蒸留酒製造の道具の主流をになうようになった。

ヘレニズム型のキャップと導管が一体化された部分は、ギリシア語でアンビック（anbiq）とよばれた。これにアラビア語の冠詞であるalをつけたアランビック（al-anbiq）が、キャップだけではなく蒸留器全体を示すことばとして使われるようになり、ヨーロッパでも、フランス語のalambic、スペイン語のalambiquéや、英語のalembicに示されるように、アランビック系の名称が一般化したのである。

日本在来の焼酎の蒸留器を「らんびき（蘭引）」とよぶのも同じ語源である。江戸時代の一七世紀末に書かれた『本朝食鑑』の説明によると、朝鮮半島のコリと同じ原理のムーアズ・ヘッドをそなえた銅製の蒸留器を「らんびき」とよび、これはもともと南蛮の道具でビードロでもつくるとある。このガラス製でヨーロッパにもあったというくだりが、わが国の蒸留酒の起源に関して気にかかることである。その一方、明らかに中国型と認められる蒸留器を江戸時代に「らんびき」系の名称でよんだことも知られている。

ところで、中国でアランビック系の名称で蒸留器をよぶ例は知らない。

〈ガンダーラ型〉　ギリシア彫刻の影響を受けた仏像が多数発見されることで有名なパキスタンのガンダーラ地方のタキシラ遺跡から、図9(a)、(b)のような特殊な形状をした素焼きの土器が発見されている。このような土器は紀元前一五〇年から紀元後三五〇年の時期の層位から出土している。また、竹管の形状を模した素焼きのチューブや、冷却水を入れたと思われる鉢形の土器も発見されている。ニーダムは、これらは化学実験に使用するレトルトと同じ形をした蒸留器であると考えている（図8(i)、(i')）。

図9の(a)はアランビックの頭部にあたる部分であるが、液体を留めるための溝は設けていない。火の上にしかけた土器の口に(a)をかぶせて(b)を竹管でつなぎ、(b)を冷却水を入れた鉢形土器の中に置いて、蒸留器として利用したのであるという。この装置でなにを蒸留したのかについては不明である。

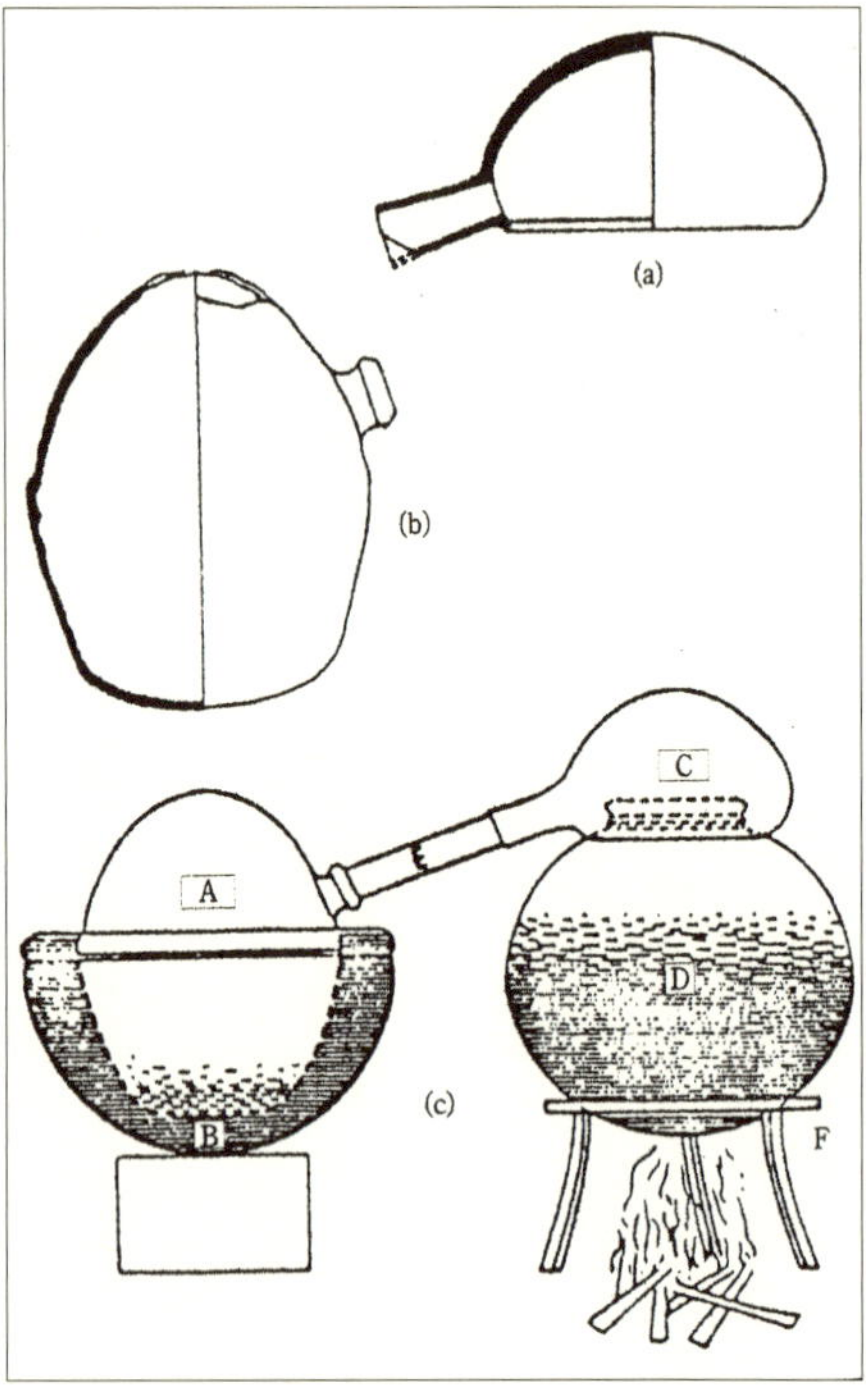

図9　タキシラ遺跡出土のガンダーラ型蒸留器（参考資料(7)から転載）。

最初に述べたチッタゴン丘陵の蒸留器は、ガンダーラ型そのものである。

ガンダーラ型の蒸留器の分布圏は広く、エチオピアではビールや蜂蜜酒の蒸留に使用することも報告されている。しかし、分布の中心はインド亜大陸とその周辺地域であると思われる。インド亜大陸と東南アジアの各地でヤシ酒などの蒸留に用いられるのである。

元代の一三〇〇年頃に著述されたといわれる日用家庭百科事典である『居家必用事類全集』に南蛮酒であるアリキ（阿里乞）の製造法が記載されている。この本にでてくるアリキとは、味のよくない、酒づくりに失敗した酒を原料とした蒸留酒である。菅間誠之助は『居家必用事類全集』の記述にもとづいて、アリキづくりの装置の復元図を発表しているが、それはガンダーラ型の蒸留器である。(8)

〈モンゴル型〉　図8(c''')のように、下鍋に原料を入れ、その上に円筒形のコシキを置き、冷却水を入れた上鍋を置き、上鍋の底からしたたる露をコシキ内に置いた容器に集める形式の蒸留器である。私がモンゴルで見た写真2、3、4は、この型式である。

ニーダムは、中国における炊事用のコシキに原型を持つ蒸留器であると考えている。現在でも東アジアの料理には蒸す技術が多用されるが、中国では蒸す道具であるコシキが新石器時代から使用されていた。コシキを応用してつくった単純な蒸留装置である図8(c''')が、モンゴル型の祖型である。

モンゴルのほか、先に述べた朝鮮半島のヌンジもこの形式であるし、日本では一七三二年に刊行された『万金産業袋《ばんきんすぎわいぶくろ》』に記述されている粕取焼酎の製造に使用される蒸留器がおなじ原理のものである。ネパール、チベット、ブータンなどのヒマラヤ地域でも、家庭での蒸留酒づくりに使われている。一八世紀後半のクリミア半島のコサックは、金属でつくったモンゴル型の蒸留器を用いて、乳酒であるクミスを原料としたアラックづくりをした。ニーダムによると、ロシア、ポーランド、ルーマニア、ハンガリーなど東ヨーロッパと、アイルランドの密造酒の製造にもモンゴル型が使用されたそうだ。ありあわせの道具を組みあわせて、簡単につくれるので、小規模の密造酒づくりには便利であったろう。

〈中国型〉　モンゴル型から進化したもので、写真5のように、コシキのほかに液体を流す装置をそなえた形式である(図8(d'))。

中国、モンゴル、ブリアート・モンゴル、ツングースなど北東アジアに分布する。江戸時代の日本でも焼酎づくりに使用されたし、朝鮮半島にも存在したことがわかっている。[9]フィリピンのルソン島など東南アジアにも分布するが、近世になって華僑が東南アジアに進出したときに伝えたのかもしれない。

　現代の工場生産による蒸留酒製造にも、中国型の蒸留器は活躍しており、たとえば山西省杏花村の名酒である汾酒《フェンチュウ》も中国型の蒸留装置でつくられる。[10]

　蒸留器の形式や蒸留酒の種類の地理的分布を論じるにあたって障害になるのが、西アジア、中央アジア、北アフリカとインドである。禁酒を旨とするイスラーム教が普及することによって、西アジアと中央アジア、北アフリカでは蒸留酒がつくられなくなった。インドではヒンドゥー教徒の大部分は禁酒をまもっているし、ヒンドゥー教徒についで人口の多いのが、酒を飲まないイスラーム教徒であり、酒づくりをするのは部族民といわれる少数民族である。このような事情で、蒸留技術のユーラシア大陸における東西交流の中心地帯における蒸留酒関係の資料が欠落しているのである。

　ニーダムによると、ムガール朝のアクバル大帝の統治時期にあたる一五九〇年の記録として、宮廷の蒸留室には、モンゴル型、中国型、ヘレニズム型の三種類の蒸留器があったと記されている。ニーダムはモンゴル型と中国型は東方アジア起源であり、ヘレニズム型とガンダーラ型は西方起源の蒸留器であると考えている。それらがアクバル大帝の時代のインドで共存していたのである。中世における中国とアラブの交易を通じて、東方起源の蒸留器が西方のイスラーム文化圏に伝えられたとニーダムは考えているが、それを実証することは困難であると述べている。

　国立民族学博物館で展示されている朝鮮半島のトコリは、内壁に溝をもち、頭部が球形につきだしたヘレニズム型のアランビックと、水冷装置を持つ中国型の合体したものである。朝鮮半島の焼酎づくりのほか、おなじ形式の蒸留器が、沖縄の泡盛、日本の焼酎、中国の高粱酒《コウリャン》製造にも用いられてきた。これは、イエズス会の宣教師たちがヨーロッパの蒸留器を伝えることによって発生したものであるとニーダムは推論している。

＊――漢代の蒸留器？

一九九〇年八月、ケンブリッジ大学で「第六回中国科学史国際会議」が開催され、世界各国から研究者たちが集まった。ニーダム研究所が主宰した会議なので、ニーダム博士も開会式のあとの招待講演者たちの報告のセッションには出席していた。博士は老齢のため車いすに座り、演壇にいちばん近いところに陣取っていた。老大家を前にしての御前講義ということで、発表者たちはいささか緊張気味であった。

この年の会議には、「食品化学と栄養」というテーマのもとに、世界から五人の研究者が招待講演者として迎えられていた。私もその一人に加えられ、「麵類の起源と伝播」という研究報告をした。上海博物館長の馬承源氏も招待講演者で、「漢代青銅製蒸留器の考古学的・実験研究」という講演をおこなった。その講演の要約を紹介しておこう。

問題の青銅器は考古学的発掘によって発見されたものではない。ただし、表面に施された文様や、器形を比較研究することによって、前漢中期から末期（紀元前一世紀頃）にかけて製造された青銅器であると考えられる。

一九五〇年代、上海の溶鉱炉には、金属の原料として大量のスクラップが集荷された。その中には、灌漑施設の造営工事のさいに地下から出土した古銭や青銅器などの文化財も含まれていることがわかった。そこで、上海博物館は専門家を溶鉱炉に派遣して、スクラップの中から文化財として価値のある品物を選別する作業をおこなっていた。このようないきさつで、一九五六年に発見されたのが問題の青銅器である。したがって、出土地点やほかにどのような遺物がともなうかを確認することはできない。

蒸留器は、図10に示したように、開口部が広く注ぎ口を設けた壺型の青銅器と、それにはめこむコシキ型の青銅器から構成されている。注ぎ口は蒸留のさいに水や液体を補充するための用途で、使用時には栓をして蒸気を逃さないようにしたのであろう。コシキには蓋をかぶせて使用したはずであるが、蓋にあたる部分は発見されていない。コシキをはめこんだ状態での高さが四五・五センチ、コシキの開口部の外径が二八・八〜三二・二センチの小型の道具である。

中国の土器や青銅器の器形に甑《そう》といわれるコシキがある。甑は中国で発生した料理道具で、新石器時代からあるし、殷代以来青銅の甑も多数発見され、中国考古学を知る者にとっては目新しいものではない。主食穀類を蒸して料理するのが、甑のおもな用途である。蒸留器の一部と想定される甑も、ほかの青銅の甑とおなじく底部に蒸気を通す格子状の孔を設けてある。ほかの青銅製の甑とちがうのは、底部の内壁にそって環形に取りまく溝状の装置があり、この溝の部分に孔があけられ、そこから下に向かってのびるパイプが設けられていることである。

馬氏は、ほかの漢代の青銅器の甑の出土例を参考にして、問題の青銅器には深い洗面器を逆さにしたような形状の蓋がつけられていたものと想定し、その蓋を作成して甑にかぶせた。こうして復元された蒸留器は、朝鮮半島のコリから水冷装置を取りさったような形をし、ニーダムのいうヘレニズム型で、図8(d)とおなじ原理のものである。

モチ米を原料とする蒸留酒を製造する上海の酒工場から醪をもらい、復元した蒸留装置を用いた蒸留酒づくりの実験がおこなわれた。

甑の下の原料を入れる容器が小さいので、一度に〇・八キログラムの醪しか入れることができない。これを二〇分間加熱して二〇・四〜二六・六パーセントのアルコールを含む五〇ミリリットルの蒸留酒を得ることができた。蒸留装置全体を青銅で復元し、今度は醪ではなく、一五・五パーセントのアルコールを含む紹興酒を原料として蒸留したところ、四五・二パーセントのアルコールを含む液体が得られたとのことである。

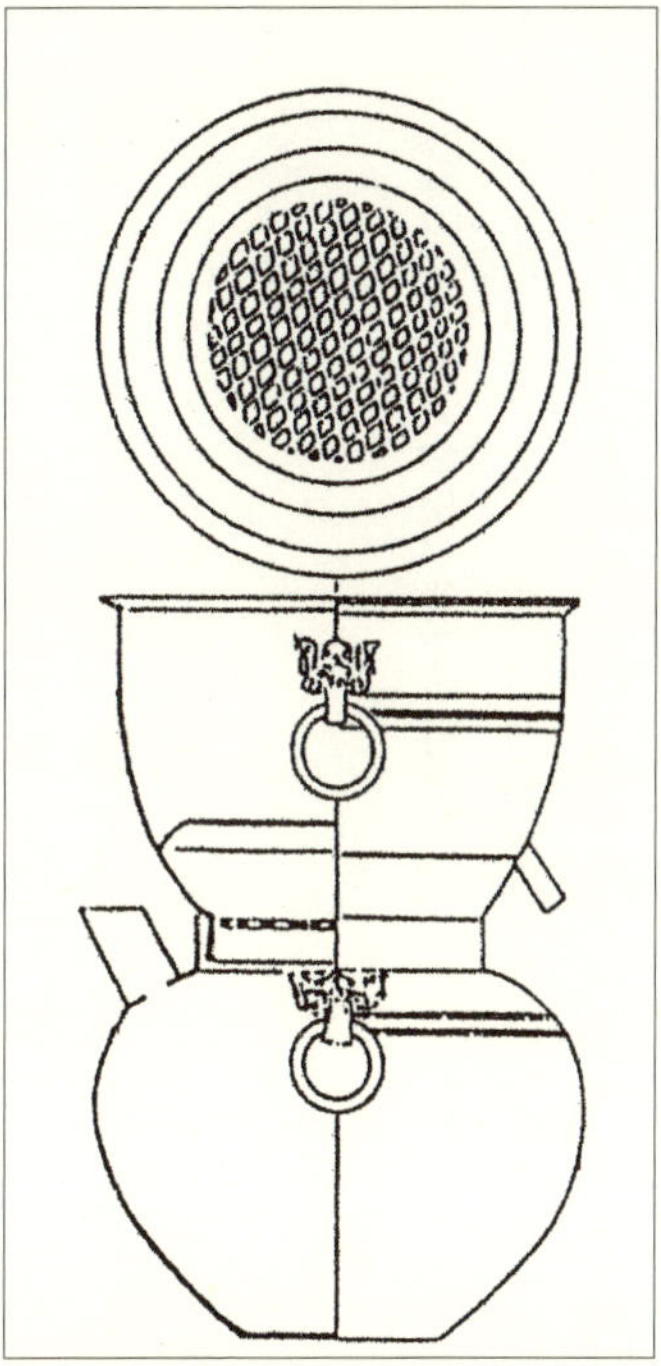

図10　清代のものと推定される蒸留器（参考資料(11)から転載）。

古代から中国で知られていた香料である桂皮を原料として香水づくりの実験もなされた。甑の格子状の孔の上に桂皮を置き、蒸してみたところ、強い香りがする桂皮油ができ、七年間保存しても香りに変わりがなかったと述べている。

馬氏は、この蒸留器は香油づく

り、漢方薬の抽出、蒸留酒づくりなど多目的に使用されたものと考えている。そして、紀元前後の古代中国に蒸留酒が存在したことに疑いの余地はない、というのが結論である。[11]

この報告にニーダム博士が、どのようなコメントをするか、興味がそそられた。しかし、博士はなにも発言をしなかった。

台湾の国立中央大学化学研究所の劉広定氏によると、上海博物館の所蔵品と同様な青銅器が安徽省天県から出土し、漢代のものとされている。劉氏は、これらの青銅器が正式の発掘調査から発見されたものではないので、「漢代」のものとすることに疑問を提出している。宋代以降、中国では金もうけのために古代の青銅器のコピーを製造することが盛んになるが、問題の青銅器もそのようなものである可能性があるというのだ。また、実験では蒸留酒や香油の製造に成功しているとはいえ、冷却装置を持たない道具を蒸留器と断定することに疑問をさしはさんでいる。蒸留に使用したのではなく、料理に使用するたんなる蒸し器ではないかというのである。[12]

私の感想を記そう。キャップと導管が一体成形されたヨーロッパ型のアランビックではないが、この甑に半球状のおおいを取りつければヘレニズム型のアランビックとして使用することは可能であろう。ただし、銅を薄く打ち出してつくったアレキサンドリアやヨーロッパのアランビックとちがって、この場合は鋳造製品なので器壁は厚く、空冷したときの冷却効率は、悪いであろう。上海博物館でおこなった実験のさいも、冷水に浸した布を巻きつけ、その上から水を注いでいる。

この青銅器が蒸留器である可能性は大きい、と私は思う。ただし、蒸留酒づくりに使用されたことには疑問をさしはさみたい。

器形があまりにも小さすぎるのである。一度に五〇ミリリットルの蒸留酒しかつくれないのでは、蒸留酒で酒盛りをすることはできない。飲料ではなく、薬物として用いるアルコールを製造する道具と考えることもできよう。しかし、そのようなアルコール性の薬物が古代中国にあったとは聞かない。

文字の国である中国のことである。漢代から蒸留酒が存在したのならば、かならず文献記録に残るはずである。次に述べるように、確実に蒸留酒が存在したことがわかるのは、一〇〇〇年以上あとの元代になってからである。このようなことを考慮に入れると、上海博物館の蒸留器は、酒以外の物質を原料とする蒸留に用いた道具だろうということになる。

＊——焼酒をめぐって

中国の蒸留酒の歴史を検討するさいに、いつも問題となるのは、焼酒《シャオチュウ》という文字の解釈をめぐってである。焼酒という文字は、白酒《バイチュウ》という文字とともに、蒸留酒の一般名称とされている。ところが、焼酒という名称は唐代の詩などにも出現する。この唐詩の焼酒が、蒸留酒か、どうかをめぐって、議論がたたかわされてきたのである。(13)

白楽天が四川省に滞在していたときの詩に、

「焼酒初開琥珀香」

とあるほか、白楽天の詩の中には焼酒という文字が数回現れる。また唐詩には、

「暑遣焼神酎」

と書かれたものもある。

唐後期の詩人である雍陶《ようとう》は、

「自至成都焼酒熟、不思身更入長安」

と現在四川省の省都となっている成都《チョントウ》の焼酒を詠っている。

唐代の李肇《りちょう》の『国史補』に、

「酒即有剣南之焼春」

とある。唐代には酒の異名を春と記したことから、焼春とは焼酒のことだろうといわれている。

唐代の焼酒の記述は四川省に集中しているので、この頃の四川省に蒸留酒があったか、どうかが問題とされるのである。

名著『中国食物史』の筆者である故篠田統博士は、中国酒造史についても詳しかった。博士は唐詩の「焼」という文字を酒に燗《かん》をすることと解釈している。たとえば、「焼神酎」は神酎と表現した醸造酒に燗をすることになる。(14)

唐代の蒸留酒の有無については、まだ決着がつかず、中国の研究者たちのあいだでも賛否両論がある。

中国における蒸留酒は、元代にはじまるという説は、李時珍《りじちん》の『本草綱目』の記事にもとづいている。薬学・博物学の大百科事典とでもいうべき、この書物は、明代の一五九〇年に完成したものなので、のちの時代

になってからの解釈であることに留意する必要がある。その「焼酒」の項目を紹介してみよう。

この項目の冒頭で、焼酒を火酒・阿刺吉《あらき》酒ともいうことを示したあと、

「時珍曰、焼酒、非古法也。自元時始創其法」

と述べている。『新註校訂　国訳本草綱目』の読み下し文を引用してみよう。


時珍曰く、焼酒は古法ではなく、元の時に始めて起こったものだ。その方法は、濃酒を糟に和して甑に入れ、蒸して気を上升させ、器にその滴る露を承けて取るのであって、凡そ酸壊した酒はいづれもかくして蒸焼し得るものだ。近代はただ糯米、或は粳米、或は黍、或は秫、或は大麦を蒸焼して麴を和し、甕中に入れて七日間醸し、それを甑で蒸して取る。それは清んで水のようなもので、味は極めて濃烈だ。蓋し酒露である。


この記事にしたがえば、中国における蒸留酒製造は古くから存在したのではなく、元の時代にはじまったものである。はじめは濃い酒に酒粕を混ぜたものや、『居家必用事類全集』のアリキとおなじく、酒づくりに失敗して酸敗した酒を原料として、コシキに入れて蒸す、液体の蒸留であった。のちになって、モチ米、ウルチ米、キビ、モチアワ、大麦に麴を混ぜて発酵させた、蒸留酒製造用の醪を直接蒸留するようになったという。

一三三〇年の『飲膳正要《いんぜんせいよう》』には、蒸留酒であるアラキ（阿刺吉）酒についての記事が現れるし、おなじく元代の朱徳潤の『軋頼機酒賦』に描写されているアラキ（軋頼機）酒も蒸留酒である。こうしてみると、元代の

中国にアラキ系のことばでよばれる蒸留酒が存在していたことは確実である。
元の前の時代である金代（一一一五～一二三四年）の蒸留器が河北省承徳地区から発見されている（図11）。銅製で、球形をした鍋の口にそって蒸留した液体を集める溝が設けられ、その上にぴったりと重なるドーム状の底部をもつ水冷装置が載せられる。全体の高さは四一・六センチである。溝は、冷却器の内壁で凝縮した液体を取りだす導管に連結している。[15] 先に述べた国立民族学博物館で展示している朝鮮半島のコリと原理はおなじ蒸留器である。この型式を仮に朝鮮半島型と命名しておこう。

この蒸留器に、醪を入れて実験してみたところ、蒸留酒ができたという。ただし、この道具が実際に酒の蒸留に使用されたものかどうかは不明である。蒸留酒づくりに用いられたという説と、香水づくりや製薬の道具だとする両論が示されている。[16]

先に述べたように、ニーダムはアランビック型の頭部に中国型の水冷装置をかぶせた形状の朝鮮半島や日本の蒸留酒づくりの装置には、イエズス会の宣教師が関与していると考えた。酒づくりに用いられたか、どうかは別として、イエズス会が東アジアにやってくるより四〇〇年前の金代から、この型式の蒸留器が中国に存在したことを認めるべきであろう。

いままでは蒸留酒づくりのために使用される蒸留器だけを取りあげて論じたが、酒づくり以外にも蒸留器の用途はある。中国の錬金術である煉丹術では、古代から水銀を蒸留することがおこなわれたし、蒸留して香水をつくることもなされていた。そして、元代以前にも、いままで述べてきた型式の蒸留器のすべてが存在したが、それが蒸留酒づくりの道具として使用された確証を欠くのである。

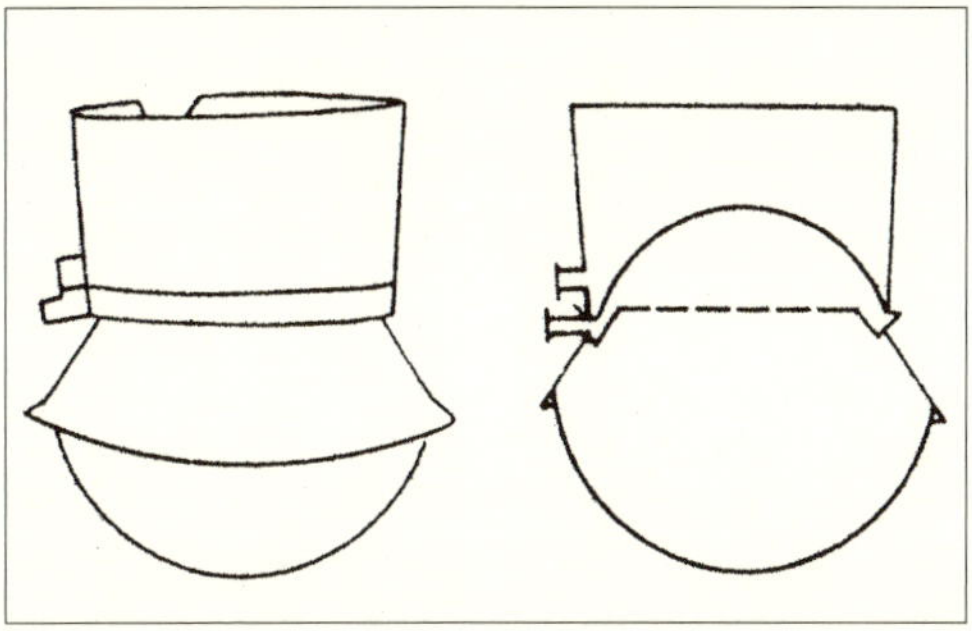

図11　金代の蒸留器
（参考資料(6)から転載）。

結局のところ、中国で蒸留酒が製造されたことを示す確実な資料の出現は、元代以降であるということになる。

＊——中国への蒸留酒伝来のルート

蒸留酒の伝播は、蒸留器の伝播と深いかかわりがあるはずである。このへんで蒸留器についての議論を整理しておこう。

ヘレニズム型の蒸留器は、中東、ヨーロッパで発達したものであるが、もし上海博物館の青銅器を蒸留器と認めると、古代中国にもおなじ原理が知られていたということになる。

ガンダーラ型は東南アジア、インド亜大陸、エチオピアで蒸留酒づくりに用いるが、その原理はヨーロッパの実験装置であるレトルトに受け継がれたし、中国の『居家必用事類全集』にもでてくる。

モンゴル型は単純な技術だけにその分布は広く、モンゴル、中国、朝鮮半島、日本、ヒマラヤ地域に分布したし、ヨーロッパの密造酒づくりにも使われた。

中国型はモンゴル、中国の河北省、遼寧省、朝鮮半島、日本に分布した。すなわち、渤海湾をめぐって朝鮮半島、日本につづく一連の地帯における分布である。そこで、中国型は中国の東北部で成立した蒸留器と考える説もある。[17] またさらに、東南アジア各地に分布を広げたのも、明代以降に進出した華僑によって伝播され、ヘレニズム型と共存するようになったものであろう。

ニーダムの四分類のほかに、朝鮮半島型を設定したのは、それがアジアの東部だけではなく、ムーアズ・ヘッドとしてヨーロッパにも存在し、ユーラシア大陸の両端に分布しているからである。この特徴的な分布を、いま説明するための資料を持ちあわせていないが、このような型式を設定しておくことによって、ユーラシア大陸の東西文明の交渉史の問題としての意義をもつかもしれない。

この五分類のうち、モンゴル型と中国型は中国で発生した型式と認めてよいであろう。それは世界の中でも、中国で特別に発達した蒸す料理の道具であるコシキを原型にしているからである。遊牧民であるモンゴル人は、食べ物を蒸して食べる調理技術を進展させなかったので、モンゴル型という名称はさておき、中国から伝えられたものであろう。そして、モンゴル型の進歩したものが中国型になったと考える。

ここで、まわり道をして、蒸留酒の名称についての検討をしておこう。通説によれば、アラキ系の名称はアラビア語の「汗」を意味するアラック（araq）に起源するという。この名称で蒸留酒を示す地域は広く分布する。北東アジアでは、モンゴル、中国、朝鮮半島のほか、かつては日本でも荒木酒、阿剌吉酒ともよばれた。東南アジアにも、アラキ系の名称が点在する。インド亜大陸では、チベット、ヒマラヤ周辺地帯、アッサム、スリランカなどで、この名称が使用される。西方は中東やバルカン半島にまでおよぶ。

アラキ系の名称が、インド亜大陸と東南アジアに多く分布することは注目に値する。ヒンドゥー教が隆盛する前のインドでは飲酒がなされていた。その名残が、インド亜大陸の周辺部に居住する飲酒の習慣をもつ非ヒンドゥー教徒たちであると、私は考える。現在アラキ系のことばで蒸留酒をよぶのも、この人びとである。

ヨーロッパで蒸留酒が普及するずっと以前から、インド亜大陸では蒸留酒がつくられてきたようである。四世紀の文献に蒸留酒のことと思われる記載があるので、故中尾佐助博士は、蒸留酒のインド起源説を提出している。[18]

蒸留酒がアラビア語の語源をもつアラキ系の名称でよばれたことも、インドとアラブの歴史的交渉を考慮に入れると、うなずけることである。そして、古代からインド文明と深い関係をもっていた東南アジアに伝播して蒸留酒もアラキとよばれたのであろう。アラキの蒸留に使用された蒸留器の主流は、古代から存在したガンダーラ型のものであったと考えよう。

東南アジアとの接触によって、中国の元代、あるいはそれ以前の宋代頃にアラキが中国に伝えられた。そこで、『本草綱目』に「南蛮酒法　蕃名阿里乞《アリキ》」と記されている。ここでいう南蛮とは、日本でポルトガル人を南蛮とよんだのとはちがって、中華帝国からみて南方にいる蛮人という意味で、東南アジア方面をさしていると解釈される。先に述べたように、『居家必用事類全集』の南蛮酒づくりに用いられる蒸留器は、ガンダーラ型であると、私は考える。

北宋代（九六〇～一一二七年）の『麴本草』に暹羅《せんら》酒の記述がある。暹羅とはシャム（現在のタイ国）を示す地名である。

「暹羅酒以焼酒復焼二次、入珍貴香」（後略）というのが冒頭の文章である。

大意を紹介すると、暹羅酒とは焼酒を二度蒸留して香料を加えた酒であり、特別な容器で貯蔵するのだが、檀香をたいた煙をくり返しあび、表面にまるで漆塗りのような艶《つや》を帯びた咬め甕《かめ》に入れ、土中に二〜三年埋めて熟成させる。船に乗る者が、これを携えることがある。酒をよく飲む者でも、三〜四盃で酔う。価格もふつうの酒の数十倍する。

『本草綱目』でも焼酒の項に『麹本草』から引用したと思われる暹羅酒の紹介記事がある。篠田統博士は、「『麹本草』の記載は完全に蒸留酒の知識を前提としているが、問題はこの酒が輸入品として知られていたのか、それとも宋人によって生産されていたのか、という点にある」と述べている。

この記事に関連しては、沖縄の泡盛の起源をシャムに求める意見が有力であることを付しておこう。

博士はまた、南宋（一一二七〜一二七九年）の都の繁栄ぶりを描写した『夢粱録』にでてくる水晶紅白焼酒という酒が蒸留酒であった可能性を指摘している。

さらに、湖南省南部の山岳地帯の五渓蕃とよばれる異民族が宋代に蒸留酒をつくっていたことが記録されている。後世の資料でも、この地方と地つづきの広西、貴州、雲南にかけての山地民のうちに蒸留酒をつくるものが多いことが報告されている。このような事情を考慮に入れると、自分（篠田）が以前、唐詩にでてくる四川省の焼酒は蒸留酒ではない、と述べたことは考慮の必要があるという。蛇足かもしれないが、湖南南部、広西、貴州、雲南、四川はインドシナ半島のつけ根につづく山岳地帯で、昔の中国人にとっては異民族の世界と認識されていたことをつけ加えておこう。

篠田博士の結論では、伝来の時期は明らかにしていないが、中国の蒸留酒づくりの技術は西域経由ではなく、ビルマ（現ミャンマー）、ないしインドシナ方面から伝播したとされている。[19]

蒸留酒が西域、すなわちシルクロードを経由して中国に伝播したという説がある。これは、アラキの語源がアラビア語に求められるので、シルクロードを通じてのアラブと中国の交渉によって蒸留酒が西方から伝えられたと考えるのである。

シルクロードのオアシスにおける主要な酒造用の原料はブドウである。『本草綱目』のブドウ酒の記事に、西域にブドウでつくった焼酒が現れる。したがって、当時の中国にブランデーが知られていたことがわかる。また、梁代（六世紀前半）に現在のトルファンにあたる高昌から蒲桃乾凍酒《ほとうかんとうしゅ》を献上した記事を引用している。

蒲桃とはブドウのことである。西域のこの種の酒は強く、永年おいておいても腐らないとされているので、蒸留酒であった可能性が検討されたことがある。ニーダムは紀元前から四世紀頃までの記録を検討して、当時シルクロード地帯に蒸留酒があったことは考えづらい、との結論を下している。古代シルクロードの強い酒とは、ブドウ酒を凍結して水分を取りさってアルコール濃度を高めたものであると考えるべきだという。そして、この種の凍結酒が、中国における蒸留酒製造への引き金になったという。

シルクロードにおける、もう一つの酒造原料は乳である。モンゴルで乳酒を蒸留したものをアラキ系のことばであるアルヒとよぶことを考慮に入れると、モンゴルの西につながる中央アジアの草原地帯での乳酒の蒸留技術が伝播した可能性も考えられよう。しかし、一〇世紀中頃から中央アジアがイスラーム化したことによるのか、現在の中央アジアでは乳を原料とする蒸留酒はなさそうである。

中国への蒸留酒の伝来に関しては、海路でアラビア人が伝えたとする説もあるが、いちばん蓋然性が高いと思われるのは、宋、元代における東南アジア半島部からの陸路での伝播である。

蒸留酒づくりの道具として、はじめに中国に伝わったのはガンダーラ型の蒸留器であろう。しかし、家庭での日常料理に蒸す技術を駆使していた伝統のある中国では、すぐにコシキを利用し、水冷の原理を取りいれたモンゴル型に変化させた。それが発展して、中国型が発生した。この中国起源の蒸留器が朝鮮半島、日本、東南アジアに伝播したのである。

私が朝鮮半島型と名づけた、ムーアズ・ヘッドと原理を共通する蒸留器の起源については、いまのところ論じるに足る資料がない。ただし、金代の遺跡から発見された蒸留器の例にみるように、しいて西方起源としなくてもよいであろう。

中国の蒸留器の特色は、コシキの底にフィルターであるスノコ（簀の子）を設けたものが大多数を占めることである。料理用のコシキでもスノコのうえに加熱材料を載せ、スノコを通して上がる蒸気で過熱するので、もともとスノコはコシキに付属した部品である。中国のスノコをそなえた蒸留器は固体発酵の醪の蒸留に用いられる。

＊——固体発酵の蒸留酒

ブドウ酒、ヤシ酒のような混ざりもののない液体状の酒や日本酒のように醸造時に水を加えて醸造した液体状の醪を蒸留するときには、スノコはなくてよい。

固体発酵とは、加熱した穀物に麹を混ぜ、水を加えずにアルコール発酵させる技術である。したがって、水分が少なく、穀物の形状が残るパサパサの状態の醪ができる。中国の商業的蒸留酒の製造のさい、甕に仕込むのではなく、地面に大きな穴を掘り、そこに麹を混ぜた穀物を入れて発酵させることがおこなわれる。水分の少ない醪だから可能な技術である。

このような醪を、下鍋に入れて蒸留したら焦げついてしまう。醪をスノコの上におき、下鍋から上がる水蒸気でアルコール分を蒸留しなければならない。

先に紹介した『居家必用事類全集』の記事によれば、蒸留酒が中国に導入された頃のガンダーラ型の蒸留器は、スノコを設けず、液体状の醸造酒を蒸留するのに用いられたのであろう。しかし、『本草綱目』には、酸敗した酒を蒸留していたものから、穀物を原料とした蒸留酒用の醪を蒸すようになったとある。その醪の製法には水を加えることは記されていない。たぶん、固体発酵の醪で、モンゴル型か中国型の蒸留装置を使用したものであろう。

中国における固体発酵の歴史は不明である。しかし一七～一八世紀にまでには、固体発酵の技術が成立していたという。[20] 現在の中国の華北・東北地方で白酒、白乾児《パイカール》とよばれる蒸留酒の主原料はコウリャンで、高粱酒ともいわれる。コウリャンを酒造原料として使用するのは、固体発酵技術の普及にともなうことであると推定される。

一方、東南アジアにおいても固体発酵や、少し水を加えた半固体発酵とでもいえる醸造技術がある。さまざまな穀物が原料とされるが、モチ米に麹をふりかけて発酵させたものが多い。米粒の形状を残す、ベタベタしたものが完成品である。糖化のために甘く、かすかにアルコールの味がする「食べる酒」である。このような酒に、湯をついでアルコール分を水に溶かし、粕が口に入らないようにフィルターをつけた竹筒で飲むこともある。食べる酒は日本の古代にも存在した[21]。

中国や日本では醪を布袋に入れて、テコの原理で強い圧力をかけて、酒の液体部分だけを絞り出し、澄んだ液体の酒をつくる技術が成立した。

一般に、麹を穀物に加えてつくる東南アジア、東アジアの酒は、それが液体状であっても、固形成分と液体部分の分離がむずかしい。濁酒のまま飲むか、ザルの上に醪を載せ、滴る液体を集めるか、中汲みといって酒甕の中にザルを差しこんで、ザルの中にしみこんだ液体を集めなくてはならなかった。

漉《こ》してみたところで、発酵した穀物の粒にはアルコールが残っている。このような固体発酵や半固体発酵の酒、および酒粕をうまく利用して澄んだ酒をつくるのに威力をもったのが、スノコを使用するコシキによる蒸留である。日本でも粕取焼酎の製造にはスノコを置いた蒸留器が使用された。

醸造酒は腐りやすいが、蒸留酒はアルコール分が高いので長期間の保存に耐える。醸造酒の数倍のアルコールがあるので、携帯に便利で『麹本草』にあるように長期間の航海には欠かせないものとされたことはヨーロッパでもおなじである。薬効成分をアルコール抽出した薬酒をつくるなど、ほかにも蒸留酒の利点は数かずある。が、なんといっても、効き目の強い酒であることが飲み助にとってありがたいのである。

石毛　直道

〈参考文献〉

(1) 利光有紀　一九八九「モンゴルの乳製品」『民博通信』四五号
(2) 有賀秀子・渡辺恂子　一九九七「カルピス酸乳と内モンゴル酸乳」石毛直道編『モンゴルの白いご馳走』一八六〜二二一頁、

チクマ秀版社
（3）李　盛雨　一九八四「茶と酒」『朝日百科　世界の食べもの』合本第八巻、朝日新聞社
（4）清水武紀　一九三五『朝鮮酒造史』朝鮮酒造協会
（5）鄭　大聲　一九八七『朝鮮の酒』築地書館
（6）方　心芳　一九八七「関於中国蒸酒器的起源」『自然科学史研究』第二期一六号
（7）Needham, J. 1980 *Science and Civilisation in China* Vol. V, Part 4 : Cambridge Univ. Press
（8）菅間誠之助　一九八四『焼酎のはなし』技報堂出版
（9）蟹江松雄・岡嵜信一　一九八六『薩摩における焼酎造り五百年の歩み』蟹江松雄
（10）参考文献（6）
（11）Ma Chengyuan 1990 *Archeological and Experomental Investigations on a Han Bronze Still*, 6th International Conference on the History of Science in China
（12）劉　広定　一九九五「中国始有蒸餾酒的年代問題」第四届中国飲酒文化学術検討会
（13）花井四郎　一九九二『黄土に生まれた酒』東方書店
（14）篠田　統　一九七八「中国の酒」『中国食物史の研究』一五五～一八三頁、八坂書房
（15）～（17）参考文献（6）
（18）中尾佐助　一九八四「蒸留酒のインド起源説」『朝日百科　世界の食べもの』合本第一四巻、朝日新聞社
（19）篠田　統　一九七八「宋元酒造史」『中国食物史の研究』三二〇～四〇〇頁、八坂書房
（20）参考文献（6）
（21）石毛直道　一九九八「序論　酒造と飲酒の文化」『論集　酒と飲酒の文化』平凡社

＊本稿は玉村豊男編『焼酎 東回り西回り』（ＴａＫａＲａ酒生活文化研究所、一九九九）に収録した論考に手を加え再録したものである。

日本の酒

豊年祭でミシをつぐ女性神職、西表島にて。（安渓貴子）

沖縄の多彩な米の酒

＊――西表島の祭りの酒、ミシ

日本列島の酒づくりの中でも、奄美・沖縄の島々は黒糖酒や、タイ米にカビの一種の黒麹菌をつけた泡盛《あわもり》の存在によって、異彩を放っている。そして、穀物を口で嚙《か》んで発酵させる古風を残した酒がつくられてきたことは、とくに注目に値する。私は、二〇年来、沖縄最南端の八重山地方に通っているが、実際に口で嚙んで酒をつくった具体的な経験を聞き取る機会があったので、それをまず報告したい。

西表《いりおもて》島西部の網取《あみとり》村では、大正時代の末頃まで、ウルチ米を材料にした口嚙み酒がつくられていた。以下は、その経験者である山田雪子さんのお話である。(6)

嚙んで発酵させる酒を、西表島の方言では、ミシまたはミシャー（シャーは鼻音で発音）といって、おもに豊年祭などの行事のためにつくるものだった。ミシは古くから伝わる歌にはウミシャグとも歌われている。

祭りの前に、村の各家からウルチ米の白米を一合から一合半集めて、神酒であるミシをつくりはじめる。集まった米を、まずふるいにかける。ふるいの上に残る米はパナグミ（花米）といって、神前に供え、下に落

サンダンカを飾った「角皿」に注がれたミシ。西表島。

ちた割れ米をミシの原料にする。

まずこの割れ米を軟らかくなるまで水に浸けておく。充分に水を吸って軟らかくなったら、水気を切り、臼《うす》とたて杵《きね》で粉になるまで砕く。こうすることをクーバリ（粉割）という。砕いたものをユーラシという目の細かい竹のふるいでふるう。上に残る部分を鍋で炊く。炊き上がったら、粉状になってふるいの下に降りた細かい分を生のまま炊きあがった鍋に入れて混ぜる。

この混合物を口で噛んでいく。噛むのは乙女の仕事で、明治四一年生まれの山田雪子さんは、一四歳から一七～八歳までミシをつくった。歯のいい未婚の娘を六人選んで、まず、塩を使って歯をきれいに磨かせる。それからクンガニ（和名ヒラミレモン）の実の皮をむいて、その酸っぱい実を食べる。こうしてから噛むとミシの味が出るといわれている。六升入りの大鍋を取り囲んで六人の娘が座り、噛んだものをその中に吐き入れていく。

朝から噛みはじめても昼過ぎまでかかる。終わる頃には、口が固くてだるくなる。とてもきつい仕事だったと山田雪子さんは語る。噛む人は二日連続で噛むのがふつうだった。

ひととおり噛み終わったら、さらにそれを石臼で挽いて甕《かめ》に入れる。甕は、内側をあらかじめわらを燃やした煙でいぶしておく。ふつう、三日ぐらいたつと甕の中で発酵して弱い酒になる。ミシは大人も子どもも飲むもの

神前に捧げられる泡盛。西表島の豊年祭にて。

だった。

ミシは、四～五日たつと酸っぱくなる。これは、アメーバ赤痢の治療や病後の人に精をつけるといってすすめたものである。

これが、西表島でのミシのつくり方であるが、となりの石垣島では、カンミシ（嚙み神酒）という。ウルチ米一升を炊いたものと水に浸けた生米一合をそれぞれ別に嚙んでから石臼で挽くという方法が取られている(5)。

これと同じ原理の酒は、八重山地方では少なくとも五世紀にわたってつくられていた。それは一五世紀の済州島民の漂流記からわかる。一四七七年、与那国島での見聞は次のようである。

「酒には濁ありて清なく、米を水に浸けて女をして嚙ましめて糜《かゆ》となし、之を木の桶《おけ》に醸す。麴糵を用いず。多く飲んで然る後微かに酔う(7)。」

女性が嚙むのも長い伝統のようである。この記事を見ると、生米だけを嚙んでいるようにも取れるが、実際には西表式の飯と生米の混合物を噛む方法だったのではないか、と私は考えている。その理由は以下のとおりである。

デンプンを唾液《だえき》のアミラーゼで糖化するには、まず加熱して α《アルファー》化しておいた方が有利である。(注1) 済州島民たちは与那国では土鍋で飯を炊くこと、また、水に浸けた米を臼でついてビロウの葉にくるみ、蒸して餅をつくることを見ているので、飯を炊くことには技術的に問題がない。

それでは、逆に、炊いた飯だけを噛んで甘くすることでミシはつくれないのだろうか。西表島でも石垣島でも、一部分は必ず生の米を噛んで加えているのはどのような理由によるのだろうか。

飯を噛んでいくと、糖化は進行する。それが酒になるためには、糖分をさらにアルコールに変えてくれる酵母の増殖が不可欠である。そして、噛んで酒をつくる方法では、積極的に酵母を加えているようには見えないのに、酵母が繁殖してくる。

実は、生米は酵母と相性がよく、酵母の導入や育成に生米が重要な役割を果たしているのではないかという。(1) すべての米を炊いて飯にしてしまわない理由は、ここにあったのである。

昭和に入って、衛生思想が発達したために、噛んでつくる酒はすたれた。そして、西表島でも、新式の醸し方をするようになっていった。その方法は、祭りの前日に生の白米に砂糖を入れて石臼で挽き、甕に詰めるだけというものであり、翌日にはもう飲むことができた。

＊――黒麹菌を活かしてつくる泡盛

一五世紀の八重山で済州島民が見なかった澄んだ酒が、その後、米を原料として八重山でもつくられるようになっていく。今日の泡盛である。その製法は、八重山には沖縄島から伝わったものであろう。漂流民たちは、三年の歳月を経て八重山から沖縄島に到着し、そこで飲んだ酒について、次のように語っている。

昔の蒸留装置。与論島民俗村の展示より。

「酒には清・濁ありて、盛るには鑞瓶をもってし、酌するには銀の錘をもってす。味はわが国の如し。また、南蛮国の酒あり。色は黄にして、味は焼酎の如く、甚だ猛烈なり。数錘を飲めば即ち大いに酔う。[7]」

泡盛は、ウルチ米を蒸したものに黒麹菌というカビをつけてつくった醪《もろみ》を蒸留した酒である。日本酒の糖化に使われる麹が黄緑色であるのに対して、黒い色をしているのでこの名がある。黒麹菌は、デンプンの糖化にともなって多量のクエン酸をつくり出す性質があり、この酸によって、雑菌の繁殖を抑えることができる。気温の高い沖縄で独自に発達した酒であるといわれている。[3]

西表島では黒麹菌と黄色い麹菌を、次のようにして自在に使い分けていた。酒には黒麹菌が、味噌や醤油づくりには黄麹菌が使われてきたのである。二種の菌を育て分けるその技法は、あっけないほど単純で、蒸した米をむしろなどに広げたあと、ウルチ稲のわらを燃やした灰を振りかけると黒麹菌がつき、モチ稲のわらを燃やした灰を振りかけると黄色い麹菌がつくというのである。灰をかけて蒸し米をアルカリ性にしてやると、麹菌が発生しやすいことは知られているが、ウルチ稲とモチ稲のわらの灰にどのような成分の違いがあるのだろうか。詳しい分析は今後の課題だが、島おこし運動家の石垣金星さんの私信によれば、伝承のとおり試みると、みごとに二種類の麹をつくり分けることができるのである。

そして、酒をつくるときは、蒸した米を、なるべくユーナ（和名オオハマボウ）の木の下に広げたという。オオハマボウの葉の裏には、たくさんの酵母が生育しているため、醪のアルコール発酵を確実にするための在来の技術であったと理解できる。西表島で自然の流れにそった染めと織りに取り組んでおられる石垣昭子さんによると、現在でも、染色に使う藍の甕をオオハマボウの木の下におくと、順調に発酵するという。

ユーナ（オオハマボウ）の花。葉の裏に白い毛が密生している。西表島。

このように、工業的につくられるようになる以前の泡盛は、稲や野生植物の微妙な性質をうまく利用して、ときには六〇度をこえる強烈な酒（花酒）として神前に捧げられ、祭りや行事に欠かせないものとしてつくりつづけられてきたのであった。

*──古風をとどめるミリンチュー

西表島では、現在でも家庭用の飲み物としてミリンチューというものをつくる。正月など、保存しておいたモチにカビがつきはじめると、四〜五日おいてから広口瓶《びん》に入れ、水をひたひたになるように加えて、五日ほどしたらモチ米で炊いた粥《かゆ》を入れる。一週間もすると、甘みが出て、おいしい飲み物になる。これは、黄色い麴がつくのがよく、方言でザガバナという黒い麴がつくと、苦味が出ておいしくない。これが西表島のミリンチューであるが、古風な味醂《みりん》である。味醂は元来は味醂酎とよばれたものであって、名前も古風をよく伝えているというべきであろう。黒島では、モチ米の麴と二五度以上の泡盛からつくる方法が知られている。(5) もともと、蒸留酒のアルコール分によって腐敗を防ぐという技術を前提にした酒であるから、一見古風に見えても、泡盛などの蒸留酒の出現のあとにつくられるようになったものであろう。

以上、西表島で大正時代の末までつくられてきた口噛み酒を中心に、米を原料とする三種類の酒について述べた。(注2) このほかに、同じ八重山でも島によっては、アワを原料とする口噛み酒や泡盛も盛んにつくられたし、戦後の米不足の時期には、サツマイモと米麴の酒などもつくられていたのであった。

注1　近年、生米で日本酒をつくる技術が発見されている(1)から、加熱した米を用いない口噛み酒の存在をまったく否定してしまうことはできないだろう。

注2　奄美・沖縄でミキなどと称する神酒については、上田(2)の研究があるが、口噛み酒の事例は含まれていない。

安渓　貴子

〈参考文献〉

（1）秋山祐一　一九八三『酒づくりのはなし』技報堂出版
（2）上田誠之助　一九九四「琉球弧と神酒（ミキ）」『生物工学会誌』七二巻二号
（3）小泉武夫　一九八六「麹と日本人」『発酵と食の文化』ドメス出版
（4）坂口謹一郎　一九六四『日本の酒』岩波書店
（5）宮城　文　一九七二『八重山生活誌』自費出版（のちに沖縄タイムス社から復刊）
（6）山田雪子述、安渓貴子・安渓遊地編　一九九二『西表島に生きる——おばあちゃんの自然生活誌』ひるぎ社
（7）李　煕永（編訳）一九七二「朝鮮李朝実録所載の琉球諸島関係資料」『沖縄学の課題』木耳社

サツマイモの酒

＊──新大陸産のサツマイモ、極東で焼酎となる

　サツマイモでつくる酒といえば、日本の芋焼酎はその代表的なものである。外来植物の重要種の一つが、この国で根を下ろし、そして、この民族の代表的蒸留酒を醸し上げたのであるから、おもしろいものだ。しかも、この国の得意技である麴菌の応用という、独特の手法の確立によって、今日では世界唯一の大量サツマイモ酒生産国になったのは、温帯に暮らす人びとの知恵の豊かさを物語ることなのである。

　サツマイモが日本に伝播したのはコロンブスの新大陸到達から約一〇〇年後で、今からおよそ四〇〇年も前のことである。わが国の気候風土に適していたために主食代用の救荒作物として迎えられ、琉球あたりから北上を重ねながら、熱心な農家の人たちの努力でいく度かの品種改良がつづけられて広まっていった。一八八〇年（明治一三）頃には全国で一五万ヘクタールほどの栽培が見られ、その後しだいに増えて一九四四年（昭和一九）には史上最高の栽培面積四四万ヘクタールにも達した。終戦後しばらくして社会・経済条件の変化、とりわけ食糧事情の好転と農産物の輸入自由化によって生産量は激減し、ここ数年間は約四万ヘクタールにまで減少している

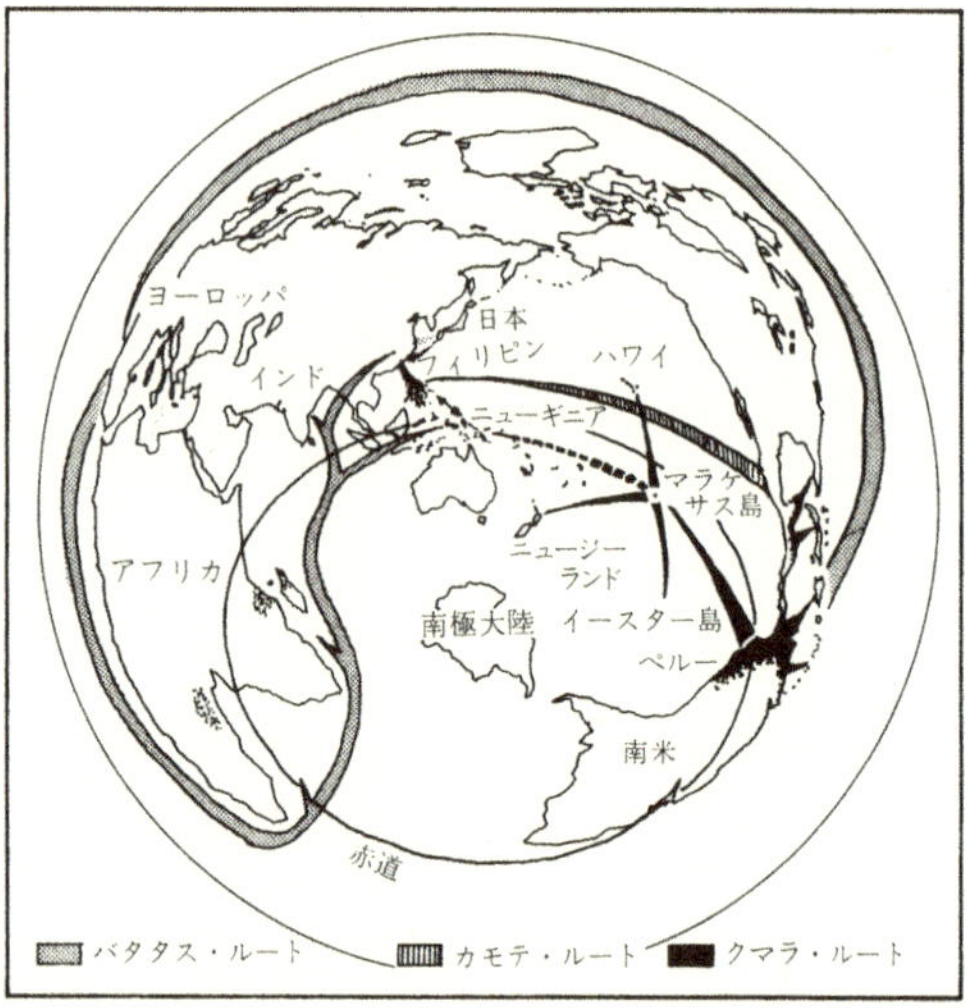

図1　サツマイモの世界伝播ルート。

のが現状である。サツマイモの酒を述べる前に、サツマイモの伝播について説明しておこう。

ヨーロッパにサツマイモを伝えたのはコロンブスであるが、それよりもずっと前の紀元前三〇〇〇年頃より以前にはメキシコで栽培されていたというから、相当に古い。それが、太平洋の島々に広まっていき、さらに広い地域に広まっていった経路は単純ではないが、言語年代学や考古学上の資料から、図1に示したような三大経路があるとされる。アジアには主として海路を通じて運ばれ、コロンブスの新大陸到達後八〇年で中国に達した。中国から琉球に伝播したのは一六〇五年（慶長一〇）だとされている。琉球にもたらされたサツマイモは、米、麦、アワなども満足に実らない琉球のきびしい自然にもよく耐え、飢餓で苦しむ人びとを助けることになった。そのサツマイモの威力はたちまち各地に伝わり、沖縄の島々はもちろん、数年のうちには薩摩（鹿児島県）や平戸（長崎県）にも伝わり、北上した。瀬戸内海地方には一七一一年（正徳一）、京都に一七一六年（享保一）、日本海側の松江（島根県）に一七三三年（享保一八）、そして江戸には一七三五年（享保二〇）、一八二五年（文政八）には仙台に達している。

現在、わが国で使用されているサツマイモの用途別割合を見ると、もっとも多いのが青果用（市場販売用）で三〇パーセント、ついでデンプン用二七パーセント、飼料用一七パーセント、農家自家食用六パーセント、アルコール用七パーセント、種子用五パーセント、そのほか八パーセントとなっており、アルコール用七パーセントのうち五・五パーセント（約六万トン）がサツマイモ焼酎用で、近年は漸増の傾向にある（数字は一九九二年当時）。

わが国固有の蒸留酒である焼酎は、大別して甲類と乙類の二種がある。前者は連続式蒸留機（エチルアルコール以外は蒸留されない）で蒸留して得られたもので、新式焼酎ともよぶ。これに対して乙類は単式蒸留機で蒸留したもので、エチルアルコールとともに香りの成分も蒸留されてくるから、複雑な香味を持った焼酎になり、別名を本格焼酎ともよんでいる。サツマイモの焼酎は本格焼酎に入り、主産地の鹿児島県を中心にして、その周辺の離島のほか、鹿児島から遠く離れた伊豆七島の八丈島あたりでもわずかながらつくられている。鹿児島の薩摩焼酎を例にすると、仕込み方法は一次と二次の二段階に分けておこなわれる。一次仕込み（一次醪《もろみ》）は表と図2に示したように麹（蒸した米に焼酎用麹菌を繁殖させて得た米麹）を大きな容器に入れ、これに水を加えてから少量の酵母を加えると発酵が起こり、一週間ほどで一次醪が完成する。この一次発酵は、酵母を多量に集積することが目的で、酒母の意味を持つ。次に、さらに大きな仕込み容器にこの一次醪を移し、これに蒸して潰したサツマイモおよび水を加えて二次醪をつくる。約一〇日間近く発酵させたものを蒸留して、それを貯蔵、熟成させるとサツマイモ焼酎（甘藷焼酎）ができあがる。サツマイモ焼酎に使う米麹は原料芋のデンプンを糖化することに主目的があるが、もう一つの重要な目的は、醪が腐敗菌で腐敗しないようにとの理由から使われるのである。

表　芋（甘藷）焼酎仕込み配合の１例

原　料	１次	２次	合　計
麹　（kg）	200		200
甘藷（kg）		1,000	1,000
水　（*l*）	240	540	780

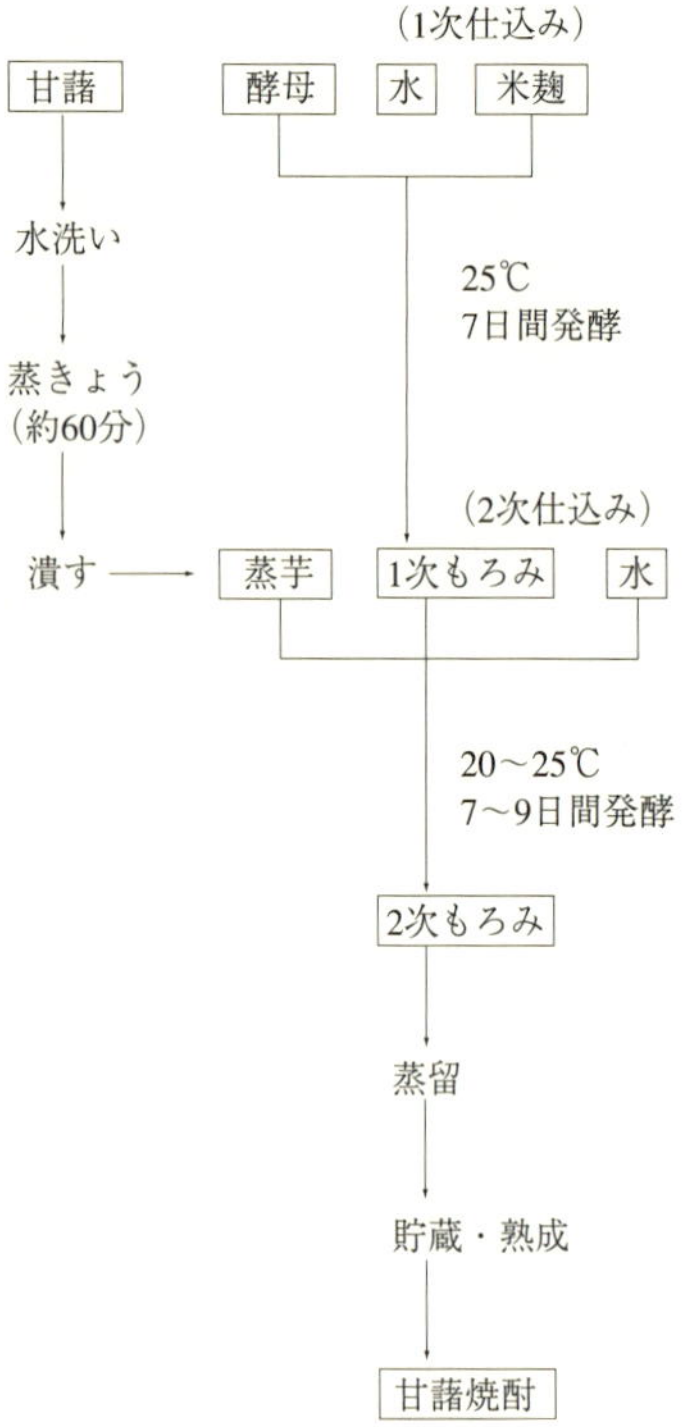

図2　芋（サツマイモ）焼酎の製造工程。

焼酎用の麹菌は強いクエン酸生産力を有し、生成されたクエン酸は麹に蓄積されていて、それが醪に仕込まれると、クエン酸が溶出してきて強い酸性となり、雑菌の侵入は阻止される（酵母は強い酸性下でも生育できるが、腐敗菌は死滅してしまう）のである。そのため、南国という暑いところであっても、安全にサツマイモ焼酎づくりが可能なのである。クエン酸は不揮発酸であるので、醪を蒸留しても蒸留液（焼酎）の方には揮発してこないからこちらも好都合というわけだ。このあたりが日本だけのサツマイモ焼酎づくりの妙技なのである。

＊——琉球から薩摩へ

薩摩国では、サツマイモ焼酎はいつ頃からつくられるようになったのであろうか。焼酎そのものはすでに一五五九年（永禄二）に（鹿児島県大口市にある）大口郡山八幡神社の境内で飲まれていたことは記録にあるが、そのときの焼酎原料はサツマイモではなかった。その時点ではまだ薩摩にサツマイモは伝播していなかったためで、また、その頃の古文書には「薩州には、焼酒とて琉球泡盛やうの酒あり」と見えることから、焼酎の原料は琉球と同じ米やアワであったと考えられる。

ところが、一七八三年（天明三）に薩摩を訪れた橘《たちばな》南谿《なんけい》という人がその時の見聞録として上梓した『西遊記』

芋（サツマイモ）焼酎の製造工程
上＝サツマイモ焼酎の原料の調整。
下＝サツマイモ焼酎の醸造。提供：山元酒造（株）

（一七九五）に、「薩州は琉球芋でも酒をつくるなり。味甚だ美なり。からんいも焼酎という。その他民家にては、黍、粟、稗の類も皆焼酎をつくるよしなり」と記録しており、ここに焼酎原料としてサツマイモがはじめて登場することになる。この『西遊記』でいっているように、琉球ではすでに琉球芋（後のサツマイモ）が食されており、それが薩摩に伝わってきたのである。

『西遊記』でいう「琉球芋」、薩摩国をはじめ大隅、日向、豊後、肥後諸国、すなわち南九州地方で今でも「唐芋」あるいは「からん芋」とよんでいる甘藷を主原料とした焼酎は、今日では鹿児島の「いも焼酎」として愛飲されているが、薩摩の最初の「からんいも焼酎」は琉球の「泡盛酒」の造法を基盤として改良され、発達してきたことはいうまでもない。『西遊記』から一八〇年も前の一六一一年（慶長一六）に、琉球王尚寧から薩摩島津家への献貢品を見ると「芭蕉布三四反、琉球上布六千反、琉球下布一万反、からいも千三百斤、綿三貫目、棕梠《しゅろ》縄一方、黒あみ一方、むしろ三千八百枚、毛皮二百枚」とある。「からいも」とあるのはもちろん甘藷であるが、千三百斤といえば七八〇キログラムであり、今日の芋焼酎の仕込み量ならば二仕込み分（作業としてたったの一日）である。島津家に臣下の礼をとっていた琉球中山王が、ほんのちょっぴりしか甘藷を上納しなかったのは、当時、甘藷は琉球においてさえも王家のものか貴族階級のものであり、いまだ一般庶民にまでは普遍化されていなかったためであろう。おそらく『西遊記』に「からんいも焼酎」が初登場するまでのあいだは、薩摩では琉球芋を酒の原料とするよりは、栽培と普及を目的とした長い時を費やす必要があったのだろう。

＊――薩摩直伝、八丈島の焼酎

薩摩で芋焼酎がはじめられると、その技法はいっきょに南九州一帯はもちろん、離島へと急速に広まっていった。とくに船による海上からの伝播は遠くの島々にまでおよび、たとえば、年間を通して温暖の地である伊豆の島にまで達している。『西遊記』が出てから約五〇年後の嘉永年間（一八四八～五四）、八丈島でもサツマイモの焼酎がつくられはじめたが、その発端がおもしろい。薩摩藩主島津家に仕えていた商人丹宗庄右衛門は、藩の赤字財政を救おうとして幕府が禁制していた密貿易を密かに実行。これを幕府が察知して、庄右衛門を捕え、即刻八丈島へ島流しの刑に処した。ところが、彼が着島した時期の八丈島には禁酒令が布かれていた。庄右衛門が禁酒令の理由を尋ねてみると、食糧事情の悪いこの島で、酒のために大量の穀類を潰すことはさらに事態を悪化させることになるからだというのだった。しかし、八丈島とて、冠婚葬祭、道普請や家普請、船祝いが日常茶飯事で、島民は酒をどうしても欲しがっている。そこで庄右衛門は、早速島民によびかけてサツマイモを供出させ、それで本場仕込みの焼酎をつくりはじめたのである。サツマイモは穀類から除外されていたのだ。当時、八丈島の酒は蒸留酒ではなく、玄米三升五合に対して粟麴一升五合、それに水五升を加えてつくる濁り酒であったから、庄右衛門のつくった酒には島民こぞってびっくり仰天したという。この方法だと、原料が禁酒令に違反しないサツマイモで、しかも量産は可能である。島民は競って庄右衛門に製法の手ほどきを請い、焼酎はあっという間に八丈島を席巻し、万木凋落の陰を落としていた島には一気に明るさが戻ってきたという。当然、庄右衛門は神様並みの尊崇を受け、今でも八丈町役場の裏、大通りに面したところに「島酒之碑」というのが建てられていて、庄右衛門の業績を讃えている。

さて、サツマイモ焼酎の風味であるが、さすが焼酎の王者ともいうべきすばらしさを持っていて、今日製造、消費されている全焼酎の中では第一位の市場占有を誇っている。甘いサツマイモの香りの中に熟成によって生まれたコクのある味は、南国の火の酒にふさわしいものである。ストレートで飲まれるよりも、七対三とか六対四といったお湯割りでも楽しめ、将来は海を渡って海外にもおおいに売り込める蒸留酒であると思われる。

小泉　武夫

日本の清酒を生み出した米

米（ウルチ米）は日本酒（清酒）、米焼酎、ビールの製造に使用されるほか、各種の焼酎および味醂《みりん》の麹の原料となる。この中でももっとも重要な酒は日本酒であり、ここでは日本酒の原料米について述べる。

*――ウルチ米とモチ米

米にはウルチ米とモチ米とがある。古代日本に大陸から最初に渡ってきた米はモチ米であったと推定されており、モチ米に代わってウルチ米が広く使用されるようになったのは一〇世紀頃といわれている。蒸したモチ米は粘りが強くかたまりになるので、日本酒の麹（散麹《ばらこうじ》）をつくることはほとんど不可能である。

数年前に山形県のある酒造家が試みにモチ米を使って日本酒醸造をおこなったが、麹をつくるのにふつうの倍の時間がかかり、しかもその麹は力が弱く、できた日本酒も味が薄くて品質が劣悪であったという。

ウルチ米が渡来するまでのあいだ、日本酒がどのようにしてつくられていたかについては、残念ながら記録がない。日本酒醸造についての信頼すべき最初の文献は一〇世紀初頭の『延喜式』で、原料米の種類についての記載はないが、その当時は前述のとおりウルチ米が広く使用されていたことから考えて、当然、原料米はウルチ米であったと思われる。

中国の醸造酒ではモチ米を原料とするが、これはモチ米を麹製造の原料ではなく、掛け米として使用するからである。麹には米を用いず、生の穀類（小麦やエンドウ）を粉砕し水を加えてこね、小分けして成型したものにカビを生やしてつくる（餅麹《へいきく》）。烏衣紅曲のように日本酒と同じ散麹の場合は中国でもウルチ米を使用する。

日本酒醸造における原料米の適否はワイン醸造におけるブドウの場合とは異なり、米自体に特徴的な香味がないことと醸造工程が複雑なために、原料米の性質が生成酒の香味を直接支配する部分は少なく、酒のつくりやすさや工程管理の容易さなど間接的影響が大きいと考えられる。

＊――玄米と白米

米が日本酒の原料といっても直接日本酒醸造に使用される米は玄米ではなく、白米のそれも高度に精白した白米である。玄米の胚芽や外層にはタンパク、脂肪、灰分などの酒造に有害な成分が多いので、精白はこれらを取り除くためにおこなう。一〇〇キログラムの玄米を七〇キログラムになるまで精白し、これを精米歩合七〇パーセントの白米、七〇パーセント白米という。後述する大吟醸酒製造の場合はさらに精白を進めて五〇～三五パーセント白米を使う。なお、ふつう御飯に炊いて食べる白米は九一パーセント程度であり、日本酒がいかに上等の白米を原料としているかがわかる。

*――米粒の構造

米は稲の果実で、玄米は四層からなる果皮と種皮におおわれ、その内部に胚乳部がある。胚乳部は外表面をタンパク、脂肪に富む糊粉層に包まれ、内部はデンプン貯蔵細胞が石垣を組んだように中心から同心円状に広がっている。また、米粒の一端には胚芽があり、胚芽のある方を腹、反対側を背とよんでいる。

糊粉層より外側と胚芽を除いたものが飯米の白米で、精米歩合九一パーセントに相当する。精米歩合七五パーセントの酒造原料白米では、糊粉層の内部のデンプン貯蔵細胞二層までが削られている。

米の中心部に白いうるみのある米を心白米《しんぱくまい》という。中心の数細胞層ではデンプン粒の発達が悪くてデンプン粒がまばらに存在し、そのあいだに微小な空気のスペースが存在するため乱反射で白く見えるものである。大粒米に多く現れる遺伝的性質であるが、好適米の特徴の一つとなっている。白いうるみが腹にあるものを腹白米《はらじろまい》といい、精米中に米粒が砕けるので好ましくない。

*――好適米と一般米

徳川時代までは、酒造家の多くは近くで収穫される米だけを酒造原料米とした。明治になり、輸送手段が発達してからはじめて、遠隔地の米も利用が可能になった。

大正中期に醸造試験所では、全国各地から酒造に好適な米と不適な米とを集めて、両者の比較をおこなったが、その結果、好適米は大粒（千粒重が二六グラム以上）の心白米であることが判明した。

好適米は最近の研究で千粒重が大きく、粗タンパク含量が低く、吸水性が良好で（吸水が速い）、消化性の高

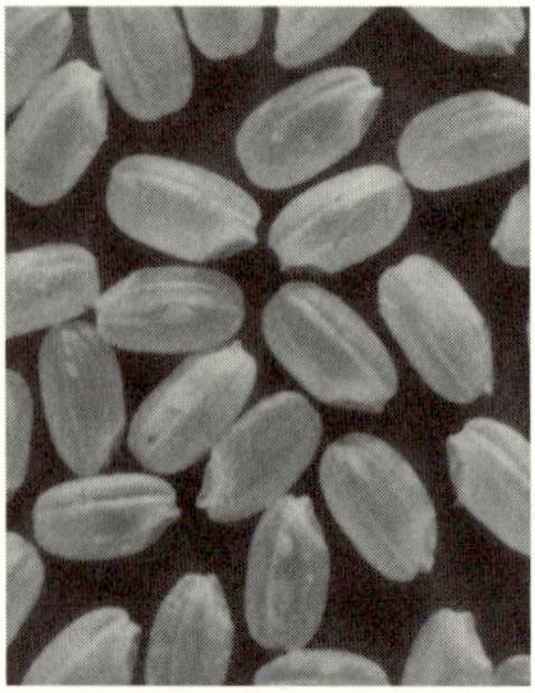

埼玉日本晴の玄米。小粒で心白のない一般米。

兵庫「山田錦」の玄米。大粒で心白のある好適米。

い、糖化されやすい米であることが確認された。なお、大粒、低タンパク含量の両性質はビール醸造用大麦においても重視されている。

好適米は上述のように日本酒醸造上望ましい性質を持っているが、そのほか毎年同一産地、同一品種の原料米を使うことにより酒造工程が安定することも好適米の利用の有利な点である。

大粒の好適米に対して小粒米を一般米（または地米）とよぶ。コシヒカリ、ササニシキなどの飯米として人気の高い粘りの強い米は日本酒醸造には向かない。蒸米になったとき粘りの弱いさらさらした米の方が処理が容易であり、これを「さばけがよい」といって尊重する。

吸水性がよく消化性の高い米を、日本酒醸造関係者は軟質米とか軟らかい米とよぶことがある（その反対が硬質米）が、これは食糧庁関係者の軟質米（水分含量の高い米で保存性が低い）とはまったく別の用語である。

好適米は農産物規格規程で醸造用玄米として規格が定められており、特上、特等、一〜三等、等外、規格外の七段階について、それぞれ品位が定められている。このうち一等から規格外の五階級は一般米

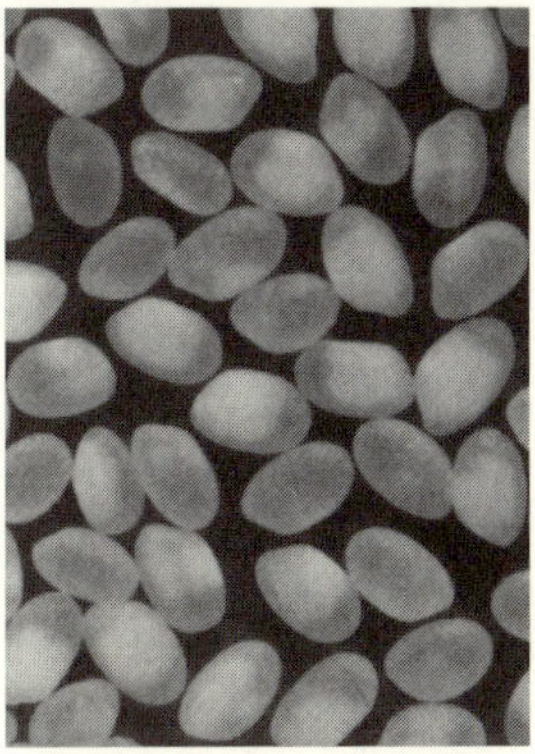

兵庫「山田錦」の60％白米。

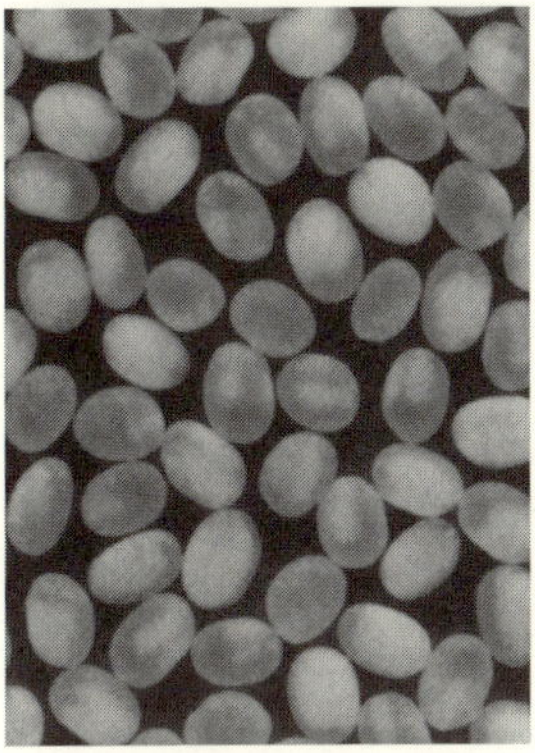

兵庫「山田錦」の40％白米。

の同じ階級の品位に相当するもので、一般米には特上、特等の二階級はない。なお食糧庁関係者は好適米を酛米《もとまい》とよぶことがある。

好適米は産地と品種の銘柄が食糧庁長官告示で指定されており、平成四年度産米では二八府県の二四品種が好適米に指定されている。産地のおもなものは兵庫、岡山、新潟、福井、石川、長野、広島、秋田、鳥取、島根の各県、また主要な品種は「山田錦」、「雄町」、「五百万石」、「美山錦」、「八反」、「愛山」、「兵系一八号」などである。

好適米は栽培が困難であるため一般米より高価（加算額）であり、平成四年度産米については兵庫「山田錦」、岡山「山田錦」、岡山「雄町」の特上米が六〇キログラム当たり三万五八六〇円（一般米一等より一万一〇〇〇円も高価）となっている。加算額は六〇キログラムあたり二〇〇〇〇円から五〇〇〇〇円のものが多い。

日本酒酒造用には毎年五五万トンの玄米が使用されるが、そのうちのおよそ一五～一六パーセント、八～九万トンが好適米である。

＊――酒造原料米の品種改良

現在では米の品種改良は中央および各地方の農事試験場で組織的

におこなわれているが、大正時代までは主として各地の篤農家によっておこなわれていた。

たとえば劇画にも登場して有名になった「亀の尾」という品種は、明治二六年に山形県の阿部亀治翁が山裾の冷水の注ぐ場所でよく生育していた稲を持ち帰って選出した品種で、これは小粒種であるが「コシヒカリ」、「越路早生」、「ササニシキ」などの優良品種の祖先となった。

酒造好適米のトップと目される「雄町」は、明治三年頃岡山県の岸本甚造翁が伯耆大山に参詣の途中、良穂を見つけて持ち帰ったものという。「雄町」は最初のうちは酒米ばかりでなく飯米としても広く栽培され、明治四一年には作付面積が全国の五・一パーセントを占めて第三位、大正一四年でも二・一パーセント、第五位であった。

また酒造好適米として「雄町」と肩を並べる優良品種の「山田錦」は、「山田穂」と「短稈渡船」を交配して兵庫農業試験場で昭和一一年に育成されたものである。

飯米にくらべて酒米の品種改良は事例が少ないが、山形県西田川郡京田村の工藤吉郎兵衛翁は「酒ノ華（大正一四年）」、「京ノ華（昭和六年）」、「国ノ華（昭和一五年）」の酒米三品種を育成したことで有名である。吉郎兵衛翁は灘の日本酒の評価が高い理由の一半はすぐれた原料米の使用にあると考え、優良酒米の新品種の育成を計画した。酒造原料米として著名な備前産の「白玉」、「雄町」、「穀良都」、「都」をゆずり受けて、「白玉」と「亀の尾」の交配により大正八年「亀白」を、「亀白」と「京錦一号」の交配により大正一四年に「酒ノ華」を育成した。

しかし、この「酒ノ華」は小粒であったので、さらに「酒ノ華」と「新山田穂」の交配により理想的な新品種を育成し、昭和六年に翁の居村の名称の一字をとって「京ノ華」と命名した。「京ノ華」は大粒（千粒重二六グラム）、心白が多く耐肥性、耐病虫性が大きくて栽培しやすいため、同県庄内地方、福島県会津地方で広く栽培された。

不幸にしてこれら新品種の栽培は第二次世界大戦中に途絶えたが、最近各地で「京ノ華」を栽培し、これを原料として日本酒醸造をおこなう酒造家が現れている。

＊――精米歩合

古い時代は玄米のまま食べており、白米が常食されるようになったのは元禄、享保の頃といわれている。玄米でつくっていた日本酒に白米を使用するようになったのも同じ頃と考えられる。片白《かたはく》、諸白《もろはく》の二種類の日本酒があり、前者は掛け米のみを白米、後者は麴米、掛け米ともに白米を使用した日本酒である。

米を白くすればするほど酒質が向上することを発見したのは桜正宗の初代山邑太左衛門と伝えられている。ある年、原料米があまったので、今まで水車で一夜づきしていた米を三夜づきして日本酒を仕込んでみた。できた酒は一夜づきした米の酒にくらべて色も香りも薄かったので心配したが、江戸へ出してみたら空前の好評を博した。この成功をみて、ほかの酒造家も争って米を白くしたという。

現代でもこれは正しく、酒造原料米の精米歩合を低くするほど良質の日本酒が得られる。このため全国の平均精米歩合は年を追って低下してゆき、昭和三八年度七五・一パーセント、四七年度七三・〇パーセント、平成二年度七〇・七パーセントとなり、平成四年度には六九・七パーセントにまで下がった。

また特定名称の日本酒では品質を保持する上から、使用原料米は三等以上の玄米にかぎられ、精米歩合も吟醸酒は六〇パーセント以下、大吟醸酒は五〇パーセント以下、純米酒と本醸造酒では七〇パーセント以下に定められている。

野白　喜久雄

縄文人による果実酒づくりの可能性

＊——縄文時代の酒づくりを証明するには

過去に酒造がおこなわれていたことを裏づける資料には、どのようなものがあるだろうか。文字資料が残されている時代については、酒造の材料や方法などの記録を手がかりに、実験をとおして確かめることができる。文字資料がなくても酒造を示す絵画資料があれば、同じようにある程度まで酒造を裏づけることはできるだろう。考古学の調査対象になっている土器や歴史時代の陶磁器が出土したとしても、酒を飲み交わす用具であった可能性は考えられるが、酒造を裏づけることにはならない。もっとも説得性のあるのは、酒か酒造の材料が器に残留しているか、あるいは廃棄されたしぼりかすのようなものが廃棄物として残留しており、それをもとに酒造が検証されることだろう。過去の酒造を具体的に裏づけることは、よほどいい条件に恵まれないと実現できそうにない。

ところが、一九九四年の初夏、縄文時代の遺跡を代表する青森県の三内丸山《さんないまるやま》遺跡で、縄文時代の植物利用や人為による生態系の改変を調査していた私は、調査地域の一つ、第六鉄塔区という調査区で、人が捨てた廃棄物だ

復元された縄文時代の三内丸山集落。

けからなる厚さ二メートルにもおよぶ廃棄物層から、果実酒のしぼりかすと思われた種子・果実だけからなる純粋な層を見出した。この発見はまさに偶然であったが、その後、しぼりかすであることをより明確に示す状況証拠が秋田県の池内《いけない》遺跡という同時期の遺跡からも発見された。ここにおよんで醸造学の研究者たちもようやく先史時代である縄文時代の果実酒酒造の可能性を支持してくれるようになった。縄文時代の果実酒とはどのようなものか、発見時の状況、そこから考えられる具体像、そして酒の意義を考えてみよう。

＊――木の実のしぼりかすとサナギの発見から

三内丸山遺跡は、縄文時代の前期の中頃から中期の終わりまで、五九〇〇年前から実におよそ一九〇〇年間もつづいた拠点的な集落であった。果実酒のしぼりかすが発見されたのは、興味深いことに、人が居住をはじめて間もなくの集落形成初期の廃棄物層からであった。それは台地の斜面にあって、居住域があった台地のへりにあたっていた。廃棄物層はクルミやクリの果皮などからなる廃棄物、さらに魚類の骨やノウサギ・ムササビを主とする哺乳類の骨が集積するまさに生ゴミといってもよい廃棄物が幾層にも積み重なっていたのである。その中にひときわ目立つ薄茶色の厚さ五〜一〇センチメートルにもなる細かな種子・果実のみからなる層が、畳に換算するとおよそ三畳以上にも広がっていたのだから、その驚きは隠しきれなかった。

顕微鏡を用いて観察した結果、ニワトコ属に属する植物の種子に相当する部分が主体となり、ヤマグワ、ヤマブドウ、サルナシ、キイチゴ属、ヒメコウゾ、キハダ、ミズキ、タラノキの種子・果実も確認できた。層のどの部分をとってもだいたい組成は一定していることもわかってきた。主体をなすニワトコ属については、その後、廃棄物層をなしている核（内果皮）と呼ぶ部分の形態を丹念に調べた結果、東北地方の北部から北海道を経てサハリン南部にまで分布するエゾニワトコが大半を占めることがわかってきた。エゾニワトコの果実は、本州にふつうなニワトコの果実ではサイズが小さく、色も黄色や赤になるなど雑駁《ざっぱく》であるのに対して、サイズが一様に大きく、また粒揃いもよく、すべてが鮮やかな紅色になる。果実のつきもよいので、果実が紅色になる頃には、枝もたわわという表現が的確なほどである。路傍や人家の周辺にしか見られず、サハリンでは生垣になっていることが多い。そのため人とのかかわりが古くから深かった植物だといってもよいだろう。これらの種類が限定された種子・果実の廃棄物層からは大量のサナギが検出され、昆虫の専門家である森勇一さんに見てもらったところ、ショウジョウバエ亜属かその近縁の種であることが明らかになった。この廃棄物層が発酵もしくは腐敗し

エゾニワトコ主体のしぼりかす廃棄物（三内丸山遺跡）。

細い植物繊維で包囲されたエゾニワトコ主体のしぼりかす廃棄単位（池内遺跡）。

て熟成していたことを示すものとして注目を集めたのである。

ヤマグワの果実に未熟なものが大量に含まれることから、それぞれの果実の収穫期が異なり、果実酒をつくるまでにはある種類については果実を乾燥して貯蔵したのではないかと私は考えた。いずれにせよ果実酒の酒造には問題がないことは、少々糖度は低いものの辛うじてアルコール発酵は可能であるとする醸造学の研究者の意見と実験成果から、縄文時代の酒造の可能性はいっそう高くなったのである。

*——第二の状況証拠は秋田から

三内丸山遺跡の発掘調査に専念していた頃、直線距離にしておよそ六五キロメートル南方にある、秋田県大館《おおだて》市の池内遺跡という縄文時代の遺跡の発掘調査がはじまり、私も指導する立場で参加した。この遺跡は、居住がはじまるのが縄文時代前期の中頃、まさに五九〇〇年前であり、三内丸山遺跡での居住開始とぴったり一致したのである。胸の高鳴るのは当然で、生ゴミなどの廃棄物層が見込まれる谷の中や台地斜面に注目が集まったことは言うまでもない。そして、期待は裏切られなかったのである。

谷の底の部分からは、漆塗りの木製容器や、その他おびただしい木材の製品・削り屑が検出された。さらに、三内丸山遺跡で発見されたものと植物の種類組成がほとんど一致する種子・果実のみからなる廃棄物の塊が九個も発見されたのである。三内丸山遺跡では廃棄物層であったのに対して、池内遺跡では馬糞のような塊で発見された。この塊を一つずつ取り上げ、丹念に容量を調べた結果、最小で〇・三リットル、最大で一〇リットルであることがわかった。このあいだに一、二、二・五、三、四、七リットルがあることはわかったが、相互の関係は不明のままである。

サハリン南部のオホーツク沿岸域に現生するエゾニワトコ。

なんといっても重要なことは、これらの塊の単位が、細かい植物繊維でびっしり包み込まれていたことである。これは粗い網目では小粒の種子・果実がすり抜けてしまうため、種子・果実より細かな繊維を敷き詰めることで不要な廃棄物を完全にしぼり取ろうとした状況証拠としては充分なものであった。サイズが二ミリメートルにも満たない小粒の種子・果実をしぼり取るにはこうした工夫が必要だったのである。そして、しぼり取られた廃棄物、すなわちしぼりかすが、谷の底にそのほかのおびただしい木材廃棄物とともに捨てられたのが発掘調査で見事に検出されたというわけである。

このようにして、三内丸山遺跡では廃棄された単位は未確認であったが、池内遺跡では廃棄した状況を示す証拠が得られ、作業工程までが手に取るようにわかりだしたのであった。

*——縄文人の果実酒は団結のためだった？

エゾニワトコを主体に、ヤマブドウやヤマグワなどを加えた果実酒の酒造の可能性は一段と高くなったといえるが、その利用形態あるいは社会的な意義、そしてエゾニワトコという植物について考えておくことにしたい。

まず注目すべきことは、この果実酒の酒造が、状況証拠が検出された二つの集落とも、五九〇〇年前という集落がスタートして間もない時期におこなわれていることである。すなわち、縄文時代前期の中頃に、突然、東北地方北部から北海道南部に出現した円筒式土器文化の形成直後にあたるのである。私は、円筒式土器文化の形成、すなわち三内丸山や池内の拠点的な集落の形成が、近くの十和田カルデラの巨大噴火の直後であることから、それまで地域ごとに散在していた小さな集落が、巨大噴火災害の被災者ネットワークを形成したと考えたのである。そのように考えると、大量の果実酒の酒造は、この広大な被災者ネットワークを結びつける社会的共通経験の媒介の役割を果たした可能性が導かれるのである。社会的共通経験とは、拠点集落における祭りなどの宴にあたる。キハダやミズキといった薬用に供される果実が必ず含まれているのは、飲料が呪術性を帯びていたためと考えてもよいだろう。

エゾニワトコについては、私は再三触れてきたように、人との深い関係が示唆されることから、縄文時代の東北地方北部で栽培植物化が相当に進行した植物であったと考えるのである。ポピュラーなニワトコから、赤くて大きな果実をつける個体が選抜淘汰された可能性は高いのである。

あまりにも遠い過去であるために、現在の民族を調査するようにその実態がつぶさに描き出されたわけではないが、記録のない歴史時代だけでなく、遠い先史時代においても酒造の可能性は今後もっと探求されてもいいのではないだろうか。

辻　誠一郎

〈参考文献〉

辻誠一郎　二〇〇〇「環境と人間」『古代史の論点1　環境と食料生産』小学館
辻誠一郎　二〇〇五「縄文時代における果実酒酒造の可能性」『酒史研究』第二二号、酒史学会

人間は何から酒をつくったのか

世界にはさまざまな酒がある。穀類や雑穀の酒もあれば、芋でつくった酒もある。果実を材料にした酒や竹、ヤシ類、リュウゼツランなどの樹液からつくった酒もある。さらに、動物では馬やラクダなどの乳、そして蜂蜜からつくった酒もある。また、そのつくり方もさまざまである。本書には、そんな世界各地の酒づくりの方法が、材料となる動植物とともに報告されている。次頁の表は、本書で言及された酒を材料別にまとめたものである。ここには世界各地の伝統的な酒のほとんどが網羅されている。そこで、この表および本書の報告を参考にしながら、人類は何から酒をつくってきたのか、さらに動植物の種類と酒づくりの方法との間の関係について考えてみることにしよう。

＊――簡単に酒になる果実

酒になる果実類は多い。表の植物のほかにも、アンズ、スモモ、サクランボ、イチゴ、イチジク、ザクロ、クロスグリなども酒の材料になる果実として知られている。さらに、野生の果実もしばしば酒の材料にされる。こ

利用部位　植物名・学名＊	発酵種（スターター）	地域
穀実		
キヌア *Chenopodium quinoa* Willd	唾液	ボリビア
キビ *Panicum miliaceum* L.	麹	中国
コムギ *Triticum aestivum* L.	麹	ネパール
コメ *Oryza sativa* L.	麹	東南アジア 中国、日本
コメ *Oryza sativa L.*	唾液	沖縄
シコクビエ *Eleusine coracana* (L.) Gaertn	麹	ブータン、ネパール
シコクビエ *Eleusine coracana* (L.) Gaertn	穀芽	アフリカ
ソバ *Fagopyrum esculentum* Moench	麹	チベット
トウジンビエ *Pennisetum americanum* (L.) Leeke	穀芽	アフリカ
トウモロコシ *Zea mays* L.	唾液・穀芽	アンデス
トウモロコシ *Zea mays* L.	麹	ヴェトナム、インド
ハトムギ *Coix lacryma-jobi* var. *ma-yuen* (Roman.) Stapf	麹	ラオス
モロコシ *Sorghum bicolor* (L.) Moench.	穀芽	アフリカ
ライムギ *Secale cereale* L.	麦芽	ロシア
イモ類		
サツマイモ *Ipomoea batatas* (L.) Lam.	麹	日本
マニオク（キャッサバ）*Manihot esculenta* Crantz.	麹	東南アジア ザイール
マニオク（キャッサバ）*Manihot esculenta* Crantz.	唾液	コロンビア エクアドル
そのほか		
エンセーテ *Ensete ventricosum* (Welw.) Cheesm	穀芽	エチオピア
サトウキビ *Saccharum officinarum* L.	麹	フィリピン
マフア *Madhuca longifolia* (Koenig.) Macb.	自然酵母	ヴェトナム、ケニア インド
動物		
ミツバチ（アフリカミツバチ） *Apis mellifera scutellata* Lepeletier	自然酵母	ケニア
フタコブラクダ *Camelus ferus bactrianus* L.	乳酸菌	モンゴル
ウマ *Equus caballus* L.	乳酸菌	モンゴル

注（＊）1種のみでない場合は代表的な種名をあげた。

（＊＊）樹液利用のヤシ類には、この表中のもののほかにも少なくなく、それについては本書236頁を参照されたい。

表　酒をつくる動植物

利用部位　植物名・学名＊	発酵種（スターター）	地域
果実		
グレビィア　*Grewia flava* DC.	蟻塚の酵母	カラハリ砂漠
サルナシ　*Actinidia arguta* (Sieb. et Zucc.) Planch	自然酵母	中国
ナシ　*Pyrus communis* L.	自然酵母	ドイツ、オーストリア
ナツメヤシ　*Phoenix dactylifera* L.	自然酵母	北アフリカ
パイナップル　*Ananas comosus* (L.) Merrill	自然酵母	コロンビア
バナナ　*Musas* × *paradisiaca* L.	自然酵母	アフリカ中央部
ブドウ　*Vitis vinifera* L.	（自然）酵母	中近東
ププニャ（モモミヤシ） *Guilielma gasipaes* (H. B. K.) Bailey		
リンゴ　*Malus pumila* Mill.	自然酵母	ドイツ、オーストリア
レイシ　*Litchi chinensis* Sonnerat	自然酵母・麹	中国
樹液＊＊		
アブラヤシ　*Elaeis guineensis* Jacq.	自然酵母	アフリカ
ウチワヤシ　*Borassus flabellifer* L.	自然酵母	インドネシア
ウランジ　*Oxytenanthera abyssinica* (A. Rich.)	自然酵母	タンザニア
ココヤシ　*Cocos nucifera* L.	自然酵母	インド、東南アジア ミクロネシアほか
サトウヤシ　*Arenga pinnata* (Wurmb.) Merrill	自然酵母	インドネシア
ナツメヤシ　*Phoenix dactylifera* L.	自然酵母	北アフリカ
ニッパヤシ　*Nypa fruticans* Wurm	自然酵母	インドネシア
ラフィアヤシ　*Raphia vinifera* Beauv.	自然酵母	アフリカ
リュウゼツラン　*Agave atrovirens* Karw.	細菌	メキシコ
穀実		
アワ　*Setaria italica* (L.) Beauv.	唾液	台湾
エンバク　*Avena sativa* L.	麦芽	ロシア
エンマー小麦　*Triticum dicoccum* Schül.	麦芽	古代オリエント
オオムギ（ハダカムギ）*Hordeum vulgare* L.	麹	中国
オオムギ（ハダカムギ）*Hordeum vulgare* L.	麦芽	古代エジプト

れらのことから、かなりの種類の果実が酒の材料になると考えられる。とりわけ、果実の中でも水分が多く甘みのある果物は、酒の材料にならないものがないといっても過言ではないほどである。

それはなぜか。果物には酒の原料となる糖分を含んだものが多いからである。というのも、酒をつくることは糖を変化させてアルコールにすることであるが、果物はその酒のもとになる糖分を多く含んでいる。しかも、この発酵には水分が不可欠であるが、果物はこの水分もちゃんと含んでいるのである。わが国で、古くから果物を「水菓子」とよんできたのは、まさしくこの特徴をよく表している。

したがって、糖分と水分をともに含んだ果物を酒にするためには、人間はちょっとだけ手を加えてやればよいことになる。果物を潰して果汁にし、発酵しやすい状態にすることである。この果汁は、ふつう、そのままの状態でも飲み物として利用できる。そして果汁には、ブドウ糖、蔗糖《しょとう》、果糖など酵母によって簡単に発酵する糖類を含んでいる。このため、場所によっては、つまり発酵を促進する酵母のあるところであれば、果汁は容易に自然発酵して酒になる。しかも、酒の材料となる果物の皮にはその果汁を発酵させる野生の酵母がしばしば付着している。つまり、発酵をおこさせるスターターが自然の酵母であるため、飲み物としての果汁からアルコール飲料への移行はきわめて容易なのである。

実際に、本書中にもそのような記述がいくつも見られる。その代表的な酒が、花井氏が報告している中国のレイシ酒で、「実を潰して甕《かめ》に投げ込んでおくと一晩で発酵してできる」という。とくに酸味のあるブドウの果実は雑菌による腐敗も防ぐため、自然発酵で容易に酒になる。このように飲み物としての果実から容易にアルコール飲料へと変化することが、乾燥地に住む人びとにとって「ワインは酒にあらず」、「飲み物である」という思想につながっているという麻井氏の報告には説得力がある。

これに似た例が蜂蜜酒である。蜂蜜も多量の糖分（大半がブドウ糖と果糖）を含んでいるため、水で薄めれば酵母が生えて容易に発酵する。このため、蜂蜜酒は古くからつくられていたと考えられているが、果汁は水で薄める必要さえないことから、果実酒は蜂蜜酒に劣らず古くから、あるいはもっと古くからつくられてきたに違いない。世界中で広く、しかもさまざまな種類の果実から酒がつくられていることも、この酒が世界各地で古くから独自に開発されたことを物語るようである。

＊――樹液からつくる酒

樹液からつくられる酒は、日本ではほとんど馴染みがなく、特殊な酒のように考えられるかもしれない。それというのも、樹液でつくられる酒の材料がヤシ類やリュウゼツランなどのように熱帯に分布しているものが多いからである。しかし、これも糖分の多い樹液を利用していること、自然発酵させるものがほとんどであることなどの点から、基本的に果実酒の製法と共通すると考えてよさそうである。

たしかに、樹液を利用する方法は、果実酒の場合では必要のなかった技術を要する。それは糖分の多い樹液を浸出させるために花序や花軸を切り取ることである。しかし、このような植物や技術の発見も、農耕を開始する以前から植物と密接な関係を持ってきた人間にとっては、さほどむずかしいことではなかったであろう。人類は古くから植物をさまざまな用途で利用してきたし、その中から彼らにとって有用な植物を選択的に利用するようになったに違いない。そして、樹液で酒をつくる方法も、植物をさまざまな用途で利用する中で見つけ出されたのではないか、と考えられるのである。

実際に、本書でも、樹液を利用して酒をつくる植物が単に酒の材料となるだけでなく、さまざまな用途を持ったものであることが報告されている。たとえば、塙・市川氏が指摘しているようにアフリカで樹液から酒をつくるラフィアヤシは「多目的植物の代表」とされるし、吉田氏が報告しているインドのウチワヤシもそうである。さらに、メキシコの伝統的なプルケ酒の材料となるマゲイ（リュウゼツラン）も「奇蹟の植物」と表現されるほどに多様な用途を持つ植物として知られている。

実は、このような多目的植物こそは古くから人間が密接な関係を持ってきた植物であると考えられている。たとえば、マゲイの多目的な利用については植民地時代のスペイン人が何人も記録しているし、考古学的にもマゲイは食用としてメキシコで紀元前七〇〇〇～六〇〇〇年もの古い時代から利用されてきたことも知られている。したがって、樹液で酒をつくる植物も、はじめのうちは食用や家の材料などに利用するためのものであった可能性がある。そして、そのような利用の中から樹液をシロップのように利用したり、さらには酒の材料として利用するようになったと考えられる。

＊――酒になりにくい芋類？

このように果実類および樹液を利用して酒をつくる例は世界中で広く見られ、またその対象となる植物も少なくない。たとえば、吉田氏の調査によれば、本書の236ページの表に記されているように、酒の原料液を採集するヤシの種類だけで一七属三二種におよぶのである。それと対照的なものが芋類であろう。芋類は穀類と並んで食糧として重要であり、主食となるものも少なくない。ところが、少なくとも本書の報告を見るかぎり、酒の材料になる芋類はマニオクとサツマイモくらいしかない、そして、これらの芋類がともにアメリカ大陸原産であることを考えると、コロンブスのアメリカ大陸到達まで、旧大陸では芋類の酒はなかったのかもしれない。

確かに、先の果実や樹液にくらべて、酒の材料として見たとき、芋類には難点がありそうだ。それは、芋類の成分の大半がデンプンであり、これを発酵させるためにはデンプンを分解し、糖化させるプロセスがもう一つ必要になるからである。しかし、アメリカ大陸ではこの難点を克服する方法を早くから開発していた。それがデンプンを噛《か》んで唾液《だえき》とともに発酵させる方法である。唾液にもデンプンを分解して糖に変える酵素が含まれているからである。

現在、アメリカ大陸では唾液による酒づくりはほとんどアマゾン流域だけにかぎられるが、この方法はかつてアンデスを含む南アメリカの広い地域で見られた。そして、そこでは芋類だけでなく、アカザの仲間のキヌアの種実やトウモロコシなど、糖分をほとんど含まない穀類も唾液で発酵させていた。おそらく、このような酒づくりの方法があったからこそ、メキシコで栽培化されたトウモロコシがそこでは酒の材料としてあまり利用されていなかったのに、南アメリカに導入されてからチチャ酒として大きな役割を持つようになったのであろうと考えられる。

この唾液による酒づくりはアメリカ大陸だけではなく、旧大陸でも見られる。しかし、それは旧大陸全体の中でも、ごく一部にかぎられる。本書の報告を見るかぎり、それは、台湾や日本だけのようである。そして、その日本でも唾液による酒づくりは芋類には適用されなかった。そのせいで、旧大陸における芋類を材料とする酒の

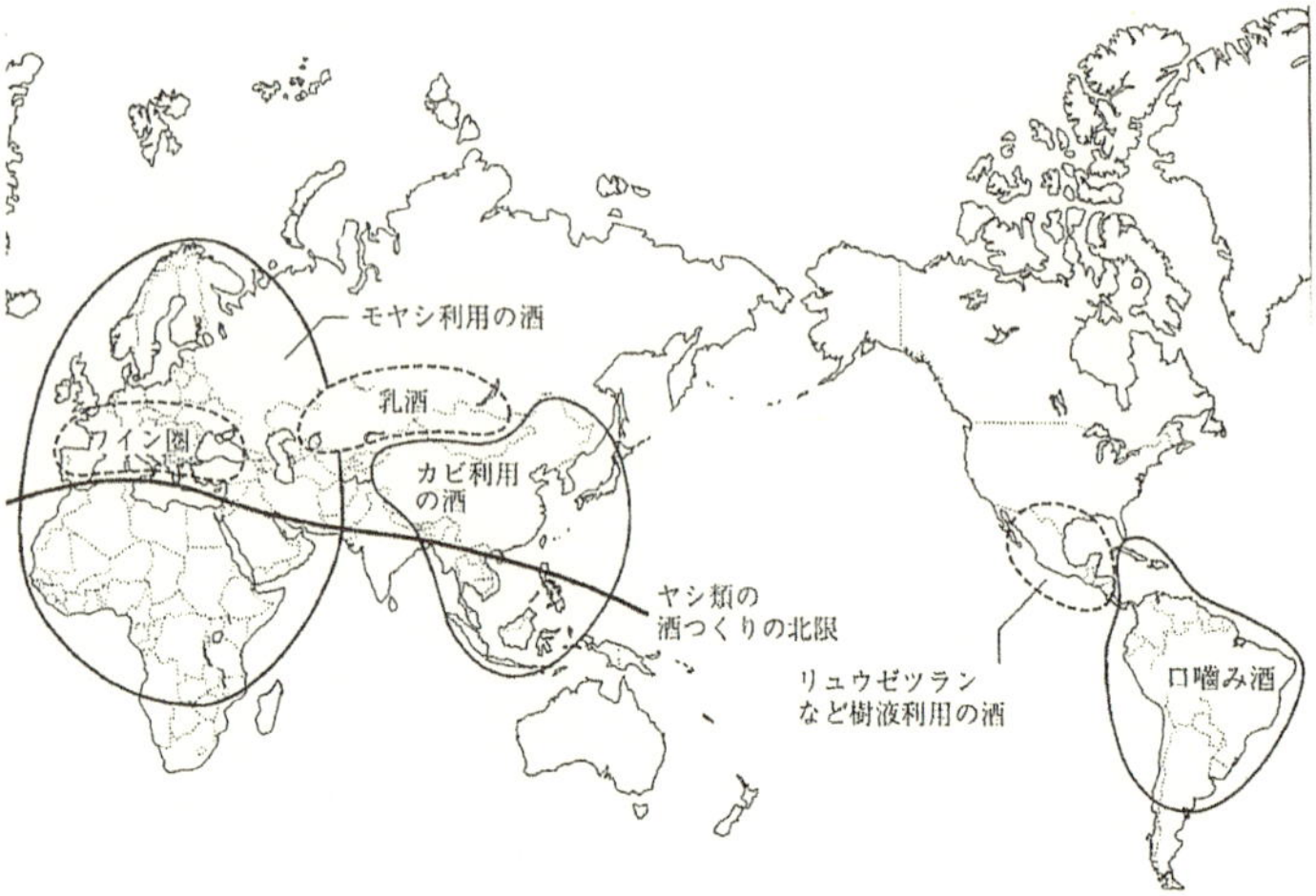

図1　伝統的酒づくりの分布模式図（石毛直道『論集 酒と飲酒の文化』平凡社1998より転載）。

発達は遅れたのかもしれない。歴史的に見れば、旧大陸でも広い地域で唾液によって酒をつくっていた可能性がないわけではない。しかし、それは早い時期になくなってしまった可能性がある。それに代わる方法が古くから開発されていたためのようである。そして、次に述べるような方法を使って、もっぱら穀類を材料にした酒が盛んにつくられるようになったのである。

＊——すべて酒になる穀類

旧大陸ではアメリカ大陸で知られていなかった酒づくりの方法が古くから開発されていた。そのおかげで、ほとんどすべての穀類が酒の材料になり得た。実は、穀類も芋類と同じように、その成分のほとんどはデンプンであり、これで酒をつくるためにはデンプンを糖化させる必要がある。その糖化させる技術を旧大陸の人びとは開発したのである。

その酒づくりの方法から見ると、旧大陸はおおまかにいって二つの地域に分けられる。一つは、日本などを含む高温多湿な気候を持つアジア地域である。そこでは、穀物にカビを生やして麴をつくり、この麴の糖化力を利用して穀物から酒をつくった。この方法でつくられる酒の代表が米を材料とするものである。モチ米も、ウルチ米も、さらに赤米も、いずれも米は基本的に麴で酒をつくるのである。また、もともとアフリカ原産のシコクビエもアジアに伝播して、そこで麴によって酒がつくられることになった。さらに、アメリカ大陸原産のサツマイモもこの方法と出会って日本では立派な酒となった。

もう一つは、乾燥した気候を持つ中近東地方での方法である。そこでは乾燥した気候のせいでカビは容易に生えず、その代わりに穀物の芽を生やし、その糖化力を利用して酒をつくった。この方法による代表的な酒が大麦を発芽させ、麦芽を利用してつくったビールである。また、アフリカでも在来の雑穀のシコクビエやモロコシ、トウジンビエなどを発芽させて盛んに酒をつくってきた（図1）。旧大陸には一六世紀以降に導入されたトウモロコシにもこの方法が適用され、アフリカをはじめとして各地でトウモロコシの酒がつくられるようになった。

一方、新大陸のアンデスには、おそらく逆輸入のような形で、穀芽を利用してトウモロコシから酒をつくる方法が伝えられたようである。本書でも述べたように、アメリカ大陸における酒づくりの方法は、本来、自然の発酵によるか、それとも唾液によるものであった。そこに、一六世紀以後、アメリカ大陸各地に住みついたスペイン人たちが穀芽を利用したビールづくりの方法をヨーロッパから伝え、それをトウモロコシに応用したと考えられる。一六世紀、麦芽を利用したビールは、すでに商品として広くヨーロッパ中に普及していたからである。

乳酒をつくるところは、世界的にみれば、ごく一部地域に限られる。それは、モンゴルからカスピ海に連なる中央アジアの遊牧文化が卓越する地域である。材料は、山羊、羊、牛、馬、ラクダの乳である。シベリアにはトナカイ、アンデスにもリャマやアルパカなどのラクダ科家畜がいるが、どちらも搾乳をしないので、これらの地域では乳酒は知られていない。

*――乳酒は酒か

さて、乳酒のなかでもっとも広く知られているのが馬乳酒であろう。乳酒は、牛や馬の乳を攪拌して乳糖を発酵させてつくるが、この乳糖の含有量が馬乳の方が高いからである。モンゴルの場合、牛乳の乳糖含有量が四・三パーセントであるのに対して馬乳は六・六パーセントなのである。

とにかく、馬乳酒であれ、牛乳酒であれ、そのアルコール含有量は一・五～二・五パーセントくらいときわめて低く、これで酒といえるのかとさえ思える。実際に、乳酒は酒というより、清涼飲料水であるとする見方もある。あるいは、馬乳酒の飲用は結核や高血圧等、さまざまな病気に効果があるとされることから薬用酒という見方もできるかもしれない。実際に、馬乳は牛乳以上のビタミンCを含み、発酵に関与する乳酸菌によりビタミンCがさらに生成され、生乳時の五倍になるとされる。このことから、野菜の摂取が少ない遊牧民にとって馬乳酒は夏季の貴重なビタミンCの補給源であるとする意見もある。また、馬乳酒は「液体の食べ物」という見方もある。夏季には成人男子の一日の摂取エネルギー量の半分近くを馬乳酒が占めているからである。

このように、馬乳酒は酒というよりは、清涼飲料水や食べ物といったほうがふさわしい飲み物である。実際に、馬乳酒を飲んだことのある石毛氏も本書で「一リットルくらい飲むと、胃袋があたたまった感じがするので、かろうじてアルコールが含まれていることがわかる」と述べている。このため、モンゴルの人々が酔いをもとめて飲むのはモンゴル国でアルヒとよばれる蒸留酒である。

＊——醸造酒から蒸留酒へ

これまでは醸造酒のみに焦点をしぼって述べてきたが、蒸留酒に言及したついでに、最後に蒸留酒についても少し述べておきたい。酒は、基本的に醸造酒と蒸留酒に大別できる。たしかに、日本の梅酒や味醂、ヨーロッパのリキュールのような混成酒もあるが、混成酒は醸造酒や蒸留酒をベースに二次的加工をした酒であり、伝統的なものではない。ただし、伝統的という点でいえば、冒頭で述べたように、蒸留酒は醸造酒から派生した酒であり、歴史的にみれば比較的新しい酒である。そこで、ここでは醸造酒と蒸留酒の関係をみておこう。

まず、醸造酒とは、原料の糖分、あるいは原料を糖化したものをアルコール発酵させた飲み物である。そのため、糖分の多い果実や蜂蜜などは、嚙むこともなく、発芽させることもなく、いわば自然に発酵させている。このような方法でつくられる酒は単発酵酒とよばれる。これに対して、デンプンを多く含む植物を材料にして酒をつくるためには、糖が重合してできているデンプンを分解する酵素が必要になる。この場合、まずデンプンを糖にかえ、その糖をさらにアルコールにかえるプロセスが必要となるため、さきの単発酵酒とはちがい、複発酵酒とよばれる。

この単発酵酒も複発酵酒も製造法は比較的簡単であり、それに要する道具もあまりないが、蒸留酒はさらに蒸留のプロセスが必要であり、その道具である蒸留器も必要となる。したがって、発生的には醸造酒から蒸留酒への流れはあっても、その逆はない。世界における伝統的な酒づくりの技術を考えるためには、各地の醸造酒のつくり方を検討することが基本になるゆえんである。

さて、このようにしてつくられた蒸留酒は醸造酒と何がちがうのだろうか。まず、誰でもすぐに気づくことは蒸留酒のアルコール度数が高いのに対し、それが醸造酒では低いことであろう。実際に、醸造酒のアルコール度数はおおむね四〜一六パーセントであるが、市販の蒸留酒のそれは四〇パーセント台に達する。とくに、伝統社会でつくられる醸造酒はアルコール度数が低く、乳酒の場合で一・五〜二・五パーセント、アンデスのチチャ酒も四パーセントくらいである。

このように醸造酒のアルコール度数の低いことは、保存性の悪いことを物語る。そのため、伝統社会では、ふつう醸造酒を飲む分だけつくり、保存しておくことはない。また、アルコール度数が低いことは酔うためには大量に飲む必要があることも物語る。このため、醸造酒は地域によって、酒ではなく、「液体の食べ物」あるいは清涼飲料水といわれるのであろう。

一方、アルコール度数の高い蒸留酒は保存性が高く、少量でも酔うことができるし、運搬にも都合がよい。さらに、蒸留酒は大量生産が可能であるため、商品化しやすい。こうして、各地で生まれた醸造酒の分布がかなり限定されるのに対し、蒸留酒は世界的規模で広がるものが少なくない。このため、蒸留酒はアマゾンの奥地やヒマラヤの高地などにも浸透し、在来の飲酒文化に大きな影響を与えることがある。このような蒸留酒の影響もあり、伝統的な方法でつくられる醸造酒のなかには消滅していくものもある。実際に、本書のなかでも、そのような例がいくつか紹介されている。

そのような意味でも、本書は酒づくりに関する貴重な民族誌になっているといって過言ではないと確信している。

山本　紀夫

〈参考文献〉

石毛直道（編）一九九八『論集　酒と飲酒の文化』平凡社
玉村豊男（編）一九九九『焼酎　東回り西回り』紀伊国屋書店
吉田集而（編）二〇〇三『酒をめぐる地域間比較研究』国立民族学博物館

あとがき

本書は、一九九五年に吉田集而氏と私の共編で八坂書房より刊行した『酒づくりの民族誌』(以下前書とよぶ)の増補改訂版である。すでに前書刊行から一〇年あまりも経過しているのに、あらためて増補改訂版を出すのは、ほかでもない、注文の問い合わせが絶えないからである。すでに出版社の方でも在庫がなく、そのため か編者の私にも在庫についてしばしば問い合わせがある。しかし、私の手元にも一冊しか残っておらず、ゆずりたくてもゆずることはできなかった。インターネットで調べてみたところ、古書業界では高値で取引されていることが判明、読者の方たちにたいへんな迷惑をかけていることを知った。また、初版の刊行後も、前書のように世界中の酒を数多く扱った類書はなかった。こうして、本書を再版する計画が生まれた。

ただし、再版するにあたっては、単に改訂するだけでなく、何人もの方に新たに執筆をお願いし、できるだけ世界中の伝統的な酒を網羅するように努めた。具体的には、前書では酒の材料を植物に限定していたが、本書では動物から得られる材料からつくられる酒も含めた。また、前書ではほとんど醸造酒に限っていたが、本書では蒸留酒に関して一章を設けた。なお、この石毛直道氏による「東ユーラシアの蒸留酒」だけは書き下ろしではなく、既刊本からの再録であることをお断りしておきたい。

さて、本書の全体の構成はわかりやすいように地域別にした。アメリカにはじまり、東まわりに日本で終わるという構成である。ただし、複数の地域にまたがっている場合もある。そのときは、中心になるトピックの地域に含めた。また、本書は専門家向けのものではないが、これまでに知られていない事実がいろいろと含まれているため、後の引用にも耐えるように配慮した。巻末に、酒の名称や民族名には現地綴りを付した一覧表を用意したのは、そのような配慮によるものである。

最後に、執筆および改稿の労をとっていただいた執筆者の方々には厚くお礼申し上げたい。編者のひとりの吉田氏をはじめ、何人もの執筆者の方が他界された。その方たちの原稿の再録にあたってはご遺族の了解をいただいた。また、私の研究室の秘書である山本祥子さんは原稿に何度も目を通し、校正などに尽力してくださった。さらに、前書にひきつづき今回も編集を担当していただいた中居惠子さん・畠山泰英さんもさまざまな問題にお力添えをしてくださった。記してお礼にかえたい。

梅の花の香り漂う大阪・千里にて

山本　紀夫

タイThai　217, 224, 226, 240
タイ・ダムThai Dam　→　黒タイ
タイ・ヌアThai Nuea　217
タイヤルTaiyal　286
タオThao　286
タグバヌワTagbanuwa　219
タッオイTa'oi　217
タドThado　217, 219
チベットTibet, Tibetan　208, 220
チャクマChakma　304
チャンChang　207-212, 216
チンChin　217, 242
ツォウTsou　286
トTho　216, 219
トゥチャTujia, Tuchia　224
トゥユカTuyuca　30-35
トラジャToraja　234

ナガNaga　242
ネワールNewar　211

バイガBāiga　187
パイワンPaiwan　285, 286
バタックBatak　231
バラサナBalasana　30
パレPare　132, 135
フイFui　225
ブギスBugis, Buginese　233
ブヌンBunun　286
プユマpuyuma　287
プラオBrao　217
プルムPurum　217
ペイPei　224
ポコットPokot　131
ボンドンゴBondongo　104

マジャンギルMajangir　135
ミャオMyao, Miao　224, 226
ムベナMbena
ムリアMuriā　191
ムルットMurut　219
メルMeru　131
モロMoro　234
モンパMonpa　220

ヤオYao　226
ヤミYami　286

ライRai　208
ラオLao　216, 226, 240
ラケルLakher　217
リLi　216
リオLio, Lionese　233
リンブーLimbu　208
ルカイRukai　208　219
ルン・ダィエLun Daye　219
レンマ・ナガRengma Naga　212

ワWa, Va　219
ンゲNgeh　218

モック・バイmok bai　233

ヤシ酒　102-107, 171, 230-239, 253

ラオ・ハイlao hai　214
ラクダ乳酒294-302
ラハンlahang　232
ラムrum　252
リンゴ酒　148-154
リンゴモストApfelmost　150
レイシ酒　276
レゲンlegen　232
ロキシーrokisi　210

ワインwine　155-161, 172-174
ワシムwasim　208
ンディンディフudindifu　98
ンネコʉneco, īneko　31-35

付表2　本書に登場する民族の一覧

（数字は頁を示す）

アイマラAymara　63
アオ・ナガAo Naga　212
アカAkha　241
赤タイThai Daeng　217
アチュアールAchuar　38
アチョリAcholi　76
アッタAtta　235
アミAmi　219, 286
アラックAlak　217
アリAri　69-75
アワAwa　38
アンガミAngami　247
イYi　219
イバンIban　234
イフガオIfugao　266

カダザンKadazan　219
カチンKachin　241
カトゥCo' Tu　218, 241, 265
カネロス・ケチュアCanelos Quichua　38
カムKammu　241
カレンKaren　241
漢　224
カンバKamba　131
ギクユGikuyu, Kikuyu　126
キンガKinga　99
クムKhum　216, 217
黒タイThai Dam　214, 241
ケチュアQuechua　54-59
コキ　248
コファンCofán　38
コルクKorku　189
ゴンドGond　187

サイシャットSaisiet　286
サチラTsachila, Tsatchila　38
サパロZaparo　38
サンSan　120
サンタルSantal　188-191
シェルパSherpa　208
シオナ-セコヤSiona-Secoya　38
ジャワJawa Javanese　223
ジャンShan　212, 240
シュアールShuar　38
白タイThai Khaw　216
ジンポーJinpo　241
ソンゴーラSongola　109-116, 133

紹興酒　227, 278
焼酎　357
ジョヒnjohi　127, 263
新式焼酎　357
ズーzhu, dzu　249
スィリーヴェツィsyrivets'　143
スィローヴェツsyrovets　143
スラーsulā　170, 193-202
スローヴェツsurovets　143
清酒　363
暹羅酒（せんらしゅ）　337
ソーマsōma　170, 193-202

ダウン・ワインdown wine　106
竹の酒　92-101
タペtape, tapei　222-229
チーthi　208
チゲーcegee　308
チチャchicha　24, 40, 45-50, 52-59
即墨老酒（チーモーラオチュウ）　278-284
チャンchang　217-212
チョルシーcholsi　87
清甘酒（チョンカムジュ）　225
壺酒　214-221, 241
甜酒（ティエンチュウ）　224, 243
甜酒曲（ティエンチュウキュ）　224
甜丕子（ティエンピーツー）　225
甜醅（ティエンペイ）　225
テキーラtequila　13
トゥアックtuak　232, 234
トグワtogwa　98

ナシモストBirnenmost　150
ナツメヤシの酒date wine　170
日本酒　363
乳酒　292-302
ネオオビneoobi　263

ハha　107
白乾児（パイカール）　341
パイナップル酒chicha de piña　22-28
白酒（パイチュウ）　331
麦芽酒　169, 172
バシbasi　251-268
バシ・ババエbasi babae
バシ・ララケbasi lalake
バダックbadag　226-227
蜂蜜酒mead　126-135, 170
バナナの酒　76, 84-91
馬乳酒　292, 301, 307-309
ハニーワイン　172
ヒエ酒　253
ビヌブダンbinubudang
ヒュドロメリhydromeli　126
ビールbeer　162-168
ビルネンモストBirnenmost　150
ピンガpinga　252
ブイ・ンベ　241
ブドウ酒　339
ププニャの酒　31-35
ブランデー　339
プルケ酒pulque　13-20
ブレンbrem　222
ペケpeke　104
蒲桃乾凍酒（ほとうかんとうしゅ）　339
黄酒（ホワンチュウ）　278
本格焼酎　357

マフア酒　186-191
マール　314
マルメカヤ　110
ミシ　247, 249
ミシャー　247
ミードmead　127
ミリンチュー　353
ムカンガフmkangafu　98
ムラチナmuratina　251, 263-268
メレクmeleku　104
モコ・ミロmoko miro
モストmost　148-154
モック・アラmok ara　233

付表1　本書に登場する酒の一覧

（数字は頁を示す）

アイラグairag　308
アスイイエー　246
アゲミ・ゴラagemi gola　73
アスアasua　40
アップフェルモストApfelmost　150
アビエタ・タウavieta tau　251, 265
アフォフォafofo　107
甘酒　160, 225
アラara　234
アラキ　337
アラギ（阿剌吉）　317, 333
アラックarak　210, 233, 336
アルヒarki　300, 309-314
アワの酒　286-290
泡盛　109, 339, 351-353
イゴー　246
イチジク酒　171
芋焼酎　355-362
インゴリー　246
ウマークumaak　208
ヴェルモット　172
ウミシャグ　347
ウランジulanzi　92-101
エトー　249
エンセーテの酒　69-75

カシキシkasikisi　73, 84-91
果実クワス　142
カシュkaš　170
カスロコkathroko　263
カニャンガkanyanga　87, 89
カワークkawaak　208
カンミシ（噛み神酒）　349
キザンワkizangwa　210
キヌア酒chicha de quinua　60-66
キビ酒　278-284
キャッサバの口噛み酒　38-40
キャピタンベーレkyapitanbele　87
キラマkilama　98
口噛み酒　36-40, 63, 169-171, 288, 347-350
クミスkumiss　309
クルンkurun　170
クワスkvasъ　139-147, 167
ゲシュティンgeštin　171
紅酒　278
穀物クワス　142-144
高粱酒　341
コドチャンkodochang　210
コメ酒　253
米焼酎　363
ゴラgola　72
コンゴkongo　80

サグエールsaguer　234
サジェンsajeng　232
哐酒（ザージュウ）　219
サツマイモ焼酎　357
サトウキビ酒sugar cane wine　132, 135, 251-268
サルナシ酒　270-274
シー　246
シカ　246
焼酒（シャオチュウ）　331
ジャールjaar　208
ジャンドjhand　208
水酒（シュイチュウ）　219
酒醸（ジュウニャン）　225
シュナップスSchnaps　153
漿果クワス　142

【カ　行】

植物名・事項索引

（数字は頁を示す）

【ア　行】

辻　誠一郎（つじ　せいいちろう）

東京大学大学院新領域創成科学研究科教授。理学博士。文化環境学・古生態学専攻。おもな著作：『考古学と植物学』（編著、同成社）、『環境史研究の課題』（吉川弘文館）、『列島の古代史８　古代史の流れ』（共著、岩波書店）など

野白　喜久雄（のじろ　きくお・故人）

元・日本醸造協会顧問。農学博士。醸造学専攻。おもな著作：『醸造学』（分担執筆、講談社サイエンティフィク）、『醸造学の事典』（分担執筆、朝倉書店）など

花井　四郎（はない　しろう・故人）

元・宝酒造（株）技術担当取締役。農学博士。おもな著作：『黄土に生まれた酒』（東方書店）、『醸造の事典』（共著、朝倉書店）、『ビールのはなし』（共著、技報堂出版）など

塙　狼星（はなわ　ろうせい）

同志社大学嘱託。人類学専攻。おもな著作：「表現手段としてのやし酒」（『続・自然社会の人類学』所収（近刊）、アカデミア出版会）

松井　健（まつい　たけし）

東京大学東洋文化研究所教授。理学博士。人類学専攻。おもな著作：『自然の文化人類学』（東京大学出版会）、『西南アジア遊牧民族誌』（国立歴史民俗博物館）、『遊牧という文化　－移動の生活戦略』（吉川弘文館）、『沖縄列島　－シマの自然と伝統のゆくえ』（編著、東京大学出版会）など

松澤　員子（まつざわ　かずこ）

国立民族学博物館名誉教授。学校法人神戸女学院理事長・院長。人類学博士。文化人類学専攻。おもな著作：『女性の人類学』（共編著、至文堂）、『台湾先住民の文化－伝統と再生』（国立民族学博物館）など

森　明子（もり　あきこ）

国立民族学博物館教授。文化人類学専攻。おもな著作：『土地を読みかえる家族－オーストリア・ケルンテンの歴史民族誌』（新曜社）、『歴史叙述の現在　－歴史学と人類学の対話』（人文書院）、『ヨーロッパ人類学　－近代再編の現場から』（新曜社）など

山極　寿一（やまぎわ　じゅいち）

京都大学大学院理学研究科教授。理学博士。霊長類学専攻。おもな著作：『ゴリラとヒトの間』（講談社現代新書）、『家族の起源』（東京大学出版会）、『父という余分なもの』（新書館）、『オトコの進化論』（ちくま新書）、『ジャングルで学んだこと』（フレーベル館）、『サルと歩いた屋久島』（山と渓谷社）など

山本　誠（やまもと　まこと）

四天王寺大学人文社会学部准教授。文化人類学専攻。おもな著作：「眩暈の時」（『技術としての身体』所収、大修館書店）、「ファンタジーとしての『自然』と『先住民』」（四天王寺国際仏教大学紀要第36号）など

永ノ尾　信悟（えいのお　しんご）

東京大学東洋文化研究所教授。サンスクリット文献学専攻。おもな著作：「グリフヤスートラ文献にみられる儀礼変容」（『東洋文化研究所紀要』第118冊）、「The Nāgapañcamī as described in the Purāṇas and its Treatment in the Dharmanibandhas」（『南アジア研究』第6号）など

落合　雪野（おちあい　ゆきの）

鹿児島大学総合研究博物館准教授。農学博士。民族植物学専攻。おもな著作：『アオバナと青花紙－近江特産の植物をめぐって－』（共著、サンライズ出版）など。訳書：ピーター・バーンハルト著『植物との共生』（共訳、晶文社）

木俣　美樹男（きまた　みきお）

東京学芸大学附属環境教育実践施設教授。農学博士。民族植物学・環境教育学専攻。おもな著作：『民族植物学　－原理と応用』（コットン著、共訳、八坂書房）、『持続可能な社会のための環境学習　－知恵の環を探して』（共著、培風館）など

小泉　武夫（こいずみ　たけお）

東京農業大学醸造学科教授。鹿児島大学客員教授。農学博士。醸造学・発酵学専攻。おもな著作：『酒の話』（講談社現代新書）、『食あれば楽あり』（日本経済新聞社）、『発酵』（中公新書）、『発酵は錬金術である』（新潮選書）、『発酵食品礼賛』（文春新書）など

小崎　道雄（こざき　みちお・故人）

元・東京農業大学名誉教授。応用微生物学・発酵学・発酵食品学専攻。おもな著作：『応用微生物学』（共編著、建帛社）、『発酵と食文化』（共著、ドメス出版）、『カビと酵母－生活の中の微生物－』（共編著、八坂書房）、『乳酸菌－健康をまもる発酵食品の秘密－』（八坂書房）など

重田　眞義（しげた　まさよし）

京都大学大学院アジア・アフリカ地域研究研究科准教授。農学博士。民族植物学専攻。おもな著作：「ヒト　－植物関係の実相」（『季刊人類学』）、「ヒトとエンセーテの共生的関係」（『季刊民族学』）、「科学者の発見と農民の論理　－アフリカ農業のとらえかた」（『文化の地平線』所収、世界思想社）など

武井　秀夫（たけい　ひでお）

千葉大学文学部教授。文化人類学・医療人類学専攻。おもな著作：「保健所という名のカーゴ　－北西アマゾンにおける制度的医療の受容の一側面－」（『人類学と医療』所収、弘文堂）、「医療における文化と心理　－あるいは「苦」の人類学－」（『社会心理学研究』第8巻第3号）など

田中　二郎（たなか　じろう）

京都大学名誉教授。理学博士。人類学専攻。おもな著作：『ブッシュマン　－生態人類学的研究－』（思索社）、『砂漠の狩人』（中央公論社）、『最後の狩猟採集民－－－歴史の流れとブッシュマン』（どうぶつ社）、『ヒトの自然誌』（共編著、平凡社）、『遊動民　－アフリカの原野に生きる』（共編著、昭和堂）など

＜執筆者紹介＞

山本　紀夫（やまもと　のりお）

国立民族学博物館名誉教授。農学博士。民族学・民族植物学専攻。おもな著作：『ジャガイモとインカ帝国』（東京大学出版会）、『ラテンアメリカ楽器紀行』（山川出版社）『雲の上で暮らす』（ナカニシヤ出版）、『インカの末裔たち』（日本放送出版協会）など

吉田　集而（よしだ　しゅうじ・故人）

元・国立民族学博物館教授。薬学博士。文化人類学専攻。おもな著作：『性と呪術の民族誌：ニューギニア・イワム族の「男と女」』（平凡社）、『不死身のナイティ：ニューギニア・イワム族の戦いと食人』（平凡社）、『東方アジアの酒の起源』（ドメス出版）、『風呂とエクスタシー』（平凡社）など

麻井　宇介（あさい　うすけ・故人）

元・メルシャン（株）顧問。おもな著作：『比較ワイン文化考』（中央公論社）、『日本のワイン・誕生と揺籃時代』（日本経済評論社）など

安渓　貴子（あんけい　たかこ）

山口大学・山口県立大学非常勤講師。理学博士。植物生態学専攻。おもな著作：「Cookbook of the Songola, *African Study* Monographs Suppl. 13.」（京都大学アフリカ地域研究センター）、『西表島に生きる　－おばあちゃんの自然生活誌』（山田雪子述、安渓貴子・安渓遊地編、ひるぎ社）など

石井　智美（いしい　さとみ）

酪農学園大学酪農学部准教授。農学博士。微生物学・栄養学専攻。おもな著作：『アジア読本シリーズモンゴル』（分担執筆、河出書房新社）、『チーズの文化誌』（共著、河出書房新社）、『食と大地』（分担執筆、ドメス出版社）、『食べ物と健康Ⅲ』（共著、三共出版）など

石毛　直道（いしげ　なおみち）

国立民族学博物館名誉教授。文学士、農学博士。文化人類学、食文化・比較文化専攻。おもな著作：『食いしん坊の民族学』（平凡社）、『論集 東アジアの食文化』（編集、平凡社）、『文化麺類学ことはじめ』（講談社文庫）、『食卓文明論－チャブ台はどこに消えた』（中央公論社）、『考える胃袋－食文化探検紀行』（集英社）、など

伊谷　樹一（いたに　じゅいち）

京都大学大学院アジア・アフリカ地域研究科准教授。農学博士。熱帯作物学・農業生態学専攻。おもな著作：『国際農業協力論』（分担執筆、古今書院）など

伊東　一郎（いとう　いちろう）

早稲田大学文学部教授。文学修士。スラブ民族学専攻。おもな著作：『スラヴ民族と東欧ロシア』（分担執筆、山川出版社）など

市川　光雄（いちかわ　みつお）

京都大学大学院アジア・アフリカ地域研究研究科教授。理学博士。人類学専攻。おもな著作：『森の狩猟民』（人文書院）、『人類の起源と進化』（共著、有斐閣）など

増補　酒づくりの民族誌　―世界の秘酒・珍酒―

2008年 3月25日　初版第 1 刷発行

編著者　山本紀夫
発行者　八坂立人
印刷所　壮光舎印刷(株)
製本所　ナショナル製本協同組合

発行所　(株)八坂書房
〒101-0064 東京都千代田区猿楽町1-4-11
TEL.03-3293-7975　FAX.03-3293-7977
URL.: http://www.yasakashobo.co.jp

ISBN 978-4-89694-907-0

関連書籍のご案内

世界民族博物誌

『月刊みんぱく』編集部編

私たちにも身近なトマト、スイカ、犬、豚から、近年お馴染みのドリアン、ヘンナ、アルパカ、さらに、エツキホコリタケ（呪術に使うキノコ）、ピンサッユーパ（空想動物）など、世界各地の人々と動植物との、アッと驚く長く深いつきあいを満載。

二六〇〇円

カビと酵母 ―生活の中の微生物

小崎道雄・椿啓介編著

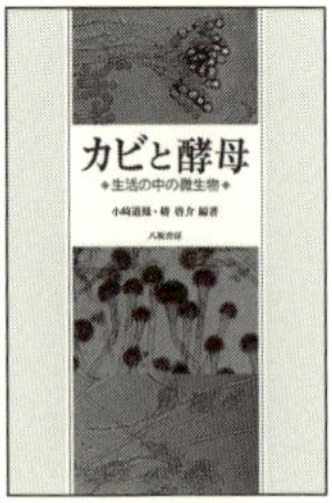

地球上のいたるところに存在し、人間とも深いつながりをもつ微生物。その実体はどのように研究されてきたのか。生態・分類・細胞・生理・生化学・応用、各分野の専門家が研究秘話をまじえて語る、不思議にあふれた微生物の世界。

二八〇〇円

民族植物学 ―原理と応用

C・M・コットン著／木俣美樹男・石川裕子訳

世界各地で伝統的な生活を送る先住民と自然との相互関係を研究し、人類と地球の共存を探る「民族植物学」。新薬・新素材など経済性に富む植物の確認から、環境の管理法、未来に備えた遺伝資源の保全まで、最新の民族植物学の動向と成果を紹介し、その可能性と役割、方法論を説く。

五八〇〇円

暮らしを支える植物の事典 ―衣食住・医薬からバイオまで

A・レウィントン著／光岡祐彦・他訳

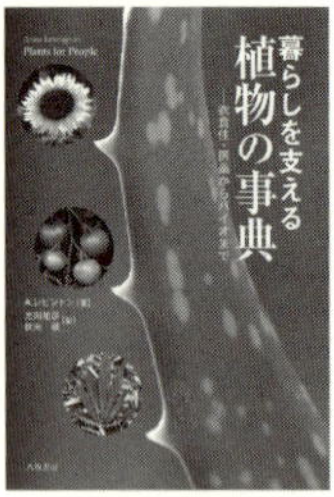

石けんや化粧品から宇宙船の断熱材まで、それぞれの製品にどんな植物が、どのようにかかわっているのかをわかりやすく解説する。絶滅危険にある植物、遺伝子組み換えと農薬問題、企業の世界戦略に翻弄される少数民族の話など、資源としての植物に関する話題を満載。

四八〇〇円

表示価格は本体価格